U0171118

生态系统生产价值核算与业务化体系研究

——以厦门市为例

张林波　高艳妮　等/著

科学出版社
北京

内 容 简 介

本书以厦门市生态系统价值核算与业务化体系研究为核心，在系统总结和分析国内外生态系统服务分类、评估规范和技术导则的基础上，结合厦门市的区域特征和功能定位，研究制定体现厦门市特色的生态系统价值核算体系与核算框架。基于生态系统服务实物量与价值量、物质当量进行核算，并构建评估模型；同时探索构建依托行业部门例行监测与调查数据的厦门市生态系统价值业务化核算体系。

本书可供生态学、生态经济学、环境科学等相关研究领域的科研人员、管理人员、高等院校师生阅读。

图书在版编目（CIP）数据

生态系统生产价值核算与业务化体系研究：以厦门市为例 / 张林波等著. —北京：科学出版社，2020.1
ISBN 978-7-03-062830-5

Ⅰ．①生…　Ⅱ．①张…　Ⅲ．①生态系-生态价值-经济核算-研究
Ⅳ．①Q14

中国版本图书馆 CIP 数据核字（2019）第 240042 号

责任编辑：林　剑 / 责任校对：樊雅琼
责任印制：吴兆东 / 封面设计：无极书装

科 学 出 版 社　出版
北京东黄城根北街 16 号
邮政编码：100717
http://www.sciencep.com

北京虎彩文化传播有限公司 印刷
科学出版社发行　各地新华书店经销

*

2020 年 1 月第 一 版　开本：787×1092　1/16
2021 年 1 月第二次印刷　印张：16
字数：320 000

定价：138.00 元
（如有印装质量问题，我社负责调换）

《生态系统生产价值核算与业务化体系研究
——以厦门市为例》编写组

审稿、校稿： 张林波　高艳妮

主要执笔人： 张林波　高艳妮　黄全佳　李岱青　刘　尹
李　凯　杨春艳　孙倩莹　贾振宇　李延风
宋　婷　虞慧怡　杨　娇　孟庆佳　赵　伟
朱文彬　王丽平　胡　涛　马雯思　刘伟玮
谢文玲　林云萍　李付杰　冯朝阳　邓富亮
刘　学　黄珠美　王世曦　黄盼盼　马海鹏
滑东飞　郭艳芳　王　昊　侯春飞　计　伟
马　欢　杨彩云

厦门市地处我国东南沿海，具有独特的地理位置，拥有得天独厚的自然条件，被誉为"高颜值"的"海上花园"、改革开放的"试验田"。

十八大以来，党中央将生态文明建设提到前所未有的高度，十八届三中全会公报首次提出——健全自然资源资产产权与用途管制制度，随后中共中央 国务院印发了《关于加快推进生态文明建设的意见》和《生态文明体制改革总体方案》，均进一步对健全自然资源资产产权与用途管制制度做出了明确的要求和部署，要求加快建立体现生态文明要求的考核指标和办法，把生态文明建设纳入党政领导班子和领导干部政绩考核评价体系。党的十九大报告明确指出，建设生态文明是中华民族发展的千年大计，必须树立和践行"绿水青山就是金山银山"的理念。开展生态系统价值核算、摸清生态系统家底不仅有利于试点地区的生态环境管理和保护，也是建设生态文明制度的前提，是实施生态补偿、领导干部自然资源资产离任审计和生态文明绩效考核的基础，是连接金山银山和绿水青山之间的桥梁。

2016 年，中共中央办公厅、国务院办公厅印发了《关于设立统一规范的国家生态文明试验区的意见》及《国家生态文明试验区（福建）实施方案》，确定福建省为国家首批生态文明试验区，并明确提出在沿海的厦门市和山区的武夷山市开展地区尺度的生态系统价值核算试点。为有效落实这一试点任务要求，同年底，福建省政府印发了《福建省生态系统价值核算试点方案》，对试点地区生态系统价值核算提出了更详细的要求。开展厦门市生态系统价值评估，是贯彻落实《国家生态文明试验区（福建）实施方案》的重要举措和生态文明建设的主要任务之一。厦门市委、市政府高度重视生态系统价值核算试点工作，厦门市环境保护局（现为厦门市生态环境局）快速响应各级要求，委托中国环境科学研究院为项目承担单位，负责厦门市生态系统价值核算试点工作。厦门通过"先行先试"，探索建立生态系统价值核算的"沿海样本"，充分发挥了"试验田""排头兵"的作用。

本书在文献调研、现场考察与实地采样、访问交流、长时间序列地面生态监测、社会经济统计和数据积累的基础上，结合厦门市地理、生态、环境等特征，探讨生态系统价值的概念与内涵，构建生态系统价值核算的技术体系，摸清厦门市生态系统价值，探索构建生态系统价值核算业务化应用体系，并为厦门市生态文明建设提出具体建议。

本书由张林波、高艳妮设计，从选题、提纲确定、文献资料收集和野外实地调研到内容撰写，执笔组召开多次内部讨论会，不断完善书稿内容。全书内容主要涉及三个方面：一是发展体现厦门地区特色的生态系统价值核算指标体系与核算框架；二是完善生态系统价值核算方法；三是探索建立依托行业部门例行监测与调查数据的厦门市生态系统价值业务化核算技术体系。本书共 10 章，第 1 章为项目概况，第 2 章为厦门市基本概况，第 3 章为生态系统价值核算理论框架，第 4 章为厦门市生态资源要素构成及清单，第 5 章为厦门市陆地生态系统服务核算，第 6 章为厦门市近岸海域生态系统服务核算，第 7 章为厦门市生态系统价值核算与分析，第 8 章为厦门市生态系统价值标准物质当量及综合核算模型构建，第 9 章为厦门市生态系统价值统计核算模型，第 10 章为综合发展指数构建及评估。

限于时间和科研水平，本书定有许多不足和值得磋商之处，敬请读者给予批评指正，以便我们在以后的工作中不断改进。

本书编写组

2019 年 5 月

目录

项 目 概 况

1.1 项目来源及意义

1.1.1 项目来源

2012 年，党的十八大报告明确提出，要把资源消耗、环境损害、生态效益纳入经济社会发展评价体系，建立体现生态文明要求的目标体系、考核办法、奖惩机制。十八届三中全会公报首次提出——健全自然资源资产产权与用途管制制度，随后中共中央 国务院印发了《关于加快推进生态文明建设的意见》和《生态文明体制改革总体方案》，均进一步对健全自然资源资产产权与用途管制制度做出了明确的要求和部署，要求加快建立体现生态文明要求的考核指标和办法，把生态文明建设纳入党政领导班子和领导干部政绩考核评价体系。

2014 年，国务院《关于支持福建省深入实施生态省战略加快生态文明先行示范区建设的若干意见》。福建省成为党的十八大以来，国务院确定的全国第一个生态文明先行示范区。福建省委、省政府坚决贯彻党中央关于生态文明的部署和要求，将生态文明建设融入政治建设、经济建设、社会建设和文化建设的各方面，勇于创新、先行先试，走出了一条经济发展与生态文明建设相互促进、人与自然和谐的绿色发展新路。涌现出一批特色鲜明、成效显著的生态文明创建典范，将生态资源优势转化为绿色发展优势，实现了从生态省到生态文明先行示范区的跨越，形成了一系列可全国推广的生态文明建设示范经验。

2016 年，中共中央办公厅、国务院办公厅印发了《关于设立统一规范的国家生态文明试验区的意见》和《国家生态文明试验区（福建）实施方案》，确定福建省为国家首批生态文明试验区，并明确提出在其沿海的厦门市和山区的武夷山市开展地区尺度的生态系统价值核算试点。为有效落实这一试点任务要求，同年底，福建省政府印发了《福建省生态系统价值核算试点方案》，对试点地区生态系统价值核算提出了更详细的要求。

开展厦门市生态系统价值评估，是贯彻落实《国家生态文明试验区（福建）实施方案》的重要举措和生态文明建设的主要任务之一。厦门市委、市政府高度重视生态系统价值核算试点工作，厦门市环境保护局[①]快速响应各级要求，负责厦门市生态系统价值核算试点工作。厦门市通过先行先试，探索建立生态系统价值核算的"沿海样本"，充分发挥了"排头兵"的作用。

---

① 现为厦门市生态环境局。

1.1.2 项目意义

党的十九大报告明确指出，建设生态文明是中华民族永续发展的千年大计，必须树立和践行"绿水青山就是金山银山"的理念。开展生态系统价值核算、摸清生态系统价值家底，不仅有利于试点地区的生态环境管理和保护，也是建设生态文明制度的前提，是实施生态补偿、领导干部自然资源资产离任审计和生态文明绩效考核的基础，是连接绿水青山与金山银山之间的桥梁。

厦门市地处我国东南沿海，具有独特的地理位置，拥有得天独厚的自然条件，被誉为"高颜值"的"海上花园"、改革开放的"试验田"。开展厦门市生态系统价值核算具有以下几方面的意义。

（1）生态系统价值核算是连接绿水青山与金山银山的桥梁

支撑人类社会发展的系统有两类：一类是人类的经济生态系统；另一类是生产生态产品的自然生态系统。过去以传统 GDP 为核心的政绩考核制度，极大地调动了各级政府、企业和所有经营者发展生产的积极性，在整个经济发展过程中起到了重要的激励和促进作用。但是，单纯追求经济的快速增长而不顾环境容量和自然生态承载力，导致生态环境问题的凸显。通过开展厦门市生态系统价值核算试点，探索将生态产品生产纳入国民经济统计核算体系，可以更有效地平衡经济发展与生态环境保护之间的关系。

（2）生态系统价值核算是构建生态文明制度体系的核心

党的十八届三中全会通过了《中共中央关于全面深化改革若干重大问题的决定》，首次提出了要建立"源头严防、过程严管、后果严惩"的生态文明制度体系。在这一制度体系中，更加注重从系统整体的角度加强生态保护和环境质量改善。从源头严防来看，生态系统价值核算是健全自然资源资产产权与用途管制制度、自然资源资产监管体制、空间规划体系等制度的前提；从过程严管来看，生态系统价值核算是资源有偿使用制度、生态补偿制度的依据；从后果严惩来看，生态系统价值核算是实施生态环境损害责任终身追究制、损害赔偿、领导干部自然资源资产离任审计等制度的基础。因此，开展厦门市生态系统价值核算将有力推动厦门市生态文明制度体系建设。

（3）生态系统价值核算是生态文明的产业要求

任何一种人类文明的发展都离不开标志性新兴产业的推动和支撑。作为第一产业，农业的发展带来了农业文明的兴盛；工业革命后第二产业的崛起使人类社会进入工业文明；第三产业的兴起造就了后工业时代。生态文明同样也离不开与之相对应的新兴产业，生态文明时代的标志性新兴产业就是生态产品生产。通过开展厦门市生态系统价值核算，可衡量厦门市生态系统总体状况，定量评估生态系统对人类福祉的贡献。

1.2 项目目标和任务

为有效落实《福建省生态系统价值核算试点方案》，切实开展厦门市生态系统价值核算试点工作，本项目在综合考虑已有资源分类及厦门市自身资源构成的基础上，确定厦门市生态资源要素分类，开展厦门市生态资源清查，摸清厦门市生态系统价值家底；在系统总结和分析国内外生态系统服务分类、评估规范和技术导则的基础上，结合厦门市的区域特征和功能定位，研究制定体现厦门市区域特色的生态系统价值核算指标体系与核算框架。通过构建评估模型，对生态系统服务实物量与价值量、物质当量进行核算；探索建立依托行业部门例行监测与调查数据的厦门市生态系统价值业务化核算体系，开发业务化管理系统平台，组织相关人员开展培训，形成一套可重复、可复制、可推广的生态系统价值核算体系，支撑厦门市将生态系统价值核算成果纳入国民经济核算体系，为完善我国生态文明制度体系建设提供示范。

为了更好地完成研究目标，本项目共设置了以下几个任务。

（1）建立生态系统价值核算体系

充分考虑厦门市区域特色和生态系统价值特征，确定生态系统价值的概念框架和评估指标；综合利用长期监测量数据、遥感数据和野外调查数据，建立生态系统服务实物量核算模型；通过建立科学规范的评估指标，提出衡量生态系统价值的标准物质当量，制定生态系统价值的定价方案，开展生态系统价值核算；形成标准化的地区生态系统价值核算体系，从而实现生态系统价值核算体系的可重复、可复制、可推广。

（2）摸清试点地区生态系统价值家底

开展生态资源要素调查工作，对已有数据资料进行摸底调查，形成生态系统服务构成清单，建立生态系统价值账户；确定森林、绿地、农田、水体、近岸海域等不同资源要素之间生态系统价值的当量关系；以生态系统产品供给、人居环境调节、生态水文调节、气候状况调节、土壤肥力保持、物种保育更新、精神文化服务为主导的生态系统服务功能为重点，分别测算 2010 年和 2015 年主导生态系统服务实物量与价值量，分析其时间动态变化及空间分布特征，摸清厦门市生态系统价值家底。

（3）探索形成生态系统价值业务化核算体系

基于生态系统服务价值核算结果，探索建立与国民经济核算相协调的生态系统价值业务化核算体系，形成依托农业、林业、渔业等多行业统计数据资料的生态系统价值业务化的统计方法，编制生态系统价值业务化核算技术规程；在现有的基础上，提出健全完善生态资源统计监测体系的建议。

（4）为生态文明绩效考核提供政策建议

探索建立生态补偿机制，明确补偿对象及补偿方式；研究探索县域行政单位的领导干部自然资源资产离任审计制度，将生态系统价值纳入领导干部自然资源资产离任审计之中；研究建立责任明确、保障有力、赔偿到位、修复有效的生态环境损害赔偿制度；建立定期发布生态系统价值核算结果报告的制度；研究建立以反映经济发展水平和生态系统价值的综合发展指数为核心的厦门市生态文明绩效考核制度。

（5）开发生态系统价值核算系统软件

基于厦门市生态系统价值核算结果，研究建立生态系统价值核算指标体系；基于厦门市生态系统价值核算模型，开发生态系统价值核算系统软件，建设生态系统价值核算体系与管理平台，形成统一的生态系统价值核算业务化体系；在相关部门开展生态系统价值核算培训，提高厦门市生态系统价值核算业务化能力。

1.3 核算依据

核算依据包括法律法规、标准规范、地方政府规划及其他相关规定。

1.3.1 法律法规

法律法规包括《中华人民共和国草原法》《中华人民共和国森林法》《中华人民共和国环境保护法》《中华人民共和国环境保护税法》《中华人民共和国野生动物保护法》《中华人民共和国水法》《中华人民共和国陆生野生动物保护实施条例》《中华人民共和国自然保护区条例》《中华人民共和国森林法实施条例》《中华人民共和国野生植物保护条例》等。

1.3.2 标准规范

标准规范包括《地下水资源分类分级标准》（GB 15218—1994）、《城市规划基本术语标准》（GB/T 50280—1998）、《海洋生物质量》（GB 18421—2001）、《IUCN①物种红色名录濒危等级和标准》、《城市绿地分类标准》（CJJ/T 85—2017）、《地表水环境质量标准》（GB 3838—2002）、《海洋调查规范 第 6 部分：海洋生物调查》（GB/T 12763.6—2007）、《土地利用现状分类》（GB/T 21010—2017）、《森林生态系统服务功能评估规范》（LY/T 1721—2008）、《森林资源资产价值评估技术规范》（DB11/T 659—2018）、《森林资源数据库分类和命名规范》（LY/T 2184—2013）、《林地分类》（LY/T 1812—2009）、《区域生物多样性评价标准》（HJ 623—2011）、《海洋生态资本评估技术导则》（GB 28058—2011）、《环境空气质量标准》（GB 3095—2012）、《环境空气质量评价技术规范》（HJ 663—2013）、《空气负（氧）离子浓度观测技术规范》（LY/T 2586—2016）、《空气负（氧）离子浓度监测站点建设技术规范》（LY/T 2587—2016）、《草地分类》（NY/T 2997—2016）和《自然资源（森林）资产评价技术规范》（LY/T 2735—2016）等。

1.3.3 相关规划

相关规划包括《厦门珍稀海洋物种国家级自然保护区总体规划》和《厦门市旅游业发展"十三五"规划纲要暨全域旅游发展规划》等。

1.3.4 其他规范文件

其他规范文件包括《森林和野生动物类型自然保护区管理办法》《国家重点保护野生动物名录》《中国物种红色名录》《国家重点保护野生植物名录（第一批）》《地表水环境质量评价办法（试行）》《关于水资源费征收标准有关问题的通知》《海绵城市建设技术指南——低影响开发雨水系统构建（试行）》《福建省物价局关于调整九龙江北溪引水工程供厦门市原水价格的批复》《城市地表水环境质量排名技术规定（试行）》《关于生态环境损害鉴定评估虚拟治理成本法运用有关问题的复函》等。

---

① IUCN 指世界自然保护联盟（International Union for Conservation of Nature and Natural Resources）。

1.4 核算范围与时限

本项目对厦门市全境陆地及厦门市管辖的近岸海域开展生态系统价值核算，包括思明、湖里、集美、海沧、同安和翔安 6 个区，涉及陆地面积 1699.39 km²，近岸海域面积 390 km²。本项目以 2010 年为基准年，重点对 2015 年厦门市生态系统价值进行核算，并分析其时空变化特征。

1.5 核算数据及来源

根据研究内容，开展了基础数据收集、监测与整合，形成了包括气象、雨量、水文、水质、湖库水质、大气环境质量、空气负离子、土地利用、林业小班等主要数据内容的厦门市生态系统价值核算关键数据集；涉及 10 余种数据类型，包括常规监测、项目监测、问卷调查、科研调查、遥感数据、生态背景数据、资源调查历史数据、统计数据、文献数据以及互联网开源数据（表 1-1 和表 1-2）。其中，常规监测和问卷调查数据站点共 186 个，涉及 12 种生态服务核算。

表 1-1 厦门市生态系统价值核算观测、监测数据及来源　　　　（单位：个）

数据类型	核算科目	数据名称	站点数量	时间精度	数据来源
常规监测	陆地生态系统固碳	温度	18	日	厦门市水利局
	径流调节	雨量	22	日	厦门市气象局
	洪水调蓄	水文	2	日	厦门市气象局
	雨洪减排	水文	2	日	厦门市气象局
	干净水源	湖库水质	7	月	厦门市环境监测中心站
		溪流水质	18	季度	厦门市环境监测中心站
	清新空气	大气环境质量	23	月	厦门市环境监测中心站
	温度调节	空气温度	18	h	厦门市气象局
	清洁海洋	海洋水质	17	丰平枯三期	厦门市环境监测中心站
	海洋物种保育更新	潮间带大型底栖生物	4	春季、秋季	《改革与优化重点用海项目立项环评工作十三个海湾及海坛岛海域环境与资源现状调查（2016年）实施方案》
		浅海大型底栖动物	11	春季、秋季	
		游泳动物	11	春季、秋季	
项目监测	空气负离子	空气负离子	14	min	实际监测
问卷调查	休憩服务	游客支付意愿	21	—	实际调查
科研调查	陆地物种保育更新	物种调查	—	—	实际调查

注：—表示此项无数据或不涉及数据精度。

1
项目概况

005

表 1-2　厦门市生态系统价值核算遥感、统计等数据及来源

数据类型	核算科目	数据名称	数据来源
遥感数据	陆地生态系统固碳、土壤保持*、温度调节	EVI、LSWI、NDVI、Landsat/MODIS等	美国国家航空航天局（National Aeronautics and Space Administration, NASA）官网
生态背景数据	大部分核算科目	数字高程模型、数字正射影像图、土地利用、土壤类型等	厦门市各部门
资源调查历史数据	数据处理、存量及业务化	林业小班数据	厦门市林业工作站
统计数据	农林牧渔产品*、海洋生态系统固碳、休憩服务	农林牧渔产品产量、海洋生物产量、旅游人次及旅游收入等	《厦门经济特区年鉴》《福建统计年鉴》《中国渔业统计年鉴》
文献数据	海洋生态系统固碳*	近岸海域碳与叶绿素 a 的比值等核算参数	文献数据库
互联网开源数据	休憩服务	小区房屋价格影响因子等	文献数据库

注：林业小班数据主要用于存量核算、业务化统计核算，在生态系统分类时用到了林业图不同类型树种的边界。
* 表示此项没有用到监测、调查数据。

为了弥补厦门市空气负离子数据的严重不足，本项目对空气负离子进行了实地监测，分别对夏季、秋季空气负离子个数/浓度进行了 24 小时不间断监测，布设了 14 个监测点位，涉及 11 种生态系统类型。

为了满足休憩服务中旅游观光服务的核算要求，本项目针对厦门市外来旅游者，在城市公园、郊野公园、滨水沙滩区、社区公园等旅游和休闲场地进行了 1800 份问卷调查，有效问卷 1783 份，获得了第一手数据，为休憩服务核算的顺利开展奠定了基础。

为了满足休憩服务中日常休憩服务的核算要求，本项目通过百度、安居客等网络平台，爬取数据 96 821 条（表 1-3）。

表 1-3　日常休憩服务核算中互联网开源数据情况　　　　（单位：条）

数据名称	数据量	数据来源
住宅小区	523	安居客
商业综合体	147	百度地图
公园及公园入口	202	厦门市市政园林局网站、百度地图
市政府和各区政府	7	百度地图
公立幼儿园	341	厦门市教育局网站、百度地图
公立小学	306	厦门市教育局网站、百度地图
公立初中	82	厦门市教育局网站、百度地图
综合性医院	46	（包含各医院的分院）卫生部网站、百度地图
公交站点	1 066	百度地图
实时交通数据	94 101	（互联网开源数据）百度开发平台 SDK
合计	96 821	—

1.6 技术路线

本项目在系统梳理国内外生态系统价值核算研究进展的基础上，结合厦门市生态系统类型和区域特征，确定厦门市生态系统价值核算指标体系。综合利用野外调查、资料收集、遥感反演、文献调研等手段获取监测量，通过模型结构筛选和建立定价机制，对厦门市生态系统价值实物量与价值量进行核算；研究不同生态资源要素之间生态系统价值的当量关系。在此基础上，探索建立生态系统价值业务化核算体系，并将生态系统价值核算成果纳入绿色发展绩效考核，形成绩效考核办法。技术路线图如图1-1所示。

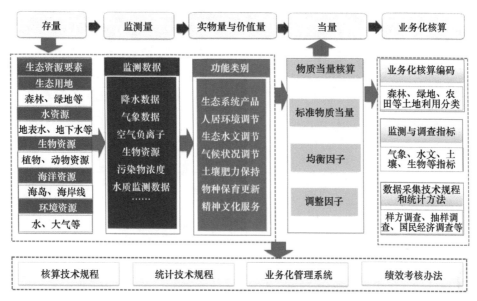

图 1-1　厦门市生态系统价值核算技术路线图

1.7 创新点

为了使厦门市生态系统价值核算模型更科学、数据精度更精确、核算结果更准确，项目组按照实际发生性原则，通过界定核算范围、设定服务基准、确定关键参量、明确核算因子、提高时空精度对各生态系统服务的生物物理模型核算方法进行了改进，共改进了14项生态系统服务核算方法中的11项（表1-4）。

表 1-4　厦门市生态系统价值核算方法改进

功能类别	核算科目	改进内容
生态系统产品	农林牧渔产品	—
	干净水源	界定了核算对象，明确了核算的污染因子、空间单元和时间精度，比选了单位定价
	清新空气	基于人口空间插值估算了暴露人口

生态系统生产价值核算与业务化体系研究——以厦门市为例

续表

功能类别	核算科目	改进内容
人居环境调节	空气负离子	确定了各类生态系统负离子浓度，改进了核算方法
	温度调节	界定了服务基准，以 26 ℃作为临界值，确定了厦门市气温大于 26 ℃的时长
	陆地生态系统固碳	进行了生态系统层面的碳固定量
生态水文调节	径流调节	界定了服务基准，以裸地情景下径流量为潜在径流
	洪水调蓄	界定了服务基准，以 25 mm 以上降水量为核算基准
	雨洪减排	针对日降水量 25 mm 以上的逐场降水进行核算
土壤侵蚀控制	土壤保持	参照了《森林生态系统服务功能评估规范》
物种保育更新	物种保育更新	增加了国家保护等级、生境质量调整系数；提出了物种更新率
精神文化服务	休憩服务	考虑了日常休憩和城市景观价值
生态系统产品	清洁海洋	界定了近岸海域的空间范围，明确了核算的污染因子、时间精度
气候状况调节	海洋生态系统固碳	—

1）根据空间属性明确界定生态系统服务核算范围。生态系统价值包括供给空间与受益空间两种空间属性。针对供给空间与受益空间明确和供给空间不明确两种情形，采用受益空间进行核算；针对受益空间不明确情形，采用供给空间进行核算；针对供给空间与受益空间均不明确情形，采用最终受益群体所在空间进行核算。

2）按照实际发生性原则设定生态系统服务核算基准。有国家相关规定阈值时，优先采用国家标准。温度调节按照国家规定的空调开放温度 26 ℃为服务基准；洪水调蓄和雨洪减排以《防汛手册》的 25 mm 大雨临界值为服务基准；干净水源、清洁海洋分别以实际主要污染物浓度与Ⅲ类水体主要污染物浓度标准限值、海洋Ⅱ类水体主要污染物浓度标准限值的差值进行核算。另外，借鉴相关研究管理及经验，清新空气以实际主要污染物浓度与全国 74 个主要城市的主要污染物年均浓度的差值进行核算；空气负离子供给以对人体有益的最低浓度 600 个/cm^3 为基准；径流调节、土壤保持分别以裸土条件径流量和土壤侵蚀量来表征。

3）遵循实际发生性原则对各模型核算方法进行改进。农林牧渔产品供给核算增加值，去除人类经济投入，避免中间产品重复计算；清新空气、干净水源和清洁海洋明确了核算因子、空间单元和时间精度；空气负离子供给针对春秋季和夏季不同生态系统类型进行核算；温度调节计算了大于 26 ℃的时长，考虑了植被覆盖度的影响；生态系统固碳核算的是生态系统尺度的碳固定量，去除了生态系统呼吸（ecosystem respiration, Re）和农田碳消耗；洪水调蓄和雨洪减排均针对日降水量 25 mm 以上的逐场降水进行了核算，可评估生态系统在大雨时期削减洪水的能力；物种保育更新考虑了物种濒危、稀缺和保护等级及物种的生境质量和更新率；休憩服务考虑了日常休憩和城市景观价值。

2

厦门市基本概况

2.1　地理位置

厦门市地处 24°23′~24°54′N、117°53′~118°26′E，位于我国台湾海峡西岸中部、闽南金三角的中心；东部与南安市接壤，西部与长泰县和龙海市接壤，南部隔海与金门县相望，北部与安溪县接壤。境域由福建省东南部沿厦门湾的大陆地区和厦门岛、鼓浪屿等岛屿以及厦门湾组成，土地面积为 1699.39 km²，其中厦门市本岛土地面积为 157.76 km²（含鼓浪屿），海域面积约 390 km²。区域内主要土地利用类型为林地、建设用地、水域及水利设施用地和耕地。厦门市海岸线曲折，类型多样，包括基岩海岸和沙质海岸等；2015 年，厦门市现有滩涂面积 128.6 km²，沙滩长度为 27.9 km。

厦门市辖思明区、湖里区、集美区、海沧区、同安区、翔安区 6 个市辖区。其中，思明区辖 10 个街道；湖里区辖 5 个街道；集美区辖 2 个镇，4 个街道；海沧区辖 4 个街道；同安区辖 6 个镇，2 个街道；翔安区辖 4 个镇，1 个街道。各区行政区划见表 2-1。

表 2-1　2015 年厦门市各区行政区划　　　　　（单位：个）

地区	镇	街道	社区
厦门市	12	26	350
思明区		10	99
湖里区		5	53
集美区	2	4	41
海沧区		4	23
同安区	6	2	52
翔安区	4	1	82

2.2　自然概况

2.2.1　气候条件

厦门市属于亚热带地区，受南亚热带海洋性季风气候影响，温和多雨，年平均气温在 20.9 ℃左右，四季划分不明显，夏无酷暑，冬无严寒；年平均降水量约为 1200 mm，且由西北向东南递减，4~8 月雨量最多。沿海地区多风且风速较大，全年大于或等于 8 级大风的天数为 22.4 天，常向主导风力为东北风。由于太平洋温差气流的关系，每年平均受 4~5 次台风的影响，且多集中在 7~9 月，8 月为台风登陆厦门市次数最多、等级最高的月份，其次为 7 月和 9 月。

2.2.2 地质地貌

在漫长的地质史上，厦门市经历过多次地壳运动，发生过多次海水进退。其位于闽东火山断拗东缘、闽东南沿海变质带西南，分布在中国东南沿海地震带，厦门岛周围存在多道深大断裂带，有利于周围发生地震活动时释放能量，厦门市有文字记载以来均无发生过震源在厦门岛的地震。

厦门市的地形由西北向东南倾斜，西北部多中低山，海拔最高为 1175.2 m，位于同安区与安溪县交界处的云顶山。从西北往东南，依次分布着高丘、低丘、阶地、海积平原和滩涂，南面是厦门岛和鼓浪屿。厦门岛的地形南高北低，南部多丘陵，最高峰云顶岩海拔 339.6 m。北部为海拔 200 m 以下的低丘和阶地。鼓浪屿在厦门岛的西南部，与厦门岛之间隔着约 700 m 宽的鹭江，最高峰日光岩海拔 93 m。

2.2.3 土壤植物

厦门市土壤类型较多，土壤资源丰富，境内土壤类型分为赤红壤、红壤、黄壤、水稻土、风沙土、盐土、潮土 7 个土类、19 个亚类、34 个土属、55 个土种。

厦门市主要植物种类有马尾松、木荷、杉木、枫香、龙眼、荔枝、杜鹃、芒箕等，种类较多的科有大戟科、桑科、五加科、百合科、龙舌兰科、鸭跖草科，其中以红桑、变叶木、鹅掌藤变种居多。在厦门市各公园中广泛分布着彩叶植物，以灌木和多年生草本为主，其中灌木占 45%，多年生草本占 35%，小乔木占 10%，藤本占 10%。厦门市还是中国野生多肉植物原产地，其中鼓浪屿是中国仙人掌的最佳栽培地。

2.3 环境概况

2.3.1 水环境

2.3.1.1 地表水环境

2015 年厦门市主要河流总体水质状况与 2014 年相比略有好转。在 160.7 km 评价河长中，Ⅰ、Ⅱ、Ⅲ类水质河流的河长为 19.2 km，与 2014 年枯水期相比增加了 8.7 km，其余河段均受到不同程度污染（表 2-2）。

表 2-2　厦门市水环境质量情况　　　　　　　（单位：km）

年份	水资源		时段	水质河长				
	总河长	评价河长		Ⅰ、Ⅱ类	Ⅲ类	Ⅳ类	Ⅴ类	劣Ⅴ类
2010	136.02	93.7	枯水期		10.5	6.6		76.6
			丰水期	10.5			21.1	62.1
2011	136.02	93.7	枯水期	10.5				83.2
			丰水期		10.5	6.6		76.6

年份	水资源		时段	水质河长				
	总河长	评价河长		Ⅰ、Ⅱ类	Ⅲ类	Ⅳ类	Ⅴ类	劣Ⅴ类
2012	136.02	93.7	枯水期				6.6	87.1
			丰水期				6.6	87.1
2013	176.33	120.54	枯水期		7.3			113.24
			丰水期	10.5			13.01	97.03
2014		131.6	枯水期		10.5	9.9		111.2
			丰水期	10.5	6.4		2.6	112.1
2015	186.6	160.7	枯水期	16.6	2.6		32.9	108.6
			丰水期	16.6	2.6		18.2	123.3

2.3.1.2 近岸海域水环境

2015 年厦门市近岸海域海水主要污染物为无机氮、活性磷酸盐，其浓度年均值分别为 0.825 mg/L 与 0.059 mg/L。按照海水水质富营养等级划分：西海域与九龙江入海口区域富营养化水平较高，为重度富营养。厦门市海域大嶝-东南点位符合Ⅱ类海水水质要求，其余点位均超过功能区划要求，功能区达标率为 4.2%。

2.3.2 大气环境

2015 年厦门市环境空气质量综合指数为 3.28,在全国 74 个重点城市中排名第 2 位；SO_2、NO_2、CO、O_3 符合一级标准要求，PM_{10}、$PM_{2.5}$ 符合二级标准要求。按照空气质量综合指数评价，2015 年厦门市空气质量优 202 天，良 160 天，轻度污染 2 天（首要污染物：$PM_{2.5}$ 1 天、NO_2 1 天），中度污染 1 天（首要污染物：$PM_{2.5}$）。空气质量优良率和优级率分别为 99.18% 和 55.34%。

按照空气质量综合指数排名，各区空气质量由好至差依次为：思明区、海沧区、同安区、湖里区、集美区、翔安区。思明区、湖里区、海沧区、集美区六项污染物浓度均低于评价标准值，同安区、翔安区 $PM_{2.5}$ 浓度超过评价标准值。

2.3.3 声环境

2015 年功能区噪声监测结果显示，各类功能区监测点位昼间达标率高于夜间，4a 类声环境功能区夜间达标率低于其他类功能区。

2015 年厦门市区域环境噪声网格测点数为 110 个，网格总面积为 247.5 km²。昼间平均等效声级为 56.0 dB(A)，城市区域声环境质量总体水平等级为三级，城市区域声环境属一般（表 2-3）。

表 2-3　2015 年厦门市及各区区域噪声汇总　　　　［单位：dB（A）］

地区	区域昼夜	噪声等级	噪声质量
厦门市	56.0	三级	一般
思明区	55.6	三级	一般
湖里区	55.8	三级	一般
集美区	59.6	三级	一般
海沧区	56.2	三级	一般
同安区	53.8	二级	较好
翔安区	54.9	二级	较好

2015 年厦门市昼间道路交通噪声平均等效声级为 67.9 dB(A)，道路交通噪声强度等级为一级，道路交通噪声质量属好；其中超过 70 dB(A)路段长为 60.0 km，占监测总长度的 19.3%。

2.3.4　土壤环境

厦门市土壤环境质量状况普查表明，汞、铅、锌、硒的平均含量均高于全国背景值，表明在表层土壤中有一定程度的富集。砷、镉、铬、铜、镍、锰、钴、钒的平均含量均低于全国背景值，处于相对安全的水平。厦门市主要超标指标为砷、锰、铅、硒、钒和滴滴涕（dichloro-diphenyl-trichloroethane, DDT）。湖里区、海沧区的表层土壤样品均未出现超标指标。思明区 7.69%的表层土壤样品出现钒轻微污染，集美区 11.1%的表层土壤样品出现锰轻度污染。同安区表层土壤样品中砷、硒、铅均出现超标，且砷污染达到重度污染级别。翔安区表层土壤样品出现 DDT 超标，且达到重度污染级别。厦门市基本农田区检测表明：轻微污染占总数的 25%，镉和汞出现超标，超标率分别为 6.25%和 18.7%。

2.4　资源禀赋

2.4.1　矿产资源

厦门市境内金属矿藏资源比较缺乏，已发现的金属矿床、矿点有钛、铁、锰、铜、钨、铅、钛、钼、锌等。滨海矿产多达 30 多种，已发现矿床 14 处，矿化点 97 处，重砂异常区 15 处。花岗岩和砂料是厦门市最主要的非金属矿产资源，分布广、储量大、经济价值高。花岗岩地貌和沙滩同时又是厦门市重要的旅游资源。具有较大开采价值的非金属矿产还有高岭土等。

2.4.2　水资源

厦门市水资源相对贫乏，岛内无河流，岛外河溪众多而短促，河面窄，河床浅，汇水范围小，但水量丰富，水量随季节变化大。全市地表水资源量为13.76亿 m^3，其中同安区地表水资源量为7.27亿 m^3，占全市地表水资源量的52.83%，思明区、湖里区、海沧区、集美区和翔安区地表水资源量分别为0.44亿 m^3、0.39亿 m^3、1.22亿 m^3、2.21亿 m^3、2.23亿 m^3。全市地下水资源量为2.61亿 m^3，其中思明区、湖里区、海沧区、集美区、同安区和翔安区分别为0.09亿 m^3、0.08亿 m^3、0.25亿 m^3、0.44亿 m^3、1.22亿 m^3 和0.54亿 m^3。地下水资源量最多的是同安区，占全市地下水资源量的46.56%，最少的是湖里区，仅占3.05%。

厦门市河网较密，呈树枝状分布，主要河流有西溪、官浔溪、埭头溪、龙东溪、九溪、后溪、深青溪、瑶山溪、过芸溪等。主要河流东溪、西溪、后溪、官浔溪的地表水资源量分别为5.78亿 m^3、2.03亿 m^3、0.66亿 m^3、0.47亿 m^3，其中，东西溪的地表水资源量最大，占全市的42.01%，西溪是厦门市最大的河流，全长约34 km，流域面积约494 km^2，多年平均年径流量约4.66亿 m^3。

城市日常用水的80%取自九龙江，多年平均水资源总量为12.47亿 m^3，人均水资源占有量仅为513 m^3。已发现的温泉或地热异常点14处，地热点水温一般为50～60 ℃，最高达90 ℃，总允许开采量为33 002 m^3/d。

2.4.3 海域资源

厦门市海域包括厦门港、外港区、马銮湾、同安湾、九龙江河口区和东侧水道。厦门港外有大金门、小金门、大担、二担等岛屿横列，内有厦门岛、鼓浪屿等岛屿屏障，是天然的避风良港。港区内有可供万吨级轮船停泊的锚地10余处，其中鼓浪屿以南的海域面积为14 km^2，水深10 m以上，可供10万t级船舶停泊。港区内航道基本上为深10 m以上的深水航道，5万t级的船舶可随时进出。厦门市深度在12 m以上深水岸线约为43 km，适宜建港的深水岸线约为27 km。

厦门市海域有丰富的海洋生物资源，各类海洋生物近2000种，其中有经济价值的常见鱼类157种、软体动物89种、甲壳类动物127种、藻类139种。厦门市海域内的文昌鱼和中华白海豚为国家一类保护动物，鲎为福建省重点保护的珍奇动物。

2.5 社会经济概况

厦门市是副省级城市、计划单列市以及国务院批准的七大经济特区之一。厦门市拥有众多的风景名胜和人文景观，被称作"海上花园"，曾荣获中国人居环境城市、国家卫生城市、国家园林城市、国家环境保护模范城市、中国优秀旅游城市、国际花园城市和全国文明城市等称号，以及联合国人居环境奖，有"中国最温馨的城市"等美誉。

2.5.1 人口概况

2015年，全市户籍人口211.15万人，人口出生率17.49‰，人口死亡率4.66‰，人口自然增长率12.83‰，比2014年增加1.49个千分点。户籍人口中，城镇人口168.18万人，人口分布呈现北部向南部逐渐增加的趋势，其中，思明区、湖里区两区合计101.48

万人,占 60.3%。户籍人口中,男性人口和女性人口分别为 104.62 万人、106.53 万人,性别比为 98.2(女性为 100)。民族构成以汉族为主,另有满族、壮族、畲族、苗族及高山族等 20 多个少数民族。由于地理环境和历史背景的因素,当地有众多的归侨、侨眷及厦门籍侨胞和港澳台同胞(表 2-4)。

表 2-4 2010～2015 年厦门市户籍人口变化状况

人口指标	2010 年	2011 年	2012 年	2013 年	2014 年	2015 年
总户数/万户	57.82	59.72	61.62	63.46	65.48	68.18
总人口/万人	180.21	185.26	190.92	196.78	20.34	211.15
男性/万人	90.18	92.42	95.05	97.80	100.90	104.63
女性/万人	90.02	92.85	95.87	98.99	102.54	106.52
城镇人口/万人	145.07	149.50	154.52	159.69	165.59	168.18
年内自然净增人口/万人	0.77	1.37	2.07	2.17	2.27	2.66
人口自然增长率/‰	4.26	7.5	10.98	11.22	11.34	12.83
出生人口/万人	2.19	2.24	2.81	3.08	3.29	3.63
人口出生率/‰	12.27	12.24	14.95	15.89	16.43	17.49
死亡人口/万人	1.43	0.87	0.75	0.90	1.02	0.97
人口死亡率/‰	8.01	4.75	3.97	4.67	5.09	4.66
年内机械净增人口/万人	2.45	3.69	3.59	3.69	4.39	5.06
人口机械增长率/‰	13.7	20.19	19.08	19.04	21.92	24.43
迁入人口/万人	10.17	10.02	9.29	11.56	11.07	11.17
迁入率/‰	59.96	54.86	49.4	59.64	55.33	53.89
迁出人口/万人	7.73	6.34	5.70	7.87	6.69	6.11
迁出率/‰	43.27	34.67	30.32	40.6	33.41	29.46
年均人口/万人	178.60	182.74	188.09	193.85	200.11	207.29

2.5.2 经济概况

2015 年,从经济增长速度来看,厦门市经济保持平稳运行,四个季度 GDP 累计增幅分别为 7.4%、6.8%、6.8% 和 7.2%。从经济总量看,全年 GDP 为 3466.03 亿元,其中,第一产业增加值为 23.93 亿元,第二产业增加值为 1511.28 亿元,第三产业增加值为 1930.82 亿元;按常住人口计算,全市人均 GDP 为 9.04 万元。从产业结构来看,结构调整优化推进,三次产业结构为 0.7∶43.6∶55.7,第三产业比例比 2014 年提高 1.0 个百分点左右(表 2-5)。

表 2-5　2010～2015 年厦门市 GDP 统计表

年份	GDP/亿元	第一产业		第二产业		第三产业	
		产值/亿元	比例/%	产值/亿元	比例/%	产值/亿元	比例/%
2010	2060.07	23.06	1.12	1024.51	49.73	1012.50	49.15
2011	2539.31	24.68	0.97	1297.15	51.08	1217.48	47.95
2012	2815.17	25.30	0.90	1363.85	48.45	1426.02	50.65
2013	3018.16	25.99	0.86	1434.79	47.54	1557.38	51.60
2014	3273.57	23.73	0.72	1460.34	44.61	1789.50	54.66
2015	3466.03	23.93	0.69	1511.28	43.60	1930.82	55.71

2015 年，厦门市财政总收入突破千亿元，为 1001.76 亿元，其中，地方级财政收入突破 600 亿元，为 606.10 亿元，两项收入总量均居全省首位；城镇、农村居民人均可支配收入与 2014 年相比分别增长 7.5% 和 8.2%，均大于 GDP 增幅；居民消费价格上涨 1.7%，城镇登记失业率为 3.22%，均控制在年度目标以内；万元生产总值耗电、耗水分别下降 4.5% 和 3.6%，年度节能减排任务全面完成。

2.5.3　基础设施

2015 年，完成基础设施投资 590.36 亿元，增长 38.5%。其中交通业完成投资 312.85 亿元，增长 48.5%，轨道交通 1 号线、2 号线、3 号线均开工建设；水利、环境和公共设施管理业完成投资 204.61 亿元，增长 43.8%；加快推进"宽带中国"示范城市创建，信息基础设施得到提升，信息传输、软件与信息技术服务业完成投资 20.78 亿元，增长 38.7%，固定宽带家庭普及率达 83.4%，3G/4G 用户普及率达 70.5%，新建 4G 基站 2060 个，4G 网络实现城区全覆盖；其他投资 51.12 亿元。

2015 年，厦门空港开通运营城市航线 201 条，在厦门机场通航运营的国际（地区）航空公司 19 家，与 28 个国际城市（含我国的香港、澳门、台北、高雄）通航。空港旅客吞吐量 2181.42 万人次，比 2014 年增长 4.6%，其中，国际（地区）航线旅客吞吐量 271.91 万人次，比 2014 年增长 11.1%；空港货邮吞吐量 31.06 万 t，比 2014 年增长 1.4%。

厦门市的教育、文化、卫生等社会公共服务能力发展较好。2015 年，全市拥有各级学校（含成人教育、社会办学）1275 所，学年初招生 22.99 万人，在校学生 89.17 万人。其中，研究生招生人数 4780 人，在校人数 1.56 万人；普通高等学校 16 所，学年初招生 4.20 万人，在校学生 14.90 万人；普通中等学校 113 所，学年初招生 6.56 万人，在校学生 18.30 万人；小学 302 所，学年初招生 5.24 万人，在校学生 27.89 万人；幼儿园 691 所，学年初招生 6.12 万人；成人学校 149 所，学年初招生 3955 人，在校学生 13.37 万人；特殊教育学校 4 所，学年初招生 64 人。在各级学校中任职的专任教师 4.65 万人，平均每一位教师负担学生 19 人。

2015 年，厦门市文物保护单位国家级 7 处、省级 39 处、市级 110 处、区级 71 处，涉台文物保护单位 88 处；全市共有公共文化馆 7 个，博物馆、纪念馆 23 个，公共图书馆 10 个。出版发行各类报纸 7 种，期刊 25 种，侨刊乡讯 12 种。共有广播节目 7 套、电视节目 7 套。城区在映电影银幕总数 169 块。

2015 年，厦门市共有各级医疗卫生机构 1437 个，其中医院 45 个，社区卫生服务中心 25 个，卫生院 13 个，门诊部 147 个，妇幼保健机构 7 个，疾控预防控制中心 7 个，专科防治院 1 个，疗养院 1 个。专业卫生技术人员 2.51 万人，其中执业医师 9296 人，执业助理医师 657 人，注册护士 10 859 人，药师 1523 人，检验技师 1407 人，其他 1357 人；医疗机构实有开放床位 14 303 张，其中医院 13 071 张，疗养院 178 张，基层医疗卫生机构 343 张，妇幼保健机构 661 张，专科防治所 50 张。

生态系统价值核算理论框架

自 20 世纪末，随着 Costanza 等（1997）、Daily 等（2000）学者研究成果的发表，生态系统服务研究引起了国际上的广泛关注，特别是千年生态系统评估（the millennium ecosystem assessment, MA）的开展极大地推动了全球范围内的生态系统服务研究，随后开展的生态系统和生物多样性经济学（the economics of ecosystems and biodiversity, TEEB）研究、生物多样性和生态系统服务政府间科学–政策平台（Intergovernment Science-Policy Platform on Biodiversity and Ecosystem Services, IPBSE）、环境经济核算体系试验性–生态系统核算（System of Environmental-Economic Accounting 2012-Experimental Ecosystem Accounting, SEEA-EEA）等又逐步推动了各国政府尝试将生态系统价值纳入国民经济核算体系。

我国也高度重视生态系统价值相关研究，发布了森林、海洋、荒漠等相关评估规范或技术导则，并针对生态系统价值相关的理论框架、技术方法与实践应用等开展了广泛研究。特别是党的十八大以来，一系列生态文明建设要求的提出又将生态系统价值相关研究推到了前所未有的高度。

3.1 生态系统价值概念内涵

生态系统价值是指生物生产性土地及其提供的生态系统服务和产品，是自然资源资产的重要组成部分。从构成上看，生态系统价值包括两个部分：第一是生态用地，是指一切具有生物生产能力的土地，是生态系统存在的载体，具体包括森林、草地、湿地、农田、荒漠、海洋等生态系统类型及其附着的水资源、生物资源、海洋资源和环境资源；第二是生态系统服务和产品，也可统称为生态系统服务，是指人类从生态系统获得的各种惠益，主要包括生态系统产品供给、人居环境调节、生态水文调节、土壤侵蚀控制、物种保育更新、精神文化服务等。

从形成过程上看，生态系统价值又可以划分为存量价值和流量价值，其中生态用地是生态系统存量价值，而生态系统服务和产品是生态系统流量价值。生态用地是生态系统在相当长的历史过程中发展演化而来的，并蓄积形成水资源、生物资源、海洋资源和环境资源等，是生态系统服务产生的基础。生态系统服务和产品是生态系统依托于存量，通过生物生产过程每年为人类所产生的服务和产品，只要生态系统存量存在，生态系统就会每年产生流量价值。生态系统存量价值类似于经济资产概念中的"家底"或"银行本金"，我们可以形象地将其概括为"生态家底"，而生态系统流量价值则类似于银行资产所产生的利息，与经济生产中的 GDP（国内生产总值，gross domestic product）相对应，也被生态学家称为 GEP（生态系统生产总值，gross ecosystem product）（图 3-1），其进入市场进行交易的那部分价值与 GDP 相重合，如农畜产品、旅游观光等。

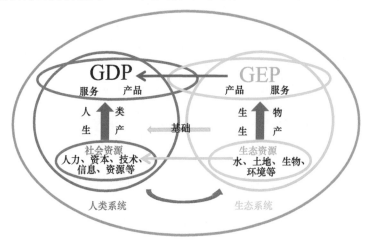

图 3-1　生态系统价值与经济生产价值的关系

3.2　生态系统价值核算原则

　　生态系统价值核算是一项世界性的科学难题，生态系统服务的类型繁多、属性特征差异巨大，造成学术界对生态系统服务概念认识不统一，由此形成的指标体系与核算科目各不相同，存在较大差异。为了能够实现生态系统价值可重复、可对比、可复制的业务化核算目标，本研究在系统总结国内外生态系统价值核算研究前沿的基础上，通过借鉴 GDP 核算经验和做法，提出了生态系统价值的核算原则。这些原则是构建生态系统价值核算指标体系的理论基础，是衡量各种生态系统服务是否应纳入核算范围的标尺。依据核算原则，同类地区、同类生态系统就可以建立起统一、规范的核算科目，从而为实现可重复、可对比、可复制的生态系统价值业务化核算奠定坚实的理论基础。

3.2.1　生物生产性原则

　　生物生产性原则是指纳入核算的生态系统服务必须是由生物生产而持续产生的、可再生性的服务，而单纯由自然界物理化学过程产生的、不可再生性的服务不应予以核算。人类的生产活动是国民经济的核心，是 GDP 核算的对象和基础。同样，生态系统服务产生于生物生产过程，生物生产是生态系统价值产生的基础，生物生产参与的生态系统服务是 GEP 核算的对象和基础。大部分的生态系统服务是由生物通过初级生产和次级生产过程产生的，如植物在初级生产力生产过程中固定二氧化碳，这些由生物生产提供的生态系统服务在一定情况下是可持续更新的。而有一些生态系统服务则主要是由自然界物理化学过程产生的，如煤、石油、天然气、盐业资源等矿产原材料是由长期地质过程产生的，再如海洋内河航运、水力发电、闪电过程产生的空气负离子，海洋或地表水体通过吸收热量而产生的温度调节服务等仅仅是由自然界物理化学过程产生的。这些没有生物生产过程参与的生态系统服务是不可持续更新的，随着人类的开发利用会逐渐减少或者造成生态环境破坏。因此，纳入核算的生态系统服务必须是由生物生产过程参与或产生的服务。有些生态系统服务是生物生产活动和人类生产活动共同作用的结果，如农林产品、旅游休憩等。对于这些生态系统服务，如果能将人类生产和生物生产明确区分，则应只将生物生产产生的服务纳入 GEP 核算。而如果这些生态系统服务中人类生产和生物生产的贡献率很难区分，即不能区分人类生产和生物生产的贡献率，则应将该生态系统服务全部纳入 GEP 核算。

3.2.2 人类收益性原则

人类收益性原则是指纳入核算的生态系统服务必须是对人类福祉最终直接产生收益的服务，而不对人类福祉产生直接收益的或仅是生态系统自身维持功能或生态系统服务中间过程产生的一些服务收益不应予以核算。生态系统服务的产生往往需要通过非常复杂的生态功能和过程才能实现，有些生态功能和过程对于生态系统自身的维持非常重要，但对人类福祉却不直接产生收益，而有些生态系统服务虽然对人类有益，但这些生态系统服务产生的收益只有通过其他功能和过程才会产生对人类有益的物质产品和服务。例如，生物地球化学循环、土壤形成、植被蒸腾、水文循环过程等生态系统维持功能对人类福祉并没有产生直接收益。再如，植物授粉服务、病虫害控制等生态系统支持服务对粮食林木生产是一个必不可少的过程，但这种收益最终在人类收获的农林产品中得到体现，如果将这些服务纳入核算则会造成核算结果重复计算。

3.2.3 经济稀缺性原则

经济稀缺性原则是指纳入核算的生态系统服务必须具有经济稀缺性，而数量无限的或人类没有能力获取控制的生态系统服务不应予以核算。资源的稀缺性是经济学的前提，同样生态系统服务的稀缺性也是其价值产生的前提。生态系统服务的稀缺性跟人类的社会经济发展具有一定的相关性，在原始社会，生态系统服务基本不存在稀缺情况，但随着人类社会进步，特别是工业革命以来，大多数生态系统服务的数量相对于人类无限增长的欲望及生产、生活的需要来说都是很有限的，具有了稀缺性。例如，清新空气和干净水源在工业化之前不具有稀缺性，是可以免费自由获取的，但随着工业革命带来的环境污染和人口数量的膨胀，这些原本可以免费自由获取的生态系统服务就有了价值。除此之外，仍然还有一些生态系统服务在数量上是无限的或是人类无法控制利用的，如阳光、风等，大气中的氧气等。如果将这些数量巨大的生态系统服务纳入核算科目，就会使一些区域的生态系统价值在很大程度上取决于其地理位置或自然本底情况，而不能反映出该区域生态系统保护或恢复的成效。

3.2.4 保护成效性原则

保护成效性原则是指纳入核算的生态系统服务必须是能够灵敏体现人类保护、恢复或破坏活动对生态系统影响或改变的服务，而主要取决于其地理区位、自然状况的服务或是人类无法控制的服务不应予以核算。大部分生态系统服务对人类活动敏感，随着人类保护或恢复措施的实施而增加，而随着人类过度利用或破坏而减少。但也有一些生态系统服务对人类活动不敏感，或者数量特别巨大且不受人类控制，或者在人类活动影响下几乎不变化。例如，海洋对于温度的调节作用受人类活动影响非常小，且远远大于陆地植被的温度调节作用。再如，阳光、风等气候资源几乎不受人类活动影响。另外，有些生态系统服务虽然对人类活动敏感，但核算该服务所采用的方法、模型或参数对人类的生态系统保护、恢复或破坏行为不敏感，从而使核算出的生态系统服务的实物量不能体现生态系统保护或恢复成效。如果将这些数量巨大的生态系统服务纳入核算科目，就会使一些区域的生态系统价值在很大程度上取决于其地理区位或自然状况，从而掩盖了其他生态系统服务对人类福祉的贡献。对于需要纳入核算的生态系统服务在相同情况下应优先选择对人类活动敏感的方法、模型和参数，从而能充分反映出该区域生态系统保护或恢复的成效。

3.2.5　实物度量性原则

实物度量性原则是指纳入核算的生态系统服务必须是在当前科学技术等条件下具有可明确度量实物量的服务，而无法利用物理、化学、生物等科学技术方法准确获取其实物量的服务不应予以核算。GDP 核算建立在市场价值基础之上，通过统计、调查社会生产、分配、交换、使用等国民经济活动在市场中的价格直接核算出价值量。与 GDP 核算不同，生态系统服务的消费具有外部不经济性特征，大多没有在市场中得到体现，也没有通过市场竞争形成合理的价格体系，因此除少部分在市场中得以货币化体现外，生态系统价值核算大都不能通过市场价值直接核算出价值量，而只能在实物量核算的基础上采用替代市场价值法、模拟市场法等进行货币化。大部分生态系统服务在现有研究水平下已经可以较为精确的测量、估算、模拟出实物量，而价值量核算所采用的替代市场价值法、模拟市场法等受主观因素影响大，造成生态系统核算的价值量结果与实物量核算结果相比，可信度相对较低。因此，在没有经过市场竞争的价格体系支撑的情况下，生态系统价值核算必须以相对精确的实物量核算为基础，以实物量核算作为价值量核算的前提，没有实物量仅有价值量的生态系统服务不应予以核算。生态系统服务中文化遗产、艺术灵感、精神宗教、文化多样性等精神文化类服务虽然非常重要，但是这类服务不具有物理、化学或生物的实物表现形式，这类服务的价值核算只能通过意愿调查等主观性比较强的方法，有可能造成核算结果不可比较。

3.2.6　实际发生性原则

实际发生性原则是指纳入核算的生态系统服务必须是生态系统实际为人类提供的服务，而未发生的、潜在的或采用虚拟假设方法核算的生态系统服务不应予以核算。有些学者认为除了实际已经为人类提供的直接和间接使用价值外，生态系统还应该包括存在价值、选择价值或遗产价值等非使用价值。存在价值是指生态系统除了所提供的服务外，本身还具有的内在价值；选择价值是指生态系统未来可以选择使用的价值；遗产价值是指生态系统可供子孙后代使用的价值。这些非使用价值均是潜在性、并未实际发生的或是可能在将来发生的都是指生态系统的存量价值，并不是生态系统产生的增量服务价值。同时，有些实际发生的生态系统服务因数据获取或者核算方法存在困难，有时会采用虚拟假设条件方法或意愿情景方法进行核算，造成核算出的生态系统服务是虚拟的或者是意愿性的。例如，生态系统具有净化污染物的作用，但要准确核算出生态系统所净化的污染物数量非常困难，有时生态系统净化污染服务会在环境容量允许的范围内以实际的污染物排放量代替生态系统净化污染物质量。再如，通过支付意愿法调查，并采用假设的旅客量及其支付意愿计算出的生态系统旅游休憩服务价值实际上并没有真实发生。因未发生的、潜在的或虚拟的生态系统服务只是有条件和假设性的，大多没有相对应的、客观的实物量，所采用的核算数据和方法受人为主观偏好干扰大，如果将这类生态系统服务纳入核算会造成核算结果主观随意性太强，即使是对同一生态系统服务进行核算，结果差异也会相当巨大，使核算结果不具可重复性，结果之间不可比。

3.2.7 数据可获性原则

数据可获性原则是指纳入核算的生态系统服务必须是其实物量可以通过实际监测数据直接测量或模拟计算的服务，而没有实际监测数据只能通过借鉴其他地区经验参数进行实物量核算的生态系统服务不应予以核算。生态系统服务实物量核算涉及科目内容多，对各类基础数据的空间精度和时间精度要求高，核算时经常会遇到一些基础数据缺失，这种情况下类比其他地区经验参数开展核算虽然可以避免造成核算科目的缺失，但会造成核算结果不准确、随意性大，核算结果不可比较。因此，以实际监测数据为基础是实现准确客观核算生态系统服务价值的基础。开展实物量核算时应优先采用各行业部门的日常业务监测数据和定期开展的资源清查数据，如气象水文、环境监测日常数据或森林资源清查、国土资源调查、地理国情调查、污染源普查等定期开展的资源清查数据。当以上实际监测数据无法满足需要时，可以科研项目一次性监测调查获取的数据为基础开展核算。在缺乏以上日常业务监测数据、定期资源清查数据的情况下，无法针对其实物量核算开展补充性调查监测的生态系统服务应不予以核算。例如，物种多样性在实物量度量方面并不存在难题，有很多种衡量物种多样性的指标和方法，但在很多地区都缺乏物种多样性调查数据。在开展过物种多样性调查的地区可以实际的物种调查数据为基础进行核算，在没开展过物种多样性调查的地区可以开展过补充性调查的物种进行核算，若不能开展补充性调查则该科目不应予以核算。

3.2.8 非危害性原则

非危害性原则是指纳入核算的生态系统服务必须是对生态系统自身功能有益的或无害的服务，而可能对生态系统自身承载力产生危害的服务不应予以核算。有些生态系统服务类型当超过一定规模和范围时可能会对生态系统本身产生危害，如生态系统可以容纳、吸收和降解污染物质，通过空气净化、水质净化、固体废物处置等服务为人类提供清新空气、干净水源和健康土壤等产品。这类服务在一定限度内不会对生态系统本身产生影响或危害，但当人类向环境中排放的污染物超过一定程度后，不可避免地会对生态系统本身产生危害，若将这类可能对生态系统自身承载力产生危害的服务纳入核算，会造成向生态系统排放污染物越多，生态系统服务价值越高，这与正常的生态环境管理逻辑不符。因此，对这类有可能造成生态系统自身危害的服务应以干净水源、清新空气等服务的最终产品代替，以环境质量代替污染物排放量来衡量生态系统对环境的净化作用。

根据以上八条基本原则，列入核算的生态系统服务应全部满足各项基本原则，违反任意一条或一条以上基本原则的生态系统服务均不可列入核算，这样就可以筛选构建统一规范的生态系统服务价值核算科目，为使核算结果可重复、可对比、可复制奠定坚实的理论基础。

3.3 生态系统价值核算指标体系

3.3.1 国内外已有生态系统价值核算指标体系

1997 年，Costanza 对全球生态系统服务进行了评估，并提出了包括 17 个评估指标的生态系统服务分类。2001 年，联合国发起的 MA 又将生态系统服务归纳为供给服务、调节服务、文化服务和支持服务四个功能类别。此后，TEEB 及 SEEA-EEA 在 MA 核算框架的基础上形成了新的核算体系。

我国在充分借鉴国际核算经验的基础上，对生态系统服务评估指标体系进行了积极的探索，先后发布了《森林生态系统服务功能评估规范》《海洋生态资本评估技术导则》《荒漠生态系统服务评估规范》《自然资源（森林）资产评价技术规范》等规范导则，推动了森林、海洋和荒漠等生态系统服务的评估进程。欧阳志云等（2013）、谢高地等（2015）、刘纪远等（2016）、傅伯杰等（2017）先后构建了中国生态系统服务评估指标体系。各评估指标的对比分析见表 3-1。

表 3-1　国内外已有生态系统价值核算相关指标体系对比分析

功能类别	核算科目	Costanza等（1997）	MA	TEEB	SEEA-EEA	《森林生态系统服务功能评估规范》	《海洋生态资本评估技术导则》	《荒漠生态系统服务评估规范》	欧阳志云等（2013）	谢高地等（2015）	刘纪远等（2016）	傅伯杰等（2017）
生态系统产品	农林牧渔产品	√	√	√	√		√		√	√	√	√
	水资源	√						√	√	√	√	√
	水电								√			
	遗传、药物、观赏资源	√	√	√								√
	机械能					√						
人居环境调节	有益物质释放	√				√	√	√	√			
	局地气候调节	√							√			
	温室气体吸收	√	√	√		√	√	√		√	√	√
污染废物处理	大气净化	√							√	√	√	√
	水质净化	√				√			√	√	√	√
	废物处理	√	√	√						√		

功能类别	核算科目	Costanza等（1997）	MA	TEEB	SEEA-EEA	《森林生态系统服务功能评估规范》	《海洋生态资本评估技术导则》	《荒漠生态系统服务评估规范》	欧阳志云等（2013）	谢高地等（2015）	刘纪远等（2016）	傅伯杰等（2017）
生态水文调节	径流调节	√	√	√	√	√			√	√	√	
	洪水调蓄	√	√	√	√	√			√	√	√	√
生态系统减灾	气象地质灾害防治	√	√	√	√	√						√
	海洋灾害控制	√	√	√	√	√						√
	生物灾害防治	√	√	√	√				√			√
土壤侵蚀控制	土壤保持	√	√	√	√	√		√	√	√	√	
	防风固沙			√				√			√	
精神文化服务	休憩服务	√	√	√		√	√	√	√			√
	科研服务						√					
	文化服务	√	√	√	√					√	√	
支持服务	土壤形成	√	√		√						√	
	养分循环	√	√			√				√	√	
	水循环		√		√							
	生物多样性维持	√		√	√	√	√	√		√	√	
	生命周期维持	√	√	√	√							

注：√表示具备此项。

本研究在系统总结现有生态系统价值核算指标体系的基础上，根据生态系统价值核算原则对各核算指标进行了筛选，结果见表3-2。

生态系统生产价值核算与业务化体系研究——以厦门市为例

表 3-2　生态系统价值核算指标体系筛选

核算指标	存量	流量	生物生产	人类收益	保护成效	实际发生	实物度量	数据可获	持续更新	非危害性
农产品	×									
林产品	×									
牧产品	×									
渔产品	×									
淡水										
水电	×		×							
遗传资源							×	×		
生物化学物质								×		
野生药物								×		
观赏资源								×		
动物机械能	×				×			×		
大气调节	×						○			○
气候调节	×						○			
干扰调节	×									
水量调节	×									
水文调节	×									
废物处理	×						○			○
侵蚀调节	×									
授粉	×			×						
病虫害控制	×			○			×	×		
休憩服务	×									
科研服务	×						○	○		
精神和宗教							×	×		
知识系统	×						×	×		
教育	×						×	×		
艺术灵感	×						×	×		
美学	×						×	×		
就业	×						×	×		
文化遗产							×	×		
文化多样性							×	×		
其他文化服务	×						×	×		
土壤形成				×						

核算指标	存量	流量	生物生产	人类收益	保护成效	实际发生	实物度量	数据可获	持续更新	非危害性
养分循环				×						
水循环				×						
生物多样性维持				○						
遗传多样性维持				○						
生态系统多样性维持				○						

注：○ 表示部分符合；× 表示不符合。

3.3.2 厦门市生态系统价值核算指标体系

通过对国内外现有生态系统价值核算相关指标体系的汇总分析和筛选，同时充分考虑厦门市的区域特色和生态系统特征，确定了厦门市生态系统价值核算指标体系，结果见表 3-3。

表 3-3 生态系统价值核算指标体系

生态系统类型	功能类别	核算科目 一级科目	核算科目 二级科目	序号	实物指标	单位	厦门是否核算
陆地生态系统	生态系统产品	农林牧渔产品	农产品	1	粮油、果蔬、茶叶、中草药等产量	t	√
			林产品	2	木材、林副产品、林下产品、薪材等产量	t、m³	√
			牧产品	3	畜禽、蜂蜜蚕茧等产量	t	√
			淡水渔产品	4	淡水鱼类、虾蟹、贝类等产量	t	√
		干净水源	水资源供给量	5	水资源供给量	m³	√
			水环境质量	6	水环境质量	mg/L	√
		清新空气	大气环境质量	7	大气环境质量、暴露人口	mg/m³	√
	人居环境调节	有益物质释放	空气负离子	8	空气负离子浓度	个/cm³	√
			其他有益物质释放	9	其他有益物质浓度	mg/L	×
		局地气候调节	温度调节	10	空气温度 26℃以上时长、降温幅度	℃	√
			湿度调节	11	实际蒸散量	m³	×
		温室气体吸收	生态系统固碳	12	净生态系统生产力	t	√
			其他温室气体	13	甲烷等温室气体吸收量	t	×
	生态水文调节	径流调节	径流调节	14	潜在径流量、实际径流量	m³	√
		洪水调蓄	洪水调蓄	15	25 mm 以上降水量、生态系统对洪峰的削减量	m³	√
		雨洪减排	雨洪减排	16	25 mm 以上降水量、城市绿地对雨洪的削减量	m³	√

生态系统生产价值核算与业务化体系研究——以厦门市为例

生态系统类型	功能类别	核算科目		序号	实物指标	单位	厦门是否核算
		一级科目	二级科目				
陆地生态系统	生态系统减灾	气象地质灾害	干旱缓解	17	枯水季水资源供给量	m³	×
			山洪地质灾害防治	18	山洪流量、滑坡土方量、泥石流流量	m³	×
	土壤侵蚀控制	土壤保持	减少泥沙淤积	19	减少泥沙淤积量	t	√
			土壤养分保持	20	减少氮磷钾流失量	t	√
		防风固沙	风蚀控制	21	固沙量	t	×
	物种保育更新	物种保育更新	生境质量	22	生境质量	/	√
			珍稀等级	23	濒危特有级别	等级	√
	精神文化服务	休憩服务	旅游观光	24	旅行人流量	人	√
			日常休憩	25	房价贡献率	%	√
		科研服务	科研服务	26	科研论文数量	篇	×
海洋生态系统	生态系统产品	渔产品	海水渔产品	27	海洋鱼类、虾蟹、贝类等产量	t	×
		清洁海洋	海洋环境质量	28	海洋环境质量、不同海水水质面积	mg/L	√
	气候状况调节	温室气体吸收	生态系统固碳	29	净初级生产力	t	√
	物种保育更新	物种保育更新	生境质量	30	生境质量	个/g	√
			珍稀等级	31	濒危特有级别	等级	√
	精神文化服务	休憩服务	旅游观光	32	旅行人流量	人	√
			日常休憩	33	房价贡献率	%	√
		科研服务	科研服务	34	科研论文数量	篇	×

3.3.3 与已发布规范导则的对比

本研究是在综合分析国内外已有规范导则的基础上，结合不同研究机构、学者的研究成果，系统归纳了现有生态系统价值核算指标体系，并利用生态系统价值核算原则对各核算指标进行了筛选，同时又充分考虑了厦门市的区域特色和生态系统特征，最终确定了厦门市生态系统价值核算指标体系。这一体系是在已有研究成果基础上的继承和发展，其与各规范导则的异同点和原因分析见表 3-4~表 3-6。《自然资源（森林）资产评价技术规范》考虑的生态系统服务评估指标全部包括在《森林生态系统服务功能评估规范》中，其仅对物种保育服务的评估方法进行了改进，因此，将本研究与这一规范的对比分析纳入与《森林生态系统服务功能评估规范》的对比分析中。

表 3-4　厦门市生态系统价值核算指标体系与《森林生态系统服务功能评估规范》的对比

《森林生态系统服务功能评估规范》核算科目		对应本研究的评估指标	异同点分析			本研究评估内容与《森林生态系统服务功能评估规范》不同的原因分析
指标类别	评估指标		相同点	不同点		
				《森林生态系统服务功能评估规范》	本研究	
涵养水源	调节水量	生态系统产品-干净水源	水资源供给量			
	净化水质		从生态系统的角度出发，假设生态系统对其调节的水量实现了完全净化	从实际水环境质量的角度出发，并设置参照浓度，优于参照值的水环境质量价值为正，劣于参照值的水环境质量价值为负		《森林生态系统服务功能评估规范》核算方法是针对潜在服务功能的核算，现阶段没有监测数据支撑对实际服务功能的核算。本研究将水环境质量作为一种生态产品来考虑，并利用水污染因子浓度与《地表水环境质量标准》三类标准限值浓度之差进行核算，考虑实际水环境质量状况，并且可以避免出现水体污染物排放量越多，其环境质量价值越高的现象
保育土壤	固土	土壤侵蚀控制-土壤保持	固土量	减少泥沙淤积量		两者名称不同，但是实际核算量相同
	保肥	氮、磷、钾保持量				
固碳释氧	固碳	人居环境调节-生态系统固碳	植物固碳量、土壤固碳量	生态系统固碳量		既考虑了生态系统的碳固定，又考虑了生态系统的碳释放
	释氧	未核算				不具有经济稀缺性
积累营养物质	林木营养积累	未核算				属于存量价值。生态系统价值包括存量价值和流量价值，存量价值是流量价值产生的基础，本研究只对流量价值进行核算，通过对生态资源的阐述来体现存量价值
净化大气环境	提供负离子	人居环境调节-空气负离子	空气负离子浓度	按年度进行核算	按季度进行核算	生态系统释放的负离子浓度季节性变化明显
	吸收污染物	生态系统产品-清新空气	林分对大气污染物的净化量	从实际大气环境质量的角度出发，并设置参照浓度，优于参照值的大气环境质量价值为正，劣于参照值的水环境质量价值为负		《森林生态系统服务功能评估规范》核算方法是针对潜在服务功能的核算，现阶段没有监测数据支撑对实际服务功能的核算。本研究将大气环境质量作为一种生态产品来考虑，并利用大气污染因子浓度与 2015 年中国 74 个城市的年均浓度之差进行核算，考虑实际大气环境质量状况，并且可以避免出现大气污染物排放量越多，其环境质量价值越高的现象
	降低噪声	未核算				《森林生态系统服务功能评估规范》核算方法是针对潜在服务功能的核算，现阶段没有监测数据支撑对实际服务功能的核算
	滞尘	未核算				
森林防护	森林防护	未核算				

生态系统生产价值核算与业务化体系研究——以厦门市为例

续表

《森林生态系统服务功能评估规范》核算科目		对应本研究的评估指标	异同点分析			本研究评估内容与《森林生态系统服务功能评估规范》不同的原因分析
指标类别	评估指标		相同点	不同点		
				《森林生态系统服务功能评估规范》	本研究	
生物多样性保护	物种保育	物种保育更新		Shannon-Wiener 指数（《自然资源（森林）资产评价技术规范》在此基础上考虑了濒危物种、特有物种和古树名木）	野生哺乳类、鸟类、爬行类、两栖类、淡水鱼类、野生维管束植物等物种数量；IUCN 等级物种数量；濒危野生动植物物种国际贸易公约（Convention on International Trade in Endangered Species of Wild Fauna and Flora, CITES）附录等级物种数量；中国特有种数量；国家级、省级保护物种数量；种群更新率；生境质量	物种保育既具有存量价值，又具有流量价值，本研究只针对其流量价值进行核算，而通过对生态资源的阐述来体现其存量价值，因此，本研究在考虑濒危物种、特有物种和受保护物种的基础上又考虑了物种的更新率
森林游憩	森林游憩	精神文化服务–休憩服务		森林生态系统为人类提供休闲和娱乐场所而产生的价值	增加了对日常休憩服务的核算，并且利用房价贡献率对其进行评价	生物多样性维持和生态系统多样性维持是提供生态系统服务的基础，既具有存量价值，又具有流量价值，本研究只对流量价值物种保育更新部分进行核算，通过对生态资源的阐述来体现存量价值

表 3-5　厦门市生态系统价值核算指标体系与《海洋生态资本评估技术导则》的对比

《海洋生态资本评估技术导则》核算科目		对应本研究的评估指标	异同点			本研究评估内容与《海洋生态资本评估技术导则》不同的原因分析
结构要素	评估指标		相同点	不同点		
				《海洋生态资本评估技术导则》	本研究	
海洋生态资源存量价值	海洋生物资源存量价值	在生态资源中的海洋生物资源部分进行阐述				生态系统价值包括存量价值和流量价值，存量价值是流量价值产生的基础，本研究只对流量价值进行核算，通过对生态资源的阐述来体现存量价值
	海洋生境资源存量价值					
		鱼类、贝类、甲壳类、头足类、大型藻类等				

《海洋生态资本评估技术导则》核算科目			对应本研究的评估指标	异同点			本研究评估内容与《海洋生态资本评估技术导则》不同的原因分析
海洋生态系统服务价值	结构要素	评估指标		相同点	不同点		
					《海洋生态资本评估技术导则》	本研究	
	海洋供给服务价值	养殖生产	未核算				厦门市已禁止近海养殖，如参与核算则与保护成效原则相违背
		捕捞生产	未核算				厦门市捕捞生产主要来源于远洋捕捞
		氧气生产	未核算				不具有经济稀缺性
	海洋调节服务价值	气候调节	气候状况调节-生态系统固碳	浮游植物吸收二氧化碳量、大型藻类吸收二氧化碳量		增加对滤食性贝类二氧化碳固定量的核算	
		废物处理	生态系统产品-清洁海洋		环境容量或排海废物数量	海水污染因子浓度与《海水水质标准》（GB 3097—1997）二类标准限值浓度之差	设置参照浓度，优于参照值的环境质量价值为正，劣于参照值的环境质量价值为负，这样可以避免出现废物排放量越多，环境质量价值越高的现象
	海洋文化服务价值	休闲娱乐	精神文化服务-休憩服务		以自然海洋景观为主体的海洋旅游景区的年旅游人数	增加了对日常休憩服务的核算，并且利用房价贡献率对其进行评价	
		科研服务	精神文化服务-科研服务		公开发表的以评估海域为调查研究区域或实验场所的海洋类科技论文数量		
	海洋支持服务价值	生物多样性维持	物种保育更新		海洋保护物种数（国家级、省级）以及在当地有重要价值（科学的、文化的、宗教的、经济的）的海洋物种数	增加游泳动物、底栖动物及潮间带生物三类物种数量；IUCN等级物种数量；CITES附录等级物种数量；中国特有种数量；种群更新率；生境质量的核算	生物多样性维持和生态系统多样性维持是提供生态系统服务的基础，既具有存量价值，又具有流量价值，本研究只对流量价值物种保育更新部分进行核算，通过对生态资源的阐述来体现存量价值
		生态系统多样性维持			国家、省级的海洋自然保护区、海洋特别保护区和水产种质资源保护区数量		

生态系统生产价值核算与业务化体系研究——以厦门市为例

表3-6　厦门市生态系统价值核算指标体系与SEEA-EEA的对比

SEEA-EEA			对应本研究的评估指标	异同点分析			本研究评估内容与SEEA-EEA不同的原因分析
主题	类别	组		相同点	不同点		
					SEEA-EEA	本研究	
供给	营养	生物量	生态系统产品-农林牧渔产品	生物量的营养供给部分		增加生物量、纤维的材料供给部分	本研究统一考虑生物量的营养和材料的供给部分（除基因材料外）
		水	生态系统产品-干净水源	地表饮用水	地下饮用水	全部地表水	生态系统价值包括存量价值和流量价值，本研究只对流量价值进行核算，因此只包括了地表水，地下水则只针对在生态资源中的水资源部分进行阐述。本研究统一考虑地表饮用水和非饮用水
	材料	生物量、纤维	生态系统产品-农林牧渔产品	生物量、纤维的材料供给部分（除基因材料外）	增加来源于生物区（系）的基因材料	增加生物量的营养供给部分	本研究统一考虑生物量的营养和材料的供给部分，但因为无法获取基因材料数据，所以未包括此部分
		水	生态系统产品-干净水源	地表非饮用水	地下非饮用水	全部地表水	生态系统价值包括存量价值和流量价值，本研究只对流量价值进行核算，因此只包括了地表水，地下水则只针对在生态资源中的水资源部分进行阐述。本研究统一考虑地表饮用水和非饮用水
	能量	来自生物量的能源	生态系统产品-农林牧渔产品	动物能源和植物能源			
		机械能	未核算				此项服务是指由动物（如大象、马等）提供的机械能，厦门市几乎不存在此项服务功能
调节和维持	废物、有毒物质和其他类似物质调节	生物区（系）调节	生态系统产品-干净水源 生态系统产品-清新空气 生态系统产品-清洁海洋		生物区（系）的生物修复、过滤/封存/储存/累积	从实际环境质量的角度出发，并设置参照浓度，优于参照值的环境质量价值为正，劣于参照值的环境质量价值为负	本研究只对符合生物生产、人类收益、保护成效、实际发生、实物度量、数据可获、持续更新、非危害性等原则的服务功能进行核算，因此，只对干净水源、清新空气和清洁海洋进行核算，通过设置参照浓度，优于参照值的环境质量价值为正，劣于参照值的环境质量价值为负，可以避免出现废物排放量越多，环境质量价值越高的现象
		生态系统调节		生态系统的过滤/封存/储存/累积；大气、淡水和海洋生态系统的稀释作用；对嗅觉/噪声/视觉影响的调节作用			

SEEA-EEA 主题	类别	组	对应本研究的评估指标	相同点	不同点 SEEA-EEA	不同点 本研究	本研究评估内容与 SEEA-EEA 不同的原因分析
调节和维持	流动调节	物质流调节	土壤侵蚀控制	减少泥沙淤积和土壤养分保持	物质稳定、侵蚀速率控制、物质流的缓冲和减缓		由于滑坡、重力侵蚀等在研究区域不具有典型性，未进行核算
		水流调节	生态水文调节	洪水调蓄	水循环、水流维持	径流调节、雨洪减排	水循环属于生态系统过程，故未进行核算。水流维持由于现阶段没有监测数据支撑，对其实际服务功能也未核算
		气流调节	生态系统产品-清新空气		风暴防护、空气流通和蒸发	从实际大气环境质量的角度出发，并设置参照浓度，优于参照值的大气环境质量价值为正，劣于参照值的水环境质量价值为负	现阶段没有监测数据支撑对风暴防护、空气流通的核算；蒸发是由水体的物理变化引起的，不具有生物生产性，故本研究未对此进行核算；本研究设置参照浓度，优于参照值的环境质量价值为正，劣于参照值的环境质量价值为负，这样可以避免出现废物排放量越多，环境质量价值越高的现象
	物理、化学和生物状况维持	生命周期维持、栖息地和基因库保护	物种保育更新	授粉、种子扩散、维持幼崽或幼苗数量和栖息地	考虑物种数量、濒危等级、特有等级、保护等级、种群更新率和生境质量		授粉、种子扩散属于中间服务，有利于生态系统自身的维持和发展，其对人类的贡献可以通过生态系统产品供给、水文状况调节等服务功能和生物资源存量的形式来表征，故本研究并未对这两类功能进行核算，而是对后者进行核算和阐述；维持幼崽或幼苗数量和栖息地是物种保育更新的基础和前提，本研究通过对后者的核算来表征这类服务功能
		病虫害控制	未核算				现阶段没有监测数据支撑对实际服务功能的核算
		土壤形成及其组分	未核算				属于存量价值。生态系统价值包括存量价值和流量价值，本研究只针对流量价值进行核算，而通过对生态资源的阐述来体现其存量价值
		水分条件	生态系统产品-干净水源（陆地）；生态系统产品-清洁海洋（海洋）	对有利于生物区（系）生存的淡水/海水化学组分的维持/缓冲	从实际水环境质量的角度出发，并设置参照浓度，优于参照值的水环境质量价值为正，劣于参照值的水环境质量价值为负		当前核算方法是针对潜在服务功能的核算，现阶段没有监测数据支撑对实际服务功能的核算；本研究设置参照浓度，优于参照值的环境质量价值为正，劣于参照值的环境质量价值为负，这样可以避免出现废物排放量越多，环境质量价值越高的现象

续表

SEEA-EEA			对应本研究的评估指标	异同点分析			本研究评估内容与 SEEA-EEA 不同的原因分析
主题	类别	组		相同点	不同点		
					SEEA-EEA	本研究	
调节和维持	物理、化学和生物状况维持	大气组成和气候调节	人居环境调节–局地气候调节	湿度调节	包括湿度、风速等调节		湿度调节在研究区域不具有典型性,风速调节难于进行定量化评估
			人居环境调节–温室气体吸收(陆地)	生态系统固碳	包括其他温室气体调节		其他温室气体调节在研究区域难于进行定量化评估
			气候状况调节(海洋)				
文化	与生态系统和景观的物质和智力交互	物质和体验交互	精神文化服务–休憩服务	对植物、动物、生态系统的视觉体验和使用			
		智力和具象交互	精神文化服务–科研服务	科研	教育、遗产、文化、美学、通过不同媒体对自然世界的非现场观看/体验		除科研外的其他指标缺少清晰明确的表征因子和切实可行的测定方法
	与生态系统和景观的精神、象征和其他交互	精神和/或象征性的文化服务	未核算				缺少清晰明确的表征因子和切实可行的测定方法
		其他文化产出	未核算				

3.4　生态系统价值核算方案

3.4.1　生态系统价值实物量核算

本研究针对厦门市森林、灌木林地、草地、湿地、农田、城镇(城市绿地)、海洋七种生态系统类型的生态系统价值进行核算,各生态系统类型具体的核算指标见表 3-7。为消除气候波动对生态系统价值的影响,本研究采用两种方案对其实物量进行核算:第一种是利用评估年气象因子进行核算;第二种是利用多年平均气象因子进行核算。但是,本研究除在生态系统价值动态变化原因分析中考虑了第二种方案的结果外,其余所有分析均基于第一种方案的结果进行。

表 3-7　厦门市各生态系统类型的生态系统价值核算指标

生态系统类型	功能类别	核算科目	森林	灌木林地	草地	湿地	农田	城市绿地	海洋
陆地生态系统	生态系统产品	农林牧渔产品	√	√		√	√		
		干净水源				√			
		清新空气				√			
	人居环境调节	空气负离子	√	√	√	√	√	√	
		温度调节	√	√	√	√	√	√	
		生态系统固碳	√	√	√	√	√	√	
	生态水文调节	径流调节	√	√	√	√	√		
		洪水调蓄	√	√	√	√	√		
		雨洪减排						√	
	土壤侵蚀控制	土壤保持	√	√	√	√	√		
	物种保育更新	物种保育更新	√	√	√	√	√	√	
	精神文化服务	休憩服务				√			
海洋生态系统	生态系统产品	清洁海洋							√
	气候状况调节	生态系统固碳							√
	物种保育更新	物种保育更新							√
	精神文化服务	休憩服务							√

3.4.2　生态系统价值实物量核算不确定性分析

受限于现有的科学技术水平和数据条件，本研究无法对各服务功能进行准确核算。根据生态系统价值各指标所采用的核算方法、数据来源和核算参数，本研究对生态系统价值各指标核算结果的精确度进行了分级。

Ⅰ级：该指标应用生物物理模型进行核算，并采用本地数据进行参数化或验证；或利用本地监测数据、统计年鉴或公报等行业数据进行核算，并且该指标无需采用生物物理模型。

Ⅱ级：该指标应用生物物理模型进行核算，并采用相近地区数据进行参数化或验证；或利用本地监测数据和文献调研数据进行核算，并且该指标无需采用生物物理模型。

Ⅲ级：该指标虽然应用生物物理模型进行核算，但是模型方法仍不成熟。

基于以上分级标准，本研究对厦门市生态系统价值各指标核算结果的精确度进行了评价，结果表明，厦门市有 8 个指标的核算精确度为Ⅰ级、7 个指标为Ⅱ级、1 个指标为Ⅲ级（表 3-8）。

表 3-8　厦门市生态系统价值各指标核算结果的精确度等级

生态系统类型	功能类别	核算科目	精确度等级		
			I	II	III
陆地生态系统	生态系统产品	农林牧渔产品	√		
		干净水源	√		
		清新空气			√
	人居环境调节	空气负离子		√	
		温度调节		√	
		生态系统固碳		√	
	生态水文调节	径流调节	√		
		洪水调蓄	√		
		雨洪减排	√		
	土壤侵蚀控制	土壤保持	√		
	物种保育更新	物种保育更新		√	
	精神文化服务	休憩服务		√	
海洋生态系统	生态系统产品	清洁海洋	√		
	气候状况调节	生态系统固碳	√		
	物种保育更新	物种保育更新		√	
	精神文化服务	休憩服务		√	

4

厦门市生态资源要素构成及清单

4.1 生态资源要素分类体系

4.1.1 生态资源要素框架对比分析

自然资源是指人类可以利用的、自然生成的物质与能量,自然资源资产数量的增减和质量好坏的变化,反映了各级政府负责管理的自然资源资产的家底。从实践角度来看,国内外对自然资源的实践研究大都从自然资源核算入手,试图建立与国民核算体系口径一致的自然资源核算账户。从理论角度来看,国内自然资源资产负债表的研究还处于初始阶段,学者大多从其概念、意义、内容和框架进行初步阐释。我国自然资源种类繁多,统计难度较大,自然资源与经济发展、生态环境之间存在一定的作用机理相关关系,使统计的对象不仅包括自然资源形成、开发、运用、保护以及循环利用等过程,也包括生态环境质量的变化,故在对生态资源要素的框架体系进行构建时存在一定困难,本研究从不同视角构建出自然资源资产负债表的框架。

本章主要研究自然资源中生态资源要素及其框架组成。基于不同的角度,生态资源要素具有不同的分类体系,大体包括以下几种:①按资源的利用限度划分,包括可更新资源和不可更新资源;②按资源的固有属性划分,包括耗竭性资源和非耗竭性资源;③按利用目的划分,包括农业资源、药物资源、能源资源、旅游资源;④按圈层特征划分,包括土地资源、气候资源、水资源、矿产资源、生物资源、海洋资源、能源资源和旅游资源;⑤按自然环境要素划分,包括土地资源、气候资源、水资源、矿产资源、生物资源、海洋资源。

目前对于生态资源要素框架的构建,主要包括 SEEA（system of environmental-economic accounting）资产账户及福建省自然资源资产负债表。

SEEA 是指综合环境与经济核算体系,将水资源、矿物、能源、木材、鱼类、土壤、土地和生态系统、污染和废物以及生产、消费和积累信息放在单一计量体系中。

作为国际性的核算框架,SEEA 考虑到普适性和数据获取难易程度,将生态资源要素划分为矿产资源、生态用地资源、林木资源、生物资源及水资源。但 SEEA 资产账户并未将环境资源及海洋资源纳入体系中,也使其在统计核算时有一些缺陷。

福建省也开展了自然资源统计核算的工作,编制了福建省自然资源资产负债表,并针对福建省的特点,设计了包括水资源、生态用地资源、生物资源、海洋资源、林木资源在内的五类生态资源要素体系。福建省自然资源资产负债表考虑了海洋资源,但仍未将环境资源纳入生态资源要素体系中。具体生态资源要素及分类对比见表4-1。

表 4-1 不同自然资源账户的对比

序号	资源类型		SEEA资产账户	福建省自然资源资产负债表	厦门市生态资源要素清单
1	水资源	地表水	√	√	√
		地下水	√	√	√
2	生态用地资源	主要生态用地类型及面积	√	√	√
3	生物资源	陆生生物	√		√
		水生生物	√		√
4	环境资源	水环境			√
		大气环境			√
		固体废物			√
5	海洋资源	海岛岸线		√	√
		海洋生物			√
		海洋环境		√	√
6	矿产资源	能源及矿产	√		
7	林木资源	林木蓄积量	√		

4.1.2 厦门市生态资源要素基本框架

生态资源要素的统计应综合反映区域生态系统的数量及其质量的好坏，即生态资源要素应包括生物物理环境下的所有生物与非生物部分，其中包括环境资源及环境污染物排放量（容纳量）（Bartelmus，2007），且生态资源要素不仅应反映生态资源存量变化，还应反映自然资源过度耗减量以及生态环境退化程度（蒋洪强等，2014；肖序等，2015；黄溶冰和赵谦，2015；季曦和刘洋轩，2016）；世界各国也将环境资源纳入生态资源核算的范畴，如挪威、芬兰及澳大利亚等国家在对资源进行核算时，均将环境质量及环境污染排放作为核算体系的重要一环（Svein，2005；Schreyer et al.，2015），因此本研究以厦门市环境质量及主要污染物排放量为表征指标，将厦门市环境资源纳入生态资源要素框架中。

厦门市地处东南沿海，海洋资源是厦门市的重要资源，也是厦门市的重要生态特色，对厦门市生态及环境有重要影响，因此将厦门市海洋资源纳入生态资源要素框架中，并且在福建省自然资源资产负债表的基础上，加入海洋生物资源及海洋环境资源，使海洋资源要素的统计更加完善。

水资源是一种重要的生态资源，包括 SEEA 在内的多项资产账户均将水资源列入框架中，主要包括地表水及地下水两部分。海水存量被认为不在中心框架的核算范围之内，因为海水存量太大，没有分析意义。水资源将海水资源量排除在外，并不会妨碍计量和海洋相关的个别组成部分，如海洋生物等。

本研究所考虑的土地资源是生态系统用地，对于城市建成区等非自然用地不做考虑，而林木资源要素清单已经体现在生态用地资源要素清单中，故不再单独列出。

通过以上分析，同时结合厦门市自身的资源构成，本研究将厦门市生态资源要素划分为水资源、生态用地资源、生物资源、环境资源及海洋资源五大类。

在确定生态资源要素五大类的基础上，参考《自然资源学》《土地资源学》《气候资源学》《生物资源学》《海洋资源学》《森林资源数据库分类和命名规范》《土地利用现状分类》《地下水资源分类分级标准》《中国环境统计年鉴》《中国林业统计年鉴》《中国海洋统计年鉴》《中国草地资源数据》《厦门经济特区年鉴》等著作及年鉴，对厦门市生态资源要素进行进一步细分，包括5个一级分类、16个二级分类、34个三级分类。具体分类见表4-2。

表4-2　厦门市生态资源要素分类

一级分类	二级分类	三级分类	说明
水资源（01）	地表水（0101）	河流水系（010101）	流域面积大于（含）50 km² 的河流
		水库（010102）	中型（含）以上水库
	地下水（0102）	地下水（010201）	地下水资源总量
生态用地资源（02）	森林（0201）	阔叶林（020101）	厦门市生态用地面积
		针叶林（020102）	
		针阔混交林（020103）	
		稀疏林（020104）	
	灌木林地（0202）	灌木林地（020201）	
	草地（0203）	草地（020301）	
	湿地（0204）	滩涂（020401）	
		水域及水利设施用地（020402）	
	农田（0205）	耕地（020501）	
		园地（020502）	
	城镇（0206）	城市绿地（020601）	
生物资源（03）	陆生动物（0301）	陆生动物物种（030101）	陆生动物物种数量及濒危等级
	陆生植物（0302）	陆生植物物种（030201）	陆生植物物种数量及濒危等级
环境资源（04）	污染物排放量（0401）	水污染物排放量（040101）	主要水污染物排放量
		大气污染物排放量（040102）	主要大气污染物排放量
		固体废物排放量（040103）	主要固体废物排放量
	环境质量（0402）	水环境质量（040201）	水环境达标率
		大气环境质量（040202）	大气环境达标天数

续表

一级分类	二级分类	三级分类	说明
海洋资源（05）	海岛（0501）	有居民海岛（050101）	中国管辖海域作为常住地的岛屿
		无居民海岛（050102）	中国管辖海域不作为常住地的岛屿
	岸线（0502）	港口岸线（050201）	包括港口、码头等设施岸线
		工业岸线（050202）	指临海工业配套岸线
		城市生活岸线（050203）	指提供城市游憩、文化等日常活动的岸线，主要满足城市景观、旅游休憩等方面的需求，结合其使用对象的不同细分为城市生活岸线和滨海旅游岸线
		滨海旅游岸线（050204）	
		生态岸线（050205）	为保护城市生态环境而预留的岸线，有明显生态特征的自然岸线
		其他岸线（050206）	不属于以上任何一类的岸线
	海洋生物（0503）	游泳动物（050301）	厦门市海域主要生物物种数量
		底栖生物（050302）	
		潮间带生物（050303）	
	海洋环境（0504）	海洋污染物排放量（050401）	厦门市出海口监测点位污染物排放量及浓度
		海洋环境质量（050402）	海洋各类水体面积

注：（ ）中数字表示代码。

4.2 陆地生态资源要素清单

4.2.1 水资源

本节评估对象的设定原则参考第一次全国水利普查设定的河流湖泊范围，并结合厦门市的水资源分布和水质监测情况进行调整，主要将流域面积大于（含）50 km² 的河流、中型（含）以上水库、主要小（Ⅰ）型水库和县（区）级以上饮用水源作为水资源清单的核算范围。参与核算的厦门市主要水体包括 4 条水系溪流、5 个中型水库和 9 个小（Ⅰ）型水库。

4.2.1.1 河流水系

2015 年，厦门市境内主要水系有东西溪、九溪、官浔溪、后溪 4 条，主要河流 12 条，主要发源地集中于同安区、翔安区及集美区，均为独立入海水系。流域总面积为 1839.47 km²，流域面积最大的是东西溪主干道（东溪+西溪）流域，为 491.5 km²，最小的是内田溪流域，为 34.5 km²。河流总长为 262.22 km，最长的河流是后溪，为 25.5 km，最短的河流是莲溪，为 10.2 km。具体清单见表 4-3。

表 4-3　2015 年厦门市主要河流水系

河流水系		流域面积/km²	河长/km	发源地
东西溪	汀溪	147.1	23.9	同安区云顶山
	莲花溪	157.0	25.1	同安区尖山
	西溪	320.7	30.4	同安区尖山
	东溪	152.8	25.18	翔安区新圩镇加张山
	东西溪主干道	491.5	38.2	同安区尖山
后溪	许溪	56.7	13.98	海沧区仙灵棋山
	苎溪	67.3	17.5	集美区西北部的老寮仓
	后溪	209.3	25.5	集美区西北部的老寮仓
九溪	莲溪	44.0	10.2	翔安内厝镇乌营寨山
	内田溪	34.5	12.9	翔安区新圩镇白云山
	九溪	100.1	20.55	翔安区新圩镇白云山
官浔溪	官浔溪	58.47	18.81	同安区西南凤南农场康山

4.2.1.2　水库

2015 年，厦门市境内主要有中型水库 5 座，小型（Ⅰ）水库 92 座，总库容为 23 739.0 万 m³。其中，中型水库蓄水量为 16 112.0 万 m³，占全市水库总库容的 67.87%。库容最大的中型水库是石兜水库，为 6654.0 万 m³，库容最小的中型水库是竹坝水库，为 1165.0 万 m³。主要小（Ⅰ）型水库中，库容最大的是坂头水库，为 744.6 万 m³，库容最小的是古宅水库，为 313.9 万 m³。具体清单见表 4-4。

表 4-4　2015 年厦门市主要水库概况　　　　　　　　（单位：万 m³）

水库		所属区域	总库容
中型水库	石兜水库	集美区	6 654.0
	汀溪水库	同安区	4 445.0
	杏林湾水库	集美区	2 465.0
	溪东水库	同安区	1 383.0
	竹坝水库	同安区	1 165.0
	小计		16 112.0
主要小（Ⅰ）型水库	坂头水库	集美区	744.6
	湖边水库	湖里区	609.0
	曾溪水库	翔安区	589.0
	河溪水库	同安区	556.3
	小坪水库	同安区	440.0

续表

水库		所属区域	总库容
主要小（Ⅰ）型水库	坑内水库	集美区	383.8
	溪美水库	翔安区	373.5
	溪头水库	海沧区	366.2
	古宅水库	翔安区	313.9
	小计		4 376.3
合计			520 488.3

2015 年，厦门市地表水资源量为 13.774 亿 m³，地下水资源量为 2.609 亿 m³。水资源总量最大的是同安区，为 7.301 亿 m³，水资源总量最小的是湖里区，为 0.401 亿 m³。具体清单见表 4-5。

表 4-5 2015 年厦门市水资源量 （单位：亿 m³）

项目	思明区	湖里区	海沧区	集美区	同安区	翔安区	合计
地表水资源量	0.443	0.393	1.218	2.214	7.273	2.233	13.774
地下水资源量	0.087	0.077	0.251	0.436	1.223	0.535	2.609
重复计算量	0.078	0.069	0.239	0.414	1.195	0.501	2.496
水资源总量	0.452	0.401	1.23	2.236	7.301	2.267	13.887

4.2.2 生态用地资源

2015 年，厦门市生态用地资源主要由森林、灌木林地、农田、草地、城市绿地构成，其中森林面积为 423.19 km²；灌木林地面积为 5.15 km²；农田面积为 341.71 km²；草地面积为 4.09 km²；城市绿地面积为 227.37 km²。

2015 年，厦门市生态用地中占比最大的为森林，占厦门市土地面积的 24.90%；其次是农田，占 20.11% 左右，主要分布在同安区；城市绿地主要分布在城镇内部，占厦门市土地面积的 13.38%；湿地占厦门市土地面积的 13.06%；草地及灌木林地面积占比较小，分别占厦门市土地面积的 0.24% 和 0.30%。具体清单见表 4-6。

表 4-6 2015 年厦门市生态用地面积 （单位：km²）

地区	森林	阔叶林	针叶林	针阔混交林	稀疏林	灌木林地	草地	湿地	滩涂	水域及水利设施用地	农田	耕地	园地	城镇	城市绿地
思明区								10.29	8.43	1.86	0.23	0.23		36.02	36.02
湖里区								7.96	4.96	3.00	0.05	0.05		18.33	18.33

地区	森林	阔叶林	针叶林	针阔混交林	稀疏林	灌木林地	草地	湿地	滩涂	水域及水利设施用地	农田	耕地	园地	城镇	城市绿地
海沧区	27.31	2.77	15.62	8.91	0.01	0.01	0.00	24.88	17.85	7.03	10.82	7.49	3.33	55.17	55.17
集美区	63.45	6.97	41.98	14.26	0.24	0.05	0.21	45.02	21.74	23.29	44.61	20.50	24.11	34.50	34.50
同安区	258.55	37.68	167.10	50.88	2.89	4.36	2.49	45.99	19.03	26.96	180.71	91.81	88.90	50.51	50.51
翔安区	73.88	14.17	43.73	14.85	1.13	0.73	1.39	87.87	74.23	13.64	105.29	82.15	23.13	32.84	32.84
合计	423.19	61.59	268.43	88.9	4.27	5.15	4.09	222.01	146.24	75.78	341.71	202.23	139.47	227.37	227.37
占土地面积的比例	24.90%	3.62%	15.80%	5.23%	0.25%	0.30%	0.24%	13.06%	8.61%	4.46%	20.11%	11.90%	8.21%	13.38%	13.38%

2015 年，厦门市林木总蓄积量约为 6.49 亿 m³，从行政区划来看，林木蓄积量最大的是同安区，约为 3.73 亿 m³，占总蓄积量的 57.45%；其次是翔安区，约为 1.04 亿 m³，占总蓄积量的 16.02%；最小的是湖里区，约为 0.03 亿 m³，占总蓄积量的 0.46%。从不同林地类型来看，自然林分蓄积量最大，约为 4.55 亿 m³，占总蓄积量的 70.11%；其次是经济林，为 1.54 亿 m³，占总蓄积量的 23.73%。具体清单见表 4-7。

表 4-7　2015 年厦门市林木资源　　　　（单位：m³）

林木资源	林地	类型							
		自然林分	经济林	竹林	疏林地	灌木林地	未成林造林地	苗圃地	无立木林地
思明区	21 796 940	19 891 538	1 425 446	22 182	0	0	0	81 155	376 619
海沧区	53 567 105	41 602 532	8 398 029	231 967	145 170	2 631 353	340 931	0	217 123
湖里区	2 923 387	2 271 031	252 220	0	0	0	0	288 242	111 894
集美区	94 204 939	66 836 497	26 277 664	145 099	0	0	301 328	721	643 630
同安区	372 909 501	252 339 672	93 161 174	3 668 973	18 206	16 890 027	1 091 799	275 287	5 464 363
翔安区	103 680 370	72 545 697	24 641 048	65 641	2 828	1 946 974	1 932 526	13 389	2 532 267
合计	649 082 242	455 486 967	154 155 581	4 133 862	166 204	21 468 354	3 666 584	658 794	9 345 896

4.2.3　生物资源

4.2.3.1　陆生动物

2015 年，厦门市内野生脊椎动物有 5 纲 35 目 106 科 211 属 325 种，其中国家一级保护动物 5 种，国家二级保护动物 29 种；属于福建省重点保护野生动物的有 10 目 14 科 26 种，属于中国特有种的有 15 种。属于《IUCN 物种红色名录濒危等级和标准》的极危（CR）3 种、濒危（EN）12 种、易危（VU）24 种和近危（NT）26 种。具体清单见表 4-8。

表 4-8　2015 年厦门市陆生动物

类别	名称	等级	数目/种	等级指数
动物	国家保护等级	一级	5	1
		二级	29	1
		未列入	291	0
	CITES 附录等级	附录Ⅰ	12	1
		附录Ⅱ	13	1
		附录Ⅲ	2	1
		未列入	298	0
	IUCN 濒危等级	极危（CR）	3	4
		濒危（EN）	12	3
		易危（VU）	24	2
		近危（NT）	26	1
		无危（LC）	226	0
		未予评估（NE）	33	0
	中国特有种等级	是中国特有种	15	2
		不是中国特有种	310	0

4.2.3.2　陆生植物

2015 年，厦门市已定名的野生植物有 9 纲 62 目 190 科 679 属 1119 种，其中国家一级保护植物 1 种，国家二级保护植物 14 种；属于福建省重点保护野生植物的有 4 目 4 科 4 种，属于中国特有种的有 182 种。属于《IUCN 物种红色名录濒危等级和标准》的极危（CR）5 种、濒危（EN）2 种、易危（VU）26 种和近危（NT）19 种。具体清单见表 4-9。

表 4-9　2015 年厦门市陆生植物

类别	名称	等级	数目/种	等级指数
植物	国家保护等级	一级	1	1
		二级	14	1
		未列入	1104	0
	CITES 附录等级	附录Ⅰ	0	1
		附录Ⅱ	34	1
		附录Ⅲ	0	1
		未列入	1085	0

类别	名称	等级	数目/种	等级指数
植物	IUCN 濒危等级	极危（CR）	5	4
		濒危（EN）	2	3
		易危（VU）	26	2
		近危（NT）	19	1
		无危（LC）	14	0
		未予评估（NE）	1053	0
	中国特有种等级	是中国特有种	182	2
		不是中国特有种	938	0

4.2.4 环境资源

4.2.4.1 水环境质量

2015 年，厦门市全市监测了 7 个主要水系共 25 个点位，其中 3 个点位达标，功能区达标率为 12%。具体清单见表 4-10。

表 4-10 2015 年厦门市各主要水体水质

水体名称		水质类别	水质状况	主要污染指标	营养状态
石兜-坂头水库	坂头水库	Ⅲ类	良好		中营养
	石兜水库	Ⅲ类	良好		中营养
汀溪水库	汀溪水库	Ⅲ类	良好		中营养
	杏林湾水库	劣Ⅴ类	重度污染	总磷（14.38）、氨氮（2.66）	重度富营养
后溪	后溪水闸（碧溪大桥下）	劣Ⅴ类	重度污染	氨氮（6.27）、总磷（3.75）、五日生化需氧量（1.46）	—
	许溪上庄鱼鳞闸	劣Ⅴ类	重度污染	总磷（4.33）、氨氮（3.51）、五日生化需氧量（2.73）	—
东西溪	后田洋村旁小桥	劣Ⅴ类	重度污染	氨氮（13.89）、总磷（10.95）、五日生化需氧量（2.99）	—
	五显桥	劣Ⅴ类	重度污染	氨氮（7.33）、总磷（6.60）、五日生化需氧量（2.68）	—
	南门桥	劣Ⅴ类	重度污染	氨氮（8.86）、总磷（6.51）、五日生化需氧量（2.11）	—
	隘头潭	Ⅳ类	轻度污染	总磷（0.09）	—
	新西桥	劣Ⅴ类	重度污染	氨氮（5.04）、总磷（3.97）、五日生化需氧量（3.08）	—

续表

水体名称		水质类别	水质状况	主要污染指标	营养状态
东西溪	营前桥	劣V类	重度污染	氨氮（3.47）、总磷（3.31）、五日生化需氧量（3.19）	
	西溪大桥	劣V类	重度污染	氨氮（12.72）、总磷（7.75）、化学需氧量（1.40）	
	石浔水闸	劣V类	重度污染	五日生化需氧量（1.44）、氨氮（1.11）、总磷（0.82）	
	南环桥（石浔支流）	劣V类	重度污染	氨氮（5.30）、总磷（3.69）、五日生化需氧量（1.18）	
官浔溪	下塘边桥	劣V类	重度污染	氨氮（31.62）、总磷（24.24）、五日生化需氧量（14.38）	
	石蛇宫	劣V类	重度污染	氨氮（17.49）、总磷（8.68）、五日生化需氧量（3.76）	
	娃哈哈桓枫门口	劣V类	重度污染	氨氮（15.05）、总磷（8.13）、五日生化需氧量(7.67)	
	官浔桥	劣V类	重度污染	氨氮（20.57）、总磷（9.25）、五日生化需氧量（7.47）	
九溪	赵岗界头桥（内田溪）	劣V类	重度污染	五日生化需氧量（14.60）、氨氮（14.25）、总磷（8.57）	
	赵岗拦水坝（内田溪）	劣V类	重度污染	五日生化需氧量（13.36）、总磷（12.94）、氨氮（9.30）	
	溪边后（莲溪）	劣V类	重度污染	氨氮（4.28）、总磷（4.03）、五日生化需氧量（1.03）	
	朱坑水闸（内田溪）	劣V类	重度污染	五日生化需氧量（10.54）、氨氮（9.96）、总磷（7.57）	
	桂林滚水闸（内田溪）	劣V类	重度污染	五日生化需氧量（37.79）、化学需氧量（26.40）、总磷（12.76）	
	西林（原九溪）	劣V类	重度污染	氨氮（7.20）、总磷（6.01）、五日生化需氧量（3.71）	

注：主要污染指标括号内的值为超出Ⅲ类标准的倍数。

4.2.4.2　大气环境质量

2015 年，厦门市空气质量优的天数 202 天，空气质量良的天数 160 天，轻度污染的天数 2 天，未出现重度污染。轻度污染天数中首要污染物 $PM_{2.5}$ 1 天、二氧化氮 1 天，重度污染天数中首要污染物 $PM_{2.5}$ 1 天。厦门市空气质量优良率和优级率分别为 99.2%和 55.3%，在全国 74 个城市中排名第二。具体清单见表 4-11。

表 4-11　2015 年厦门市大气环境质量　　　　　　　（单位：天）

环境质量	天数	首要污染物
空气质量优	202	—
空气质量良	160	—
轻度污染	2	$PM_{2.5}$、二氧化氮
中度污染	1	$PM_{2.5}$
重度污染	0	—

此外，本研究对厦门市水环境、大气环境及固体废物的主要污染物排放量也进行了统计核算。其中水环境污染物包括化学需氧量及氨氮，大气环境污染物包括二氧化硫、氮氧化物、$PM_{2.5}$ 及 PM_{10}，固体废物包括一般固体废物及危险固体废物。具体清单见表 4-12。

表 4-12　2015 年厦门市主要污染物排放量　　　　　　　（单位：万 t）

水污染物排放量	化学需氧量	氨氮	大气污染物排放量	二氧化硫	氮氧化物	$PM_{2.5}$	PM_{10}
5.17	4.68	0.49	9.18	4.5	4.42	0.23	0.03

4.3　海洋生态资源要素清单

4.3.1　海岛资源

厦门市海域内分布着 39 个海岛，总面积约为 151.93 km^2；其中，有居民海岛 4 个，总面积约为 150.88 km^2，无居民海岛 35 个，面积在 500 m^2 以上的有 17 个，总面积约为 1.05 km^2。具体清单见表 4-13。

表 4-13　厦门市海岛资源

	主要海岛	面积/m^2	岸线长/m	最高点海拔/m
有居民海岛	厦门岛	135 084 900	66 000	339.6
	大嶝岛	12 985 700	18 780	41.8
	鼓浪屿	1 844 100	7 450	92.7
	小嶝屿	967 000	5 750	28
无居民海岛	鸡屿	401 021	3 524	64.4
	角屿	204 843	3 577	24.9
	海沧大屿	178 961	2 484	59.9
	大兔屿	93 347	1 567	41.3

续表

主要海岛		面积/m²	岸线长/m	最高点海拔/m
无居民海岛	鳄鱼屿	78 710	1 564	16.5
	火烧屿	24 248	2 740	34.1
	大离浦屿	18 220	696	16.8
	猴屿	13 007	516	20.3
	吾屿	8 749	408	15.3
	白兔屿	6 369	358	19
	宝珠屿	6 226	293	17.4
	白哈礁	4 110	312	11
	印斗石	3 142	233	0.91
	兔仔岛	2 471	224	10.5
	土屿	2 002	172	11.4
	镜台屿	1 728	174	11.3
	小兔屿	1 711	193	10.5

厦门市海域有居民海岛面积最大的是厦门岛，为 135 084 900 m²，面积最小的是小嶝屿，为 967 000 m²。厦门市海域面积在 500 m² 以上的无居民海岛面积最大的是鸡屿，为 401 021 m²，面积最小的是小兔屿，仅为 1 711 m²。

4.3.2 岸线资源

厦门市海岸线总长约为 228.45 km，其中西海域岸线长 79.49 km，同安湾海域岸线长 89.86 km，东海域岸线长 16.23 km，大嶝海域岸线长 45.87 km。具体清单见表 4-14。

表 4-14 厦门市岸线资源 （单位：km）

岸线类型	西海域	同安湾海域	东海域	大嶝海域	合计
港口岸线	25.51	3.8	0.00	0.00	29.31
工业岸线	1.91	5.87	0.00	33.02	40.8
城市生活岸线	24.07	59.34	1.59	12.85	97.85
滨海旅游岸线	10.78	8.91	14.64	0.00	34.33
生态岸线	12.65	11.94	0.00	0.00	24.59
特殊功能岸线	4.57	0.00	0.00	0.00	4.57
合计	79.49	89.86	16.23	45.87	228.45

厦门市各海域岸线资源分布如下：西海域以港口岸线、滨海旅游岸线以及城市生活岸线为主，长度为 60.36 km，占西海域总岸线长度的 76%；同安湾海域以城市生活岸

线为主，长度为 59.34 km，占同安湾海域总岸线长度的 66.04%；大嶝海域以工业岸线为主，长度为 33.02 km，占大嶝海域总岸线长度的 71.99%；东海域以城市生活岸线为主。

4.3.3 海洋生物资源

厦门市海洋物种主要分为游泳动物、底栖生物及潮间带生物三大类，在此基础上对海洋动物进一步细分为海绵动物门、刺细胞动物门等 26 个门（纲）类。根据"我国近海海洋综合调查与评价"专项（908 专项）和 2016 年监测的数据，统计得到厦门市海洋生物共计 5713 种，其中动物界物种共计 3669 种，占物种总数的 64.22%，受国家保护的生物有 23 种，其中中华白海豚和中华鲟属国家一级保护生物，其他 21 种属于国家二级保护生物；国家贸易公约附录Ⅰ、附录Ⅱ中有 23 种，福建省重点保护的有 10 种。具体清单见表 4-15 和表 4-16。

表 4-15　厦门市海洋生物资源　　　　　　　　（单位：种）

海洋动物	种类
海绵动物门	30
刺胞动物门	206
栉水母动物门	5
扁形动物门	396
纽形动物门	12
线虫动物门	62
棘头虫动物门	28
轮虫动物门	6
环节动物门	343
星虫动物门	12
螠虫动物门	4
软体动物门	558
节肢动物门	928
苔藓动物门	52
内肛动物门	1
腕虫动物门	2
帚虫动物门	1
毛颚动物门	13
棘皮动物门	64
半索动物门	1
尾索动物门	36

续表

海洋动物	种类
头索动物亚门	1
软骨、硬骨鱼纲	557
爬行纲	14
鸟纲	313
兽纲	24

表 4-16　厦门市海洋生物濒危等级 （单位：种）

名称	不同保护等级	物种数目
国家保护等级	国家一级	2
	国家二级	21
国际贸易公约	附录Ⅰ、附录Ⅱ	23
福建省重点保护	等同于国家二级	10

4.3.4　海洋环境资源

2015年，厦门市Ⅰ类、Ⅱ类、Ⅲ类、Ⅳ类、劣Ⅳ类海水面积分别为 28.19 km²、64.52 km²、70.65 km²、24.41 km²、173.13 km²。优良（Ⅰ类、Ⅱ类）水体面积为 92.71 km²；Ⅳ类与劣Ⅳ类水体面积为 197.54 km²。

从行政区划来看，翔安区海水面积最大，为 124.61 km²，占海水总面积的 34.53%；同安区海水面积最小，为 26.89 km²，占海水总面积的 7.45%。具体清单见表 4-17。

表 4-17　厦门市各区近岸海域各类水质面积

地区	Ⅰ类/km²	Ⅱ类/km²	Ⅲ类/km²	Ⅳ类/km²	劣Ⅳ类/km²	合计/km²	占比/%
翔安区	28.19	37.24	29.50	4.90	24.78	124.61	34.53
同安区	0	0	0	0	26.89	26.89	7.45
集美区	0	0	0	0	33.89	33.89	9.39
海沧区	0	0	0	0	40.18	40.18	11.13
湖里区	0	1.26	9.16	5.09	22.45	37.96	10.52
思明区	0	26.02	31.99	14.42	24.94	97.37	26.98
合计	28.19	64.52	70.65	24.41	173.13	360.9	
占比/%	7.81	17.88	19.58	6.76	47.97	7.81	

厦门市海洋主要污染物包括 COD、悬浮物、总磷及氨氮。全市监测了 11 个入海口的污染物浓度及排放量。其中 COD 年排放量最高，为 7715.7 t，占总排放量的 58.71%，

是厦门市海域最主要的污染物；其次是悬浮物排放量，为4621.4 t，占总排放量的35.17%；总磷及氨氮的排放量相对较小，分别为151.8 t及652.9 t。具体清单见表4-18。

表4-18 厦门市海洋主要污染物排放量

监测站点	平均污染物浓度/（mg/L）				污水排放量		年排放量/t				
	总磷	悬浮物	COD	氨氮	年排放量/万 t	日排放量/t	总磷	悬浮物	COD	氨氮	小计
翁厝涵洞	0.65	92.56	13.48	0.44	2 655	72 738	17.2	2 457.5	357.8	11.6	2 844.1
海沧污水厂	0.82	7.92	30.46	0.96	2 435	66 712	19.8	192.8	741.6	23.3	977.6
5号军用码头	0.93	80.28	6.65	0.06	4.95	412.48	0.0	4.0	0.3	0.0	4.4
筼筜污水处理厂	0.61	7.24	30.96	3.56	9 876	270 565	60.2	714.5	3 057.9	351.3	4 183.9
和平码头	0.84	29.85	181.47	19.69	165	4 523	1.4	49.3	299.6	32.5	382.8
高崎渔港	0.69	67.24	182.42	25.37	105	3 460	0.7	70.7	191.9	26.7	290.0
五缘大桥北	0.76	65.72	71.58	3.79	52	4 239	0.4	34.0	37.0	2.0	73.4
科技中学	0.79	43.73	104.36	9.08	247	6 760	2.0	107.9	257.5	22.4	389.7
会展中心	0.81	62.54	6.26	0.03	584	15 998	4.8	365.2	36.6	0.2	406.7
前埔污水处理厂	0.51	7.19	34.32	2.48	6 448	176 670	32.9	463.9	2 213.1	160.2	2 870.1
集美污水处理厂	0.59	7.70	24.88	1.08	2 099	57 516	12.4	161.6	522.4	22.7	719.1
合计					24 670.95	679 593.48	151.8	4621.4	7 715.7	6529	13 141.8

厦门市陆地生态系统服务核算

5.1 农林牧渔产品服务核算

5.1.1 农林牧渔产品服务概念内涵

农林牧渔产品服务是指农林牧渔业能够提供直接使用的部分，即农产品、林产品、牧产品和渔产品的种类与数量。

5.1.2 农林牧渔产品服务研究进展

生态系统为人类提供了生活与生产所必需的食品、医药、木材及工农业生产的原材料，是人类生存与发展的基础，但随着资源、环境和人口的矛盾日益加剧，生态系统服务及其价值评估引起了世界各国的高度重视。国内外很多政府部门、国际组织、专家和学者都致力于此问题的研究，开展了对生态系统服务价值评估的工作。农林牧渔产品服务作为生态系统服务的一部分，其研究也取得了一系列成果。

1997年，Costanza等对全球主要类型的生态系统服务价值进行了评估，揭开了生态系统服务价值及其评估的研究序幕。他们将生态系统服务归纳为四大类17种服务，即生态系统的生产（包括生态系统的产品及生物多样性的维持等）、生态系统的基本功能（包括传粉、土壤形成等）、生态系统的环境效益（包括改良减缓干旱和洪涝灾害、调节气候、净化空气、废物处理等）、生态系统的娱乐价值（休闲、娱乐、文化、艺术素养、生态美学等）；将农林牧渔产品服务归于生态系统的生产这一类，可归纳为食物生产（鱼、猎物、作物、果实的捕获与采集，给养的农业和渔业生产）和原材料生产（木材、燃料和饲料的生产）。

2001～2005年联合国发起的MA项目把生态系统服务研究推向了高潮。MA项目将生态系统服务归纳为供给服务（提供基本生活资料的服务）、调节服务（影响气候、洪水、疾病、废物和水质等）、文化服务（提供娱乐、审美和精神方面的享受等）、支持服务（包括土壤形成、光合作用和养分循环等）四大类；将农林牧渔产品服务归于供给服务这一类，如粮食、水、木材和纤维等的供给。

2010年TEEB在MA核算框架的基础上形成了新的核算体系，进一步推进了生态系统服务的研究。TEEB将生态系统服务分为供给服务（提供基本生活资料的服务）、调节服务（影响气候、洪水、疾病、废物和水质等）、文化服务（提供娱乐、审美和精神方面的享受等）和栖息地服务（迁徙物种生命周期维护和基因多样性维护）四大类22种服务；将农林牧渔产品服务归于供给服务这一类，如食物（鱼、水果等）和原材料（纤维、木材、薪柴、饲料、肥料等）的供给。

我国在借鉴国际经验的基础上，对中国生态系统服务评估指标体系进行了积极的探索，欧阳志云等（2013）、谢高地等（2015）、刘纪远等（2016）、傅伯杰等（2017）先后构建了中国生态系统服务评估指标体系。

欧阳志云等（2013）将生态系统产品和服务分为生态系统产品（食物、原材料、能源等）、生态调节服务（调节功能和防护功能等）、生态文化服务（景观价值和文化价值等）三大类；将农林牧渔产品服务归于生态系统产品这一类，其中农业包括粮、棉、油料、糖料、烟叶、蔬菜、药材、瓜类和其他农作物的产品与产量，以及茶园、桑园、果园的产品与产量；林业包括林木栽培、林产品的采集和村及村以下的林木采伐的产品与产量；畜牧业包括动物饲养和放牧的产品与产量；渔业包括水生动物的养殖和捕捞的产品与产量。

谢高地等（2015）采用 MA 的方法，将生态系统服务分为供给服务、调节服务、支持服务和文化服务四大类，并进一步细分为食物生产、原料生产、水资源供给、气体调节、气候调节、净化环境、水文调节、土壤保持、维持养分循环、生物多样性和美学景观 11 种服务；将农林牧渔产品服务归于供给服务这一类，并归纳为食物生产和原料生产。

刘纪远等（2016）对中国陆地各类生态系统宏观结构，以及陆地各类生态系统水源涵养、生物多样性支持、食物供给、碳固定、水土保持、防风固沙等服务的状况、变化和未来情景进行了综合评估；将农林牧渔产品服务归于食物供给这一类，如粮食、林产品、水产品等的供给。

傅伯杰等（2017）将生态系统服务分为供给服务、调节服务和文化服务三大类，其中，供给服务包括淡水、食物、木材和纤维、基因和生物资源 4 项主题指标，调节服务包括气候变化减缓、地区微气候调节、空气质量调节、自然灾害调节、洪水调节、侵蚀调节、水质调节和病虫害调控 8 项主题指标，文化服务包括休闲娱乐、文化遗产、文化多样性 3 项主题指标；将农林牧渔产品服务归于供给服务这一类，并归纳为食物（粮食、牲畜、水产品）和木材及纤维（森林地上生物量）的供给。

5.1.3 核算对象与数据来源

5.1.3.1 核算对象与范围

核算对象为农产品、林产品、牧产品和渔产品。其中，农产品包括种植业和其他农业产品；林产品包括采种、育苗、植树造林、森林抚育、迹地更新、森林保护、天然林场的经营管理以及对林木种植及其林产品的采集产品；牧产品包括各种牲畜饲养放牧，家禽及珍禽饲养、狩猎，野生动物产品的采集及其他畜牧业产品；渔产品包括淡水水域进行各种水生动植物的养殖和捕捞产品。

5.1.3.2 数据来源与处理

数据来源于《厦门经济特区年鉴》和《福建统计年鉴》。

5.1.4 农林牧渔产品服务核算方法

5.1.4.1 农林牧渔产品产量核算方法

查阅《厦门经济特区年鉴》，获取农产品、林产品、牧产品和渔产品产量。其中，农产品包括谷物、薯类、豆类、油料、甘蔗、中草药材、蔬菜、瓜果、水果、茶叶、食用菌；林产品包括原木和薪材；牧产品包括肉类、蛋类、奶类、蜂蜜；渔产品包括淡水鱼类、淡水虾蟹类、其他淡水产品。

5.1.4.2 各区农林牧渔产品产量核算方法

根据《福建统计年鉴》中厦门市各区第一产业产值，分别计算出厦门市 2010 年和 2015 年各区第一产业产值占厦门市第一产业产值的比例，用该比例与厦门市农林牧渔产品的产量相乘，得到各区农林牧渔产品的产量。2010 年各区第一产业产值数据缺失，因此，2010 年和 2015 年厦门市各区农林牧渔产品产量均以 2015 年各区占第一产业总产值的比例进行计算（表 5-1）。

表 5-1 2015 年厦门市各区第一产业产值占第一产业总产值的比例

地区	第一产业产值/亿元	比例/%
厦门市	23.93	100
思明区	1.4	5.85
海沧区	1.44	6.02
湖里区	0.2	0.84
集美区	2.26	9.44
同安区	10.1	42.21
翔安区	8.53	35.64

5.1.5 农林牧渔产品服务核算结果

5.1.5.1 农林牧渔产品服务及时间动态变化

2015 年，厦门市农产品产量中谷物 1.91 万 t，薯类 1.69 万 t，豆类 0.0506 万 t，油料 0.81 万 t，甘蔗 0.21 万 t，中草药材 0.0009 万 t，蔬菜 56.53 万 t，瓜果 1.00 万 t，水果 1.91 万 t，茶叶 0.14 万 t，食用菌 3.39 万 t；林产品产量中原木 1.66 万 m^3，薪材 0.26 万 m^3；牧产品产量中肉类 4.39 万 t，蛋类 0.42 万 t，奶类 0.09 万 t，蜂蜜 0.0108 万 t；渔产品产量中淡水鱼类 0.81 万 t，淡水虾蟹类 0.18 万 t，其他淡水产品 0.25 万 t。

与 2010 年相比，厦门市农产品产量中蔬菜、瓜果、水果、茶叶和食用菌产量增加，谷物、薯类、豆类、油料、甘蔗和中草药材产量减少；林产品产量中原木产量增加，薪材产量减少；牧产品产量中奶类产量增加，肉类、蛋类和蜂蜜产量减少；渔产品产量中淡水虾蟹类和其他淡水产品产量增加，淡水鱼类产量减少（表 5-2）。

表 5-2 厦门市农林牧渔产品产量

产品名称		2010 年	2015 年	2015 年相对 2010 年变化量
农产品/万 t	谷物	2.62	1.91	−0.71
	薯类	1.83	1.69	−0.14
	豆类	0.0511	0.0506	−0.0005
	油料	0.94	0.81	−0.13
	甘蔗	0.42	0.21	−0.21
	中草药材	0.0014	0.0009	−0.0005
	蔬菜	54.49	56.53	2.04
	瓜果	0.47	1.00	0.53
	水果	1.42	1.91	0.49
	茶叶	0.13	0.14	0.01
	食用菌	0.10	3.39	3.29
林产品/万 m³	原木	0.50	1.66	1.16
	薪材	0.36	0.26	−0.10
牧产品/万 t	肉类	7.20	4.39	−2.81
	蛋类	0.43	0.42	−0.01
	奶类	0.06	0.09	0.03
	蜂蜜	0.0116	0.0108	−0.0008
渔产品/万 t	淡水鱼类	0.94	0.81	−0.13
	淡水虾蟹类	0.13	0.18	0.05
	其他淡水产品	0.21	0.25	0.04

5.1.5.2 不同地区农林牧渔产品服务

从分区统计结果可以看出（表 5-3～表 5-6），2010 年和 2015 年厦门市农林牧渔产品产量均为同安区最大，其次为翔安区，湖里区最小。与 2010 年相比，2015 年厦门市各区农产品中的蔬菜、瓜果、水果、茶叶和食用菌产量增加，谷物、薯类、豆类、油料、甘蔗和中草药材产量减少。

生态系统生产价值核算与业务化体系研究——以厦门市为例

表 5-3 2010 年和 2015 年厦门市各区农产品产量

（单位：t）

产品名称	思明区		海沧区		湖里区		集美区		同安区		翔安区	
	2010 年	2015 年	2010 年	2015 年	2010 年	2015 年	2010 年	2015 年	2010 年	2015 年	2010 年	2015 年
谷物	1 532.70	1 117.35	1 577.24	1 149.82	220.08	160.44	2 473.28	1 803.04	11 059.02	8 062.11	9 337.68	6 807.24
薯类	1 070.55	988.65	1 101.66	1 017.38	153.72	141.96	1 727.52	1 595.36	7 724.43	7 133.49	6 522.12	6 023.16
豆类	29.89	29.60	30.76	30.46	4.29	4.25	48.24	47.77	215.69	213.58	182.12	180.34
油料	549.90	473.85	565.88	487.62	78.96	68.04	887.36	764.64	3 967.74	3 419.01	3 350.16	2 886.84
甘蔗	245.70	122.85	252.84	126.42	35.28	17.64	396.48	198.24	1 772.82	886.41	1 496.88	748.44
中草药材	0.82	0.53	0.84	0.54	0.12	0.08	1.32	0.85	5.91	3.80	4.99	3.21
蔬菜	31 876.65	33 070.05	32 802.98	34 031.06	4 577.16	4748.52	51 438.56	53 364.32	230 002.29	238 613.13	19 4202.36	20 1472.92
瓜果	274.95	585.00	282.94	602.00	39.48	84.00	443.68	944.00	1983.87	4221.00	1 675.08	3 564.00
水果	830.70	1 117.35	854.84	1 149.82	119.28	160.44	1340.48	1803.04	5993.82	8062.11	5 060.88	6 807.24
茶叶	76.05	81.90	78.26	84.28	10.92	11.76	122.72	132.16	548.73	590.94	463.32	498.96
食用菌	58.50	1 983.15	60.20	2 040.78	8.40	284.76	94.40	3200.16	422.10	14309.19	356.40	12 081.96

与 2010 年相比，2015 年厦门市各区林产品中的原木产量增加，薪材产量减少。

表 5-4 2010 年和 2015 年厦门市各区林产品产量

（单位：m³）

产品名称	思明区		海沧区		湖里区		集美区		同安区		翔安区	
	2010 年	2015 年	2010 年	2015 年	2010 年	2015 年	2010 年	2015 年	2010 年	2015 年	2010 年	2015 年
原木	292.50	971.10	301.00	999.32	42.00	139.44	472.00	1567.04	2110.50	7006.86	1782.00	5916.24
薪材	210.60	152.10	216.72	156.52	30.24	21.84	339.84	245.44	1519.56	1097.46	1283.04	926.64

与2010年相比，2015年厦门市各区牧产品中的奶类产量增加，肉类、蛋类和蜂蜜产量减少。

表5-5 2010年和2015年厦门市各区区牧产品产量（单位：t）

产品名称	思明区		海沧区		湖里区		集美区		同安区		翔安区	
	2010年	2015年	2010年	2015年	2010年	2015年	2010年	2015年	2010年	2015年	2010年	2015年
肉类	4212.00	2568.15	4334.40	2642.78	604.80	368.76	6796.80	4144.16	30391.2	18530.19	25660.80	15645.96
蛋类	251.55	245.70	258.86	252.84	36.12	35.28	405.92	396.48	1815.03	1772.82	1532.52	1496.88
奶类	35.10	52.65	36.12	54.18	5.04	7.56	56.64	84.96	253.26	379.89	213.84	320.76
蜂蜜	6.79	6.32	6.98	6.50	0.97	0.91	10.95	10.20	48.96	45.59	41.34	38.49

与2010年相比，2015年厦门市各区渔产品中的淡水虾蟹类和其他淡水产品产量增加，淡水鱼类产量减少。

表5-6 2010年和2015年厦门市各区渔产品产量（单位：t）

产品名称	思明区		海沧区		湖里区		集美区		同安区		翔安区	
	2010年	2015年	2010年	2015年	2010年	2015年	2010年	2015年	2010年	2015年	2010年	2015年
淡水鱼类	549.90	473.85	565.88	487.62	78.96	68.04	887.36	764.64	3967.74	3419.01	3350.16	2886.84
淡水虾蟹类	76.05	105.30	78.26	108.36	10.92	15.12	122.72	169.92	548.73	759.78	463.32	641.52
其他淡水产品	122.85	146.25	126.42	150.50	17.64	21.00	198.24	236.00	886.41	1055.25	748.44	891.00

5.2 干净水源服务核算

5.2.1 干净水源服务概念内涵

联合国 MA 将生态系统服务划分为供给服务、调节服务、文化服务、支持服务四大类，其中，水资源供给是陆地水生态系统供给服务中重要的一项细分服务，源于生态系统对水的储存和保持功能。供给的水资源作为产品时，评估其价值不但应该考虑供给的数量，即水量，也应该考虑供给的质量，即水质。因此，为了区别传统仅计算水量的水资源供给服务，本研究将干净水源服务概括为地表水资源量和地表水环境质量两部分。

依据地表水水域环境功能和保护目标，按功能高低划分为 5 类，其中 I～III 类适用于源头水、饮用水源地保护区、生物繁衍保护、人类直接接触（游泳）等保护类区域，IV 类为一般工业用水区及人体非直接接触娱乐用水区，V 类适用于农业用水区及一般景观水域，可见 III 类为人体可否直接利用的水功能分级。例如，在《厦门市水环境功能区划》（2012 年）中划定了厦门市源头水、水源保护区、饮用保护水源和应急备用水源的水质目标为 II～III 类。《地表水环境质量标准》按照水环境功能分类和保护目标，对各类水环境质量应控制项目及限值做出了规定。本研究将达到或优于《地表水环境质量标准》中 III 类水质标准的地表水定义为干净水源。

5.2.2 干净水源服务研究进展

自 Costanza 等（1997）发布全球生态系统服务价值的研究论文以来，借助并引入生态系统价值的有关理论和研究方法，国内学者开始逐步探索生态系统服务价值在我国的应用，对不同尺度（流域、区域和国家）和不同生态系统类型（河流、森林、草地、土地等）均开展了大量的生态系统服务价值研究。生态系统服务价值的研究成为近年来我国生态学研究领域的一大热点，陆地水生态系统作为生态系统的重要组成部分，国内学者对其服务价值在不同尺度上的应用均进行了探索性的研究。

在国家尺度，赵同谦等（2003）将我国陆地水生态系统分为河流、水库、湖泊和沼泽 4 个类型，并根据其提供服务的特点，构建了生活及工农业供水、水力发电、内陆航运、水产品生产、休闲娱乐 5 个直接使用价值指标和调蓄洪水、河流输沙、蓄积水分、保持土壤、净化水质、固定碳、维持生物多样性 7 个间接使用价值指标。

在省、市级尺度，深圳、广州、常州、珠江三角洲等东南沿海地区率先开展了水生态系统服务功能研究（王斌等，2010；叶延琼等，2013；梁鸿等，2016；张丽和范建友，2016）；孙作雷等（2015）对浙江重点水库进行了水生态系统服务功能研究。在流域尺度，王欢等（2006）对湖北段的香溪河开展了水生态系统服务价值研究。

5.2.3 核算对象与数据来源

5.2.3.1 核算对象与范围

（1）评估水体

根据《厦门市水资源公报》和《厦门市水资源安全保障近期行动计划–专题汇编》，

厦门市流域面积大于（含）50 km²的河流有4条，即东西溪、后溪、九溪、官浔溪；中型水库有5座，即石兜水库、汀溪水库、杏林湾水库、溪东水库和竹坝水库[其中，汀溪水库与溪东水库联通，都属于汀溪水库群，宜统一开展评估；竹坝水库因整治未蓄水，无水质、水量数据，不参与评估；石兜水库与其下游串联的小（I）型水库——坂头水库联合作为市级集中式饮用水源地，宜统一开展评估；杏林湾水库根据《厦门市水环境功能区划》为Ⅴ类陆域水功能区，不在厦门市近岸海域功能区划范围内，宜计入陆地水环境服务评估系统]，小型（I）水库92座，其中开展水质监测的水库共计12个，仅占小型水库总数的13.04%。

第一次全国水利普查的范围包括流域面积大于（含）50 km²的河流和常年水面面积大于（含）1 km²的湖泊。考虑到评估数据的可获取性及后续推广应用，本研究评估对象的设定原则参考第一次全国水利普查的河流湖泊范围，并结合厦门市的水资源分布和水质监测情况进行调整。因此，本研究评估对象的设定原则为流域面积大于（含）50 km²的河流、中型（含）以上水库和县（区）级以上饮用水源。在本研究中，参与评估的厦门市主要水体包括集美区（石兜–坂头水库、杏林湾水库、后溪）、同安区[汀溪水库群（简称汀溪水库）、东西溪（除后田洋控制断面以外）、官浔溪]、翔安区[九溪、东西溪（后田洋控制断面）]，共计3个水库和4条溪流，分布在后溪流域、东西溪流域、九溪流域和官浔溪流域，如图5-1所示。

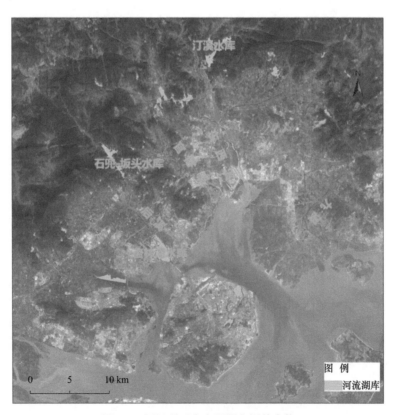

图5-1　厦门市干净水源服务评估水体

（2）控制单元

控制单元是综合考虑水体、汇水范围内和控制（考核）断面三个要素而划定的水环境空间管控单元。主要为实现水环境精细化管理提供技术支撑。在控制单元划定过程中，优先考虑水系的完整性，以便于建立污染源排放与水体水质的输入响应关系；为进一步明确地方政府的责任，在操作层面重点考虑汇水范围与行政区边界的整合。控制单元不仅可以有针对性地实现污染物排放的控制，将控制单元断面水质与单元内部污染源的控制挂钩，使其成为环境监管的强硬抓手和有效载体，从而实现控制断面的水质达标。

本研究根据厦门市政区图和高程数据，利用 ArcGIS 软件，分析评估水体的集水面，根据跨镇（街）交界断面，并综合考虑水系分布情况和水质监测断面，本研究将评估水体划分为 24 个控制单元，如图 5-2 和表 5-7 所示。

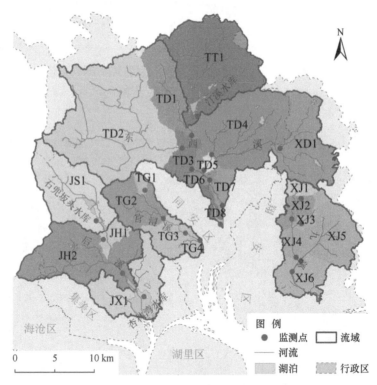

图 5-2　厦门市干净水源服务评估控制单元

（图中编号见表 5-7）

表 5-7　厦门市干净水源服务评估控制单元信息

行政区	水体	控制单元名称	控制单元（编号）	类型	流域面积/km²
集美区	后溪	许溪上庄鱼鳞闸	JH1	河流	56.7
		后溪水闸（碧溪大桥下）	JH2	河流	85.3
	石兜-坂头水库	石兜-坂头水库	JS1	湖库	67.3
	杏林湾水库	杏林湾水库	JX1	湖库	142

行政区	水体	控制单元名称	控制单元（编号）	类型	流域面积/km²
同安区	东西溪	五显桥	TD2	河流	86.5
		南门桥	TD3	河流	3.2
		隘头潭	TD4	河流	40.3
		新西桥	TD5	河流	105.5
		营前桥	TD6	河流	93.8
		西溪大桥	TD7	河流	5.4
		石浔水闸	TD8	河流	9.1
		南环桥（石浔支流）	TD9	河流	8.7
	官浔溪	下塘边桥	TG1	河流	
		石蛇宫	TG2	河流	
		娃哈哈桓枫门口	TG3	河流	
		官浔桥	TG4	河流	
	汀溪水库	汀溪水库	TT1	湖库	96.41
翔安区	东西溪	后田洋村旁小桥	TD1	河流	56.9
	九溪	赵岗界头桥（内田溪）	XJ1	河流	6
		赵岗栏水坝（内田溪）	XJ2	河流	9.48
		溪边后（莲溪）	XJ3	河流	43.3
		朱坑水闸（内田溪）	XJ4	河流	12.7
		桂林滚水闸（内田溪）	XJ5	河流	6.8
		西林（原九溪）	XJ6	河流	39.8

5.2.3.2 数据来源与处理

地表水环境质量数据来源于厦门市环境监测中心站 2010 年和 2015 年的水环境质量监测数据。湖库水体数据精度为月度，河流为季度。

地表水资源量评估指标为各控制单元在评估时段内的流量数据，在本研究中，厦门市主要水体各控制单元 2010 年和 2015 年的流量数据采用 SWAT 模型模拟，数据精度与水环境质量数据一致。

5.2.4 干净水源服务核算方法

干净水源服务采用水体提供的水资源的数量和质量进行评估，包括地表水资源量和地表水环境质量两部分。其中地表水资源量采用当年评估对象的地表水资源量，采用评估水体中超出Ⅲ类标准的污染物当量（污染物超标当量）。

5.2.4.1 地表水资源量核算方法

地表水资源量是指河流、湖泊、冰川等地表水体中由当地降水形成的、可以逐年更新的动态水量，一个地区的地表水资源量实际上就是该地区降水形成的地表径流量。本研究中的地表水资源量通过 SWAT 模型模拟。

5.2.4.2　地表水环境质量核算方法

对于地表水环境质量，以评估水体中超出Ⅲ类标准的污染物当量表征水环境质量。为了更好地反映水体的真实水质，综合考虑参与评估的水质指标的数量和超标程度，在不同的时间和空间尺度上，根据选取的污染指标的不同，设置了 6 个评估方案，详见表 5-8。

表 5-8　水环境服务评估方案

项目		方案 A	方案 B	方案 C	方案 D	方案 E	方案 F
指标筛选	超Ⅲ类	控制单元主要污染指标	控制单元主要污染指标	水体主要污染指标	水体所有超标指标	COD_{Cr}、NH_3-N	NH_3-N
	Ⅰ～Ⅲ类	最差指标[单项指标的水质指数 CWQI(i)最大]				COD_{Cr}、NH_3-N	NH_3-N
筛选主体		控制单元	末断面/湖库	全流域/湖库			
筛选时段		月（湖库）/季度（溪流）	年度	月（湖库）/季度（溪流）			
数据处理		—	年均值	—		COD_{Cr} 采用拟合数据	—

地表水环境质量的评价指标包括《地表水环境质量标准》中除水温、粪大肠菌群和总氮以外的 21 项指标，主要有 pH、溶解氧、高锰酸盐指数、五日生化需氧量、氨氮、石油类、挥发酚、汞、铅、总磷、化学需氧量、铜、锌、氟化物、硒、砷、镉、铬（六价）、氰化物、阴离子表面活性剂和硫化物；21 项指标分为毒性指标[包括汞、铅、砷、镉、铬（六价）]和其他指标两类。

（1）指标选取原则

指标选取遵循以下 4 个原则：①选取相对污染程度较高的指标，污染程度以超标倍数和超标率来确定；②选取指标应包括超标指标和最差指标；③毒性指标超标时优先选取；④选取指标间不存在强相关性，本研究将指标间 Pearson 相关性系数绝对值$|R| \geqslant 0.85$判定为具有强相关性的指标，其污染物超标当量以超标倍数最大的一项来计算。例如，在厦门市，COD_{Mn}、COD_{Cr}、BOD_5 相关性系数绝对值$|R| > 0.85$；当三种指标同时超标时，选择超标倍数最大的一项作为评估指标。

（2）确定控制单元、水体的主要污染指标

根据上述原则，参考《地表水环境质量评价办法（试行）》中"主要污染指标的确定"的方法，选择评价时段内各控制单元、水体的主要污染指标。具体操作如下。

1）控制单元主要污染指标确定。①当评价时段内控制单元水质为优或良好时，不同指标对应的水质类别不同，评估指标选取水质类别最差的一项指标；不同指标对应的水质类别相同，采用所选指标与Ⅲ类水质标准的比值，即水质指数 CWQI(i)，取 CWQI(i)

最大的一项为评估指标。②当评价时段内控制单元水质超过Ⅲ类标准时，先按照不同指标对应的水质类别的优劣，评估指标选取水质类别最差的前三项指标；不同指标对应的水质类别相同，按照计算的超过Ⅲ类水质标准的倍数，即超标倍数，取超标倍数最大的前三项为评估指标。③特殊规定。当铅、铬等毒性指标超标时，优先作为评估指标；当高锰酸盐指数、五日生化需氧量、化学需氧量超标时，只选取相应污染物对应的水质类别最差的一项作为评估指标，若水质类别相同，则选取超标倍数最大的一项作为评估指标；当超过Ⅲ类水质标准的指标小于三项时，按实际超标项数取值；一般情况下，pH和溶解氧指标不计算超标倍数，只有在主要污染指标不足三项时，才可选为主要污染指标。

$$超标倍数 = \frac{某指标的浓度值 - 该指标的Ⅲ类水质标准}{该指标的Ⅲ类水质标准}$$

2）水体主要污染指标确定。在评价整个流域或湖库时，超过Ⅲ类水质标准的指标，按照控制单元指标超标率大小，取控制单元超标率最大的前三项为主要污染指标。

$$断面超标率 = \frac{某评价指标超过Ⅲ类标准的断面（点位）个数}{断面（点位）总数} \times 100\%$$

（3）方案筛选

通过各个方案计算的单位水资源价值量和水质综合指数进行 Pearson 相关性分析，筛选出能较好反映水环境质量变化的评估方案作为本研究的最终方案。筛选方法如下。

1）城市水质指数法。根据《城市地表水环境质量排名技术规定（试行）》，先计算出所有河流监测断面各单项指标浓度的算术平均值、单项指标的水质指数，再综合计算出河流的水质指数。低于检出限值的项目，按照 1/2 检出限值计算各单项指标浓度的算术平均值。

用各单项指标的浓度值除以该指标对应的地表水Ⅲ类标准限值，计算单项指标的水质指数，计算公式为

$$CWQI(i) = \frac{C(i)}{C_s(i)}$$

式中，$C(i)$ 为第 i 个水质指标的浓度值；$C_s(i)$ 为第 i 个水质指标的地表水Ⅲ类标准限值；$CWQI(i)$ 为第 i 个水质指标的水质指数。

pH 的计算方法如下。

如果 pH≤7，计算公式为

$$CWQI(pH) = \frac{7.0 - pH}{7.0 - pH_{sd}}$$

如果 pH>7，计算公式为

$$CWQI(pH) = \frac{7.0 - pH}{pH_{su} - 7.0}$$

式中，pH_{sd} 和 pH_{su} 分别为《地表水环境质量标准》中 pH 的下限值和上限值；$CWQI(pH)$ 为 pH 的水质指数。

根据各单项指标的 CWQI，取其加和值即为控制单元的 CWQI，计算公式为

$$\mathrm{CWQI}_{断面} = \sum_{i=2}^{n} \mathrm{CWQI}(i)$$

式中，$\mathrm{CWQI}_{断面}$ 为河流断面水质指数。

2）内梅罗指数法。内梅罗指数法是当前国内外进行综合污染指数计算最常用的方法之一。根据高红杰等（2017）的研究，内梅罗指数法评价结果科学合理，是城市地表水水质综合评价的首选方法，计算公式为

$$P(i) = \sqrt{\frac{[C(i)/C_s(i)]_{\max}^2 [C(i)/C_s(i)]_{ave}^2}{2}}$$

根据各单项指标的 $P(i)$，取其加和值即为控制单元的内梅罗指数，计算公式为

$$P_{断面} = \sum_{i=1}^{n} P(i)$$

式中，$P(i)$ 为第 i 个水质指标的内梅罗指数；$[C(i)/C_s(i)]_{\max}^2$ 为单个水质指标的污染指数最高值；$[C(i)/C_s(i)]_{ave}^2$ 为单个水质指标的污染指数平均值；$P_{断面}$ 为断面的内梅罗指数。

3）相关性验证。采用 SPSS 软件对单位水资源价值量和水质综合指数进行 Pearson 相关性分析，相关系数绝对值 $|R| \geqslant 0.85$ 则认为两者具有强相关性，选 $|R|$ 最大的方案作为价值量评估方案。

筛选结果显示，方案 A～方案 D 的 $|R| \geqslant 0.85$，均能较好地反映水环境质量变化；但是方案 A 的单位水资源价值量与两种水质综合指数（CWQI 和内梅罗指数）的相关系数均最大，$|R|$ 分别为 0.929 和 0.918，故本研究最终选择方案 A 评估污染物超标当量。

（4）水环境质量核算方法

主要污染物超标当量 $D_i(t)$ 是根据水体中主要污染物对环境的有害程度及处理的技术经济性，将不同污染物对水质的影响按偏离 III 类水质标准的程度归一化处理的水质指标，其中主要污染物的确定参考《地表水环境质量评价办法》。

$$D_i(t) = \sum_{r=1}^{k} \frac{[C_0(r) - C_i(r,t)] \times w(i,t)_R \times 10^{-3}}{L_r}$$

式中，$D_i(t)$ 为评估水体第 i 个控制单元 t 时段的主要污染物超标当量（无量纲）；$C_i(r,t)$ 为第 r 个水质指标 t 时段的浓度值（mg/L）；$C_0(r)$ 为第 r 个水质指标地表水 III 类标准限值（mg/L）；$w(i,t)_R$ 为评估水体第 i 个控制单元 t 时段的水量（m³）；L_r 为第 r 个水质指标的污染当量值（kg），具体见《中华人民共和国环境保护税法》。

5.2.5　干净水源服务核算结果

5.2.5.1　地表水资源量核算结果

2015 年，核算范围内的厦门市水资源量为 9.52 亿 m³，集美区、同安区、翔安区干净水源服务量分别为 2.29 亿 m³、6.57 亿 m³ 和 0.66 亿 m³；2010 年，厦门市水资源量

为 7.66 亿 m³，集美区、同安区、翔安区水资源量分别为 1.83 亿 m³、5.24 亿 m³ 和 0.59 亿 m³。与 2010 年相比，2015 年厦门市各区水资源量均有所增加，同安区增加最多，为 1.33 亿 m³，其次是集美区，增加了 0.46 亿 m³（表 5-9）。

表 5-9　厦门市各区水资源量　　　　　　（单位：亿 m³）

地区	水资源量		2015 年相对于 2010 年变化量
	2010 年	2015 年	
厦门市	7.66	9.52	1.86
集美区	1.83	2.29	0.46
同安区	5.24	6.57	1.33
翔安区	0.59	0.66	0.07

从主要水体来看，2010 年和 2015 年东西溪的水资源量最多。2010 年和 2015 年东西溪水资源量分别为 4.08 亿 m³ 和 5.10 亿 m³。其次是汀溪水库，2010 年和 2015 年水资源量分别为 1.06 亿 m³ 和 1.26 亿 m³（表 5-10 和图 5-3）。

表 5-10　厦门市各水体水资源量　　　　　　（单位：亿 m³）

水体	水资源量		2015 年相对于 2010 年变化量
	2010 年	2015 年	
石兜–坂头水库	0.52	0.63	0.11
汀溪水库	1.06	1.26	0.20
杏林湾水库	0.70	0.92	0.22
东西溪	4.08	5.10	1.02
九溪	0.38	0.44	0.06
后溪	0.61	0.74	0.13
官浔溪	0.30	0.42	0.12

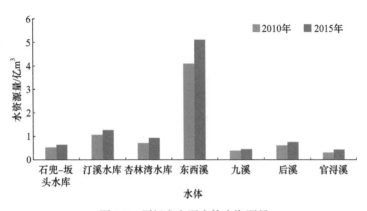

图 5-3　厦门市主要水体水资源量

与 2010 年相比，2015 年 3 个水库的水资源总量增加了 0.53 亿 m^3，其中杏林湾水库增量最大，为 0.22 亿 m^3，4 条溪流的水资源总量增加了 1.34 亿 m^3，其中东西溪增量最大，为 1.02 亿 m^3。

5.2.5.2 水环境质量核算结果

2015 年和 2010 年厦门市水环境质量整体并不乐观，水环境指标平均浓度超过Ⅲ类水体标准浓度。2010 年和 2015 年厦门市水环境超标污染物当量分别为 1.34 万 t 和 2.10 万 t。其中同安区主要污染物超标当量最高，2010 年和 2015 年分别为 0.86 万 t 和 1.53 万 t（表 5-11）。

表 5-11 厦门市各区水环境主要污染物超标当量　　（单位：万 t）

地区	主要污染物超标当量		2015 年相对于 2010 年变化量
	2010 年	2015 年	
厦门市	1.34	2.10	0.76
集美区	0.40	0.18	−0.22
同安区	0.86	1.53	0.67
翔安区	0.08	0.39	0.31

从整体来看，与 2010 年相比，2015 年厦门市水环境质量略差，主要污染物超标当量增加了 0.76 万 t。从各行政区来看，同安区主要污染物超标当量增加了 0.67 万 t；集美区水环境质量略有改善，主要污染物超标当量略有减少，减少了 0.22 万 t。

从主要水体来看，坂头水库、汀溪水库、杏林湾水库和后溪的水环境质量略有改善。2015 年石兜-坂头水库、汀溪水库主要污染物超标当量为负值，即污染物浓度低于Ⅲ类水体标准对应的指标浓度。但是厦门市各水体水环境质量仍不容乐观，其他水体污染物浓度仍高于Ⅲ类水体对应的浓度（主要污染物超标当量越高，水污染越严重）。尤其是东西溪，总磷、氨氮和五日生化需氧量等多项指标超标，另外，由于 2015 年东西溪水资源量的增多，其主要污染物超标当量较高，高达 1.23 万 t。2015 年厦门市各水体主要污染物超标当量情况见表 5-12。

表 5-12 厦门市各水体主要污染物超标当量　　（单位：万 t）

水体	主要污染物超标当量		2015 年相对于 2010 年变化量
	2010 年	2015 年	
石兜-坂头水库	0.03	−0.01	−0.04
汀溪水库	−0.01	−0.02	−0.01
杏林湾水库	0.10	0.01	−0.09
东西溪	0.72	1.23	0.51
九溪	0.07	0.26	0.19
后溪	0.28	0.17	−0.11
官浔溪	0.16	0.44	0.28

5.3　清新空气服务核算

5.3.1　清新空气服务概念内涵

大气污染是指大气中一些物质的含量达到有害的程度以至破坏生态系统和人类正常生存与发展的条件，对人或物造成危害的现象。大气污染会对人群健康造成各种生理负面效应，表现为发病率的上升，住院人数和门诊人数的增多，慢性疾病的发生甚至造成过早死亡，清新空气犹如干净水源般是人类不可或缺的。

大气中影响人体健康的主要空气污染因子包括可吸入颗粒物、SO_2、NO_x、臭氧、CO等。目前我国城市空气污染的主要污染物是可吸入颗粒物（PM）、SO_2、NO_2。考虑学术界对这一问题的观点、剂量（暴露）反应关系的研究以及我国连续监测数据的可获得性，本研究只选取 $PM_{2.5}$ 作为大气污染因子的表征指标。控制 $PM_{2.5}$ 浓度改善的健康效益等于 $PM_{2.5}$ 浓度降低后各健康终端变化带来的健康效应价值总和。

本研究以 2010 年和 2015 年厦门市主要大气污染物年均浓度作为清新空气服务实物量。服务基准设置为 2015 年中国 74 个城市的年均浓度。

5.3.2　清新空气服务研究进展

清洁空气是人们赖以生存的必要物质基础。研究大气污染的影响，认识清洁空气的价值是一个十分复杂的前沿科研课题。

世界各国的流行病学专家、环境学专家在设计这方面的研究课题及对获得的数据资料进行统计分析时都费尽了心血，并已取得一些有重要价值的成果。中国城市与世界主要城市空气污染的比较，采用中国的广州、武汉、兰州和重庆的郊区控制（对照）点与城区污染点 1995 年或 1996 年的悬浮物、PM_{10}、SO_2、NO_x 的年均值。很明显每座城市两个监测点之间比较，城市污染点的污染物浓度均比郊区对照点高，与世界其他大城市比较，中国城市污染较重，特别是悬浮物、PM_{10}、SO_2 污染很突出，城区都超过了国家空气二级质量标准。$PM_{2.5}$、PM_{10} 富集了化石燃料和工业污染的重金属、酸性氧化物、多环芳烃类致癌物和农药等，还载带着细菌、真菌、病毒等，是对人体健康危害最大的污染物。

国外许多室外空气污染对健康的影响研究报告表明，在室外空气低污染暴露条件下，儿童及其父亲和母亲患呼吸疾病，如哮喘、过敏性鼻炎与空气颗粒物、SO_2、NO_2 污染没有关联。Cuijpers 等（1994）在夏季研究了烟雾暴露对小学儿童急性呼吸系统患病率影响，在 SO_2 55 μg/m³、O_3 49 μg/m³、NO_2 58 μg/m³ 条件下未发现烟雾暴露对急性呼吸系统患病率有显著影响，但发现交通污染和工业污染暴露区的孩子患过敏性病症率较高。

德国的研究发现，在开矿区与冶金工业污染区的儿童患呼吸系统疾病与过敏性疾病增高。Dockery 等（1989）研究发现慢性咳嗽、支气管炎和胸部疾病与悬浮物、PM_{10}、$PM_{2.5}$ 及 $PM_{2.5}$ 中的硫酸盐有正相关关系，但与气态污染物 SO_2、NO_2 的正相关关系很弱。Ostro 等（1999）在智利圣地亚哥调查了 2 岁以下以及 3～15 岁儿童的上下呼吸道症状与颗粒物和 O_3 的关系。利用多元回归分析发现，2 岁以下以及 3～15 岁儿童下呼吸道门诊

率与 PM_{10} 有显著的关系。3～15 岁儿童上呼吸道门诊率与 PM_{10} 也有显著的关系。对于 2 岁以下儿童，PM_{10} 浓度每升高 50 μg/m³，其下呼吸道门诊率上升 3%～9%，O_3 浓度每升高 50 ppb[①]，其下呼吸道门诊率上升 5%。

本研究认为空气污染与当地人群呼吸健康有无显著的相关关系取决于两方面：一是取决于空气污染的程度；二是取决于被调查人群暴露时间的长短。我们选择中国 4 座城市空气污染较重，被调查人群很少迁移，在该区域居住五年以上者为研究对象，一般暴露的时间在 5 年以上，甚至多达几十年的居住者具有"天然暴露实验室"的条件。在此条件下，儿童患感冒、咳嗽、咳痰、支气管炎和哮喘的发生率与 PM_{10} 有显著正相关关系。儿童患哮喘的发生率还与 SO_2 污染有显著正相关关系。这些病症与 $PM_{2.5}$ 的相关性和 PM_{10} 的相关性类似。空气污染越重对儿童的呼吸健康越为不利。儿童父亲和母亲患咳嗽的发生率与 PM_{10} 呈显著正相关，PM_{10} 浓度每升高 100 μg/m³，其父亲和母亲咳嗽的预计发生率分别增加 4.81% 和 4.48%。儿童父亲患哮喘和支气管炎的发生率与 PM_{10} 呈显著正相关。PM_{10} 浓度每升高 100 μg/m³，其父亲患支气管炎的预计发生率将增加 5.13%。儿童父亲和母亲感冒时咳痰与 PM_{10} 未达到显著性水平，但与 SO_2 污染呈显著正相关关系，SO_2 浓度每升高 100 μg/m³，其父亲和母亲咳痰的预计发生率分别增加 4.08% 和 1.69%。

为了消除诸多混杂因子的影响，以往研究采用多元非条件 Logistic 回归分析，发现呼吸道疾病与空气污染的相关性及其发生率的比数比（近似于风险度）无实质性的改变。总之，空气污染中以颗粒物 PM_{10}、$PM_{2.5}$ 的危害最大，SO_2 的危害次之，与 NO_x 污染的相关性相对较弱。

人们有 2/3 的时间是在家里度过的，一般在室内生活、学习和工作的时间可占 90%，可见研究室内污染对人体健康影响是十分重要的。室内污染和室外污染有密切的相关关系，因为室外空气污染重，室内也不能幸免，此外家庭成员吸烟、燃煤取暖、烹饪的油烟等是颗粒物、SO_2、NO_2、CO 以及致癌物多环芳烃的主要污染源，室内现代装修引起油漆及化学品甲醛、苯、甲苯、二甲苯及其他挥发性有机物的污染。Benezen 等（1999）认为受被动吸烟危害的儿童，其急性和慢性呼吸系统疾病患病率都较高。

Ware 等（1984）的研究发现，母亲吸烟使调查的 8 种呼吸系统疾病发生率增高 20%～35%。父亲吸烟使调查的 8 种呼吸系统疾病发生率增高幅度虽然较小，但仍是显著的。未发现家庭气炉暴露与呼吸系统疾病发生率之间的显著性关系。Krzyzanowski 等（1990）研究了室内甲醛暴露对儿童呼吸系统的长期影响。发现受甲醛暴露影响的儿童，其慢性咳嗽和咳痰、气喘、气短的发生率及慢性支气管炎的患病率都显著高于未受暴露影响的儿童，特别是同时暴露于被动吸烟下的儿童，患病率更高。Pope 和 Xu（1993）评价了中国安徽省三个相似纺织厂的 933 名年龄 20～40 岁非吸烟妇女的资料，比较了家庭燃煤取暖与不用燃煤取暖以及具不同吸烟人数的家庭成员的呼吸系统疾病发生率，发现呼吸系统疾病发生率与被动吸烟和取暖的联合暴露有关。Duhme 等（1999）认为，室内空气污染以及其他环境因素包括生活方式在哮喘发病原因解释上显得很重要并指出流行病学调查是研究环境因素对哮喘的病因作用的有力手段。

---

① 1 ppb=10^{-9}。

广州等 4 座城市的儿童父亲吸烟比例在世界上均是很高的，达到 63.1%～83.4%，而儿童母亲吸烟比例则很低。父亲每天吸烟 1 包以上可使儿童感冒时咳嗽、咳痰、气喘、支气管炎、哮喘和因呼吸道疾病住院的风险性增加 12%～65%。父亲吸烟对自身患感冒咳嗽及未感冒时咳嗽、感冒时咳痰和未感冒时咳痰已产生严重危害，所述病症发生率是不吸烟组的 2～6 倍。丈夫吸烟对妻子的呼吸健康也有一定的不利影响。家庭燃煤取暖和通风不良造成居室内烟雾污染也使儿童及其父亲和母亲的呼吸健康受到不同程度的危害。

环境流行病学研究表明，从轻微的呼吸系统症状的产生到心肺疾病门诊人数和死亡率的增加都与大气污染有密切关系。据世界卫生组织（World Health Organization，WHO）估计，全球每年有 80 万人死亡和 460 万人伤残调整寿命损失年（disability adjusted life year，DALY）与城市大气污染相关。1775 年，英国医生波特提出烟气污染致癌的假说；20 世纪中期，伦敦烟雾事件的发生使人们广泛关注空气污染的健康危害。迄今为止，国内外开展了关于大气污染与呼吸系统症状、肺功能、医院门诊入院率、慢性支气管炎、死亡率、儿童认知功能和神经行为等流行病学研究以及与之相关的毒理学研究。

5.3.3 核算对象与数据来源

5.3.3.1 核算对象与范围

本研究生态系统清新空气服务功能的评估以厦门市森林、灌丛、草地和湿地等自然生态系统作为评估对象，以全国 74 个城市平均 $PM_{2.5}$ 浓度值作为核算的服务基准，估算厦门市 2010 年和 2015 年的生态系统清新空气服务，分析厦门市空气质量空间分布特征。

5.3.3.2 数据来源与处理

（1）监测数据来源与处理

2010 年厦门市环境监测中心站在厦门市域内共设置有 8 个环境空气质量监测点位，其中国控点 3 个，对照点 1 个，市控点 4 个，2015 年在 2010 年的基础上新增 2 个工业点和 13 个其他监测点。监测项目包括 SO_2、NO_2、CO、PM_{10}、$PM_{2.5}$ 和 O_3 6 种污染物。因 2010 年大气监测项目仅包括 SO_2、NO_2 和 PM_{10}，CO、O_3 和 $PM_{2.5}$ 监测最早始于 2013 年，因此，本研究 2010 年 CO、O_3 和 $PM_{2.5}$ 监测结果以 2013 年的观测值代替。

以 2010 年和 2015 年厦门市各监测点位大气污染物的年均浓度为主要对象进行区域空间插值。各污染物年均浓度参照《环境空气质量评价技术规范》中的年评价方法进行取值，SO_2、NO_2、PM_{10}、$PM_{2.5}$ 年均浓度以有效日均浓度的算术平均值计算，CO 年均浓度以有效日均浓度的 95% 分位计算，O_3 年均浓度以有效日最大 8h 平均浓度的 90% 分位计算。

由于传统的定点监测网络覆盖范围有限，用某一个位置的大气环境污染监测数据或某几个位置监测数据的平均值并不能完全表示整个城市、整个区域的大气环境污染平均水平。根据《环境空气质量监测点位布设技术规范（试行）》中的规定，每个监测点位可覆盖范围为 10～25 km²。本研究利用空间插值法对厦门市大气环境污染监测数据进行空间拓展，分析厦门市近地表大气污染物浓度空间分布。在大气污染物的空间插值研究中，常采用的空间插值方法或模型有反距离加权法、克里格插值法、样条函数法和土地利用回归模型法等。本研究采用基于曲面函数拟合的双调和（biharmonic）样条插值法对厦门市大气监测站点的污染物浓度进行空间插值分析。

双调和样条插值法是一种基于双调和算子的格林函数逼近曲面的样条插值方法，其插值曲线（或曲面）是中心点在每个数据点的各个格林函数的线性叠加，调整各个格林函数的幅值可使插值曲线（或曲面）通过各数据点。相比于常见的双三次样条插值和 B 样条插值，双调和样条插值法不仅整体平滑度好，而且对控制点数量和分布要求不是很高，可以对散乱分布的数据进行曲面插值，控制点不需要均匀分布于网格。

双调和方程在不同维空间中的解即为不同维的格林函数。对于 D 维空间中散乱分布的 K 个控制点 x_k，$k = 1, 2, \cdots, K$，双调和样条 D 维插值问题转化为对下列公式的求解：

$$\nabla^4 W(X) = \sum_{k=1}^{K} \alpha_\kappa \delta(X - x_k)$$

式中，∇^4 为双调和算子；δ 为单位冲击函数；$W(X)$ 为 X 位置处的值。满足上述公式的通解为

$$w(P) = \sum_{j=1}^{N} a_j \phi_m(P - P_j)$$

利用双调和样条插值法进行空间插值，得到 2015 年 PM$_{2.5}$ 浓度的空间分布情况。同样可以看到，PM$_{2.5}$ 浓度高值区主要分布在厦门市工业区和居民生活区，相比于 2010 年，2015 年的 PM$_{2.5}$ 浓度有所降低。2010 年、2015 年厦门市全域及各区 PM$_{2.5}$ 浓度及 2015 年相对于 2010 年的变化比例见表 5-13。

表 5-13　厦门市全域及各区 PM$_{2.5}$ 浓度

地区	2010 年 PM$_{2.5}$ 浓度/（mg/m^3）	2015 年 PM$_{2.5}$ 浓度/（mg/m^3）	2015 年相对于 2010 年的变化比例/%
海沧区	0.043	0.033	−23.3
湖里区	0.037	0.033	−10.8
集美区	0.038	0.037	−2.6
思明区	0.034	0.033	−2.9
同安区	0.031	0.031	0
翔安区	0.027	0.040	48.1
海域	0.032	0.031	3.1
全域	0.031	0.034	9.7

为验证插值模型的空间模拟效果，这里以 2015 年 PM$_{2.5}$ 的年均浓度为基础数据，从满足年评价数据的 18 个站点中挑选出 8 个站点（与 2010 年的点位相同）作为观测点，剩余 10 个站点作为预测点进行空间插值，将得到的 18 个站点的插值结果与实际观测结果进行对比，分析误差。

各监测点位上的插值结果与观测值的对比情况。从插值点位插值结果与观测值的偏

差值上看，对于监测点位，插值结果与观测值基本一致，平均误差小于0.5%，对于预测点位，平均误差在8%～23%，越靠近监测点位，误差越小。

利用8个站点进行空间插值，得到各大气污染物浓度的空间分布和区域平均情况。与18个站点的插值结果比较，从空间分布上看，18个站点和8个站点基本都能反映污染物的空间分布，两者对PM$_{2.5}$污染物的浓度模拟结果较为接近。从区域平均上看，两者在岛外站点分布较少的同安、翔安、海沧和集美四区插值结果相差较大，而在岛内站点分布较为密集的思明和湖里两区插值结果较为接近。从全市平均上看，两者插值结果较为接近，误差范围在可接受范围之内。

（2）人口数据来源

基于2010年、2015年厦门市居民点分布数据、乡镇（街道）人口及行政区划数据，以及建筑高度数据，对厦门市两期人口数据进行空间插值。

5.3.4 清新空气服务核算方法

大气中影响人体健康的主要空气污染因子包括可吸入颗粒物、SO$_2$、NO$_x$、O$_3$、CO等。目前我国城市空气污染的主要污染物是可吸入颗粒物、SO$_2$、NO$_2$。考虑学术界对这一问题的观点、剂量（暴露）反应关系的研究以及我国连续监测数据的可获得性，本研究只选取PM$_{2.5}$作为大气污染因子健康效应分析的指标。

5.3.4.1 空气质量改善带来的健康效应估算方法

（1）WHO健康效应估算模型

采用WHO PM$_{2.5}$污染死亡率计算公式

$$\Delta E = P \times 0.096 \times (C_0 - C) \times M_0 / 100$$

式中，P为暴露人口数（厦门市常住人口）；M_0为全因死亡率；C为大气污染物的实际浓度；C_0为大气污染物的基准浓度；0.096为PM$_{2.5}$污染物引起的死亡率系数；ΔE为PM$_{2.5}$浓度改变导致健康效应终端的变化量。

（2）Meta分析法

在某一大气污染物浓度下人群健康效应值E_i为

$$E_i = \exp\left[\beta \times (C - C_0)\right] \times E_0$$

式中，β为暴露反应关系系数；C为大气污染物的实际浓度；C_0为大气污染物的基准浓度；E_0为大气污染物基准浓度下的人群健康效应。

大气颗粒物控制带来的健康效应改善为E_i和E_0的差值，即$E_i - E_0$，可用下式表示：

$$\Delta E = E_i - E_0 = P \times Q_0 \times \left\{ \exp\left[\beta \times (C - C_0)\right] - 1 \right\}$$

式中，P为暴露人口数；Q_0为健康效应终端基准情形死亡或患病率。

为方便计算，进行如下转换：

$$\Delta E = P \times Q_i \times \left\{ 1 - \frac{1}{\exp\left[\beta \times (C - C_0)\right]} \right\}$$

式中，Q_i 为健康效应终端疾病死亡率。

本研究暴露人口数采用厦门市 2010 年和 2015 年常住人口插值数据。疾病死亡率采用 2010 年、2015 年全国疾病死亡率，来自于 2011 年、2016 年《中国卫生与计划生育统计年鉴》。综合分析两种方法的核算结果及数据可获得性，本研究最终采取 WHO 健康效应估算模型方法（图 5-4）。

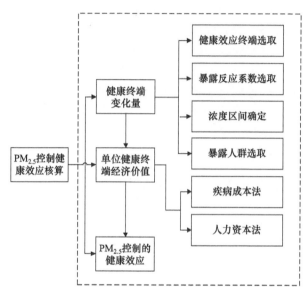

图 5-4　PM$_{2.5}$ 控制的环境健康效应评估思路图

5.3.4.2　参数选取

（1）健康终端的选取

本研究以评价 PM$_{2.5}$ 引起的健康效应的经济损失为主要目的。健康效应终端选取遵循以下的原则：优先选择根据国际疾病分类（internationl classification of disease，ICD）进行统计和分析的疾病终端，且我国常规的卫生监测数据、医院卫生调查数据登记的疾病终端。选择国内外研究文献中已知与大气污染物存在定量的剂量（暴露）反应关系的健康效应终端。选择可与国外类似研究进行比较的健康效应终端。优先选择具有代表性、影响大的健康效应终端，且尽可能保证健康效应终端间相互独立。考虑获得可靠数据的可能性。

目前国内研究中常见健康终端选择见表 5-14。遵循以上原则，结合已有研究，本研究第一种方法（WHO 健康效应估算模型）选取过早死亡作为健康效应终端，第二种方法采用 Meta 分析法的暴露反应关系模型，选取呼吸系统疾病、循环系统疾病两类作为健康效应终端。

表 5-14　国内现有研究选择的健康效应终端

参考文献	参考文献选择的健康效应终端
阚海东等（2004）	长期死亡率、慢性支气管炎、急性死亡率、呼吸系统疾病住院、心血管病住院、内科门诊、儿科门诊、哮喘发作、活动受限

参考文献	参考文献选择的健康效应终端
陈仁杰等（2010）	早逝、慢性支气管炎、内科门诊、心血管疾病住院、呼吸系统疾病住院
刘晓云等（2010）	呼吸系统疾病住院、心血管疾病住院、急性支气管炎、哮喘发作、内科门诊、儿科门诊
殷永文等（2011）	呼吸系统疾病住院、心血管疾病住院、呼吸系统疾病住院人数、活动受限
潘小川（2012）	非意外死亡、循环系统疾病死亡、呼吸系统疾病死亡
黄德生和张世秋（2013）	全因死亡率、慢性疾病死亡率、急性疾病死亡率、呼吸系统疾病住院率、心血管疾病住院、内科门诊、儿科门诊、慢性支气管炎、急性支气管炎、哮喘发作
谢元博等（2014）	总死亡率、呼吸系统死亡率、呼吸系统疾病住院、心血管疾病住院、内科门诊、儿科门诊、急性支气管炎、哮喘发作

（2）浓度区间的设定

在浓度区间设定的过程中，首先应获取所要评估的实际浓度值 C，再确定评估的基准浓度值（C_0），并作为参考系，将两者相比较得到评估的浓度区间。

发达国家较早就开始监测 $PM_{2.5}$，如美国从 1997 年开始将 $PM_{2.5}$、PM_{10} 代替悬浮物成为空气污染指示物。我国则起步较晚，2012 年修订的《环境空气质量标准》首次将 $PM_{2.5}$ 纳入监测范围，2013 年开始发布 $PM_{2.5}$ 的监测信息，且仅部分城市有完整的全年监测值。在计算过程中，为充分反映厦门市 $PM_{2.5}$ 各区域浓度，采用厦门市 2013 年（2010 年无浓度数据）、2015 年 $PM_{2.5}$ 的月实际浓度作为待评估地区的实际浓度值。

基准浓度值选取 1 个污染控制情景，评估控制 $PM_{2.5}$ 浓度达到相应的空气质量标准时各健康终端疾病的减少量所带来的经济效益（假设将中国 74 个城市 2015 年的年均浓度 62μg/m³ 下降到厦门市的 $PM_{2.5}$ 实际浓度时的健康效益）。

（3）暴露人群的识别

实际分析过程中，考虑到各项数据的可得性，将研究区常住人口作为大气污染的暴露人群（表 5-15）。

表 5-15　大气环境质量价值核算各参数确定表

指标	参数	2010 年	2015 年	数据来源
健康终端变化量	健康终端	过早死亡		WHO
	厦门市人口	厦门市常住人口分布矢量文件		厦门市公安局
	年均浓度基准	2015 年中国 74 个城市年均浓度为 62 μg/m³		《2015 年中国环境状况公报》
	年均实际浓度	厦门市 2013 年、2015 年月均浓度值		厦门市各监测点实测数据
	全因死亡率	0.000 801	0.000 466	《厦门经济特区年鉴 2016》
	健康终端平均损失寿命年	过早死的平均损失寿命年数 18 年		《中国卫生与计划生育统计年鉴 2016》
	人均 GDP	30 876 元	49 992 元	2011 年、2016 年《中国统计年鉴》
单位健康终端经济价值	人均 GDP 增长率	9%		《中国统计年鉴 2016》
	社会贴现率	8%		《中国卫生与计划生育统计年鉴 2016》

5.3.5 清新空气服务核算结果

5.3.5.1 清新空气服务时空动态变化

2015 年厦门市 $PM_{2.5}$ 浓度变化有显著特征，空间上（图 5-5），同安区北部污染物浓度最低，低于一级标准，空气质量最佳，同安区东南部污染物浓度最高，高于二级标准，空气质量最差，空气质量最差的区域多为工厂聚集地，厦门市整体空气质量优于中国大多数城市。$PM_{2.5}$ 浓度从高到低依次为海沧区、集美区、湖里区、思明区、同安区、翔安区。

5.3.5.2 不同地区清新空气服务

2010 年厦门市总人口约为 353.1 万人，其中同安区人口为 49.6 万人，集美区人口为 58.1 万人，海沧区人口为 28.9 万人，湖里区人口为 93.1 人，思明区人口为 93 万人，翔安区人口为 30.4 万人；2015 年厦门市总人口约为 496.3 万人，其中同安区人口为 81.1 万人，集美区人口为 89.3 万人，海沧区人口为 68.1 万人，湖里区人口为 89.2人，思明区人口为 104.9 万人，翔安区人口为 63.7 万人。

如图 5-6 所示，2015 年厦门市总人口约为 496.3 万人，在 $PM_{2.5}$ 为 0.035～0.046 mg/m³ 浓度区间下的暴露人口为 1.9 万人，集中在同安区；在 $PM_{2.5}$ 为 0.030～0.035 mg/m³（二

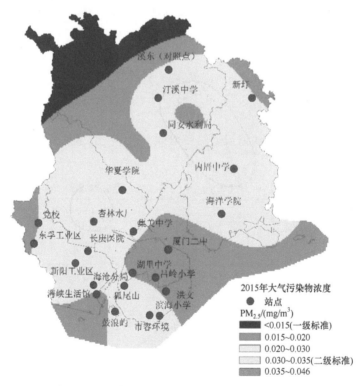

图 5-5 2015 年厦门市清新空气 $PM_{2.5}$ 浓度空间分布

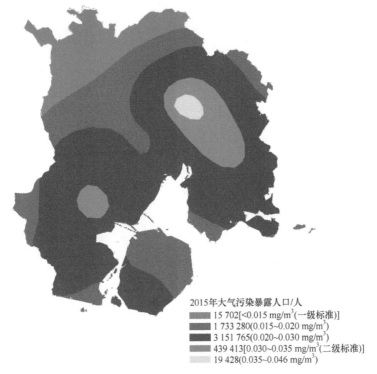

2015年大气污染暴露人口/人
■ 15 702[<0.015 mg/m³(一级标准)]
■ 1 733 280(0.015~0.020 mg/m³)
■ 3 151 765(0.020~0.030 mg/m³)
■ 439 413[0.030~0.035 mg/m³(二级标准)]
□ 19 428(0.035~0.046 mg/m³)

图 5-6　2015 年厦门市大气污染暴露人口空间分布

级标准）浓度区间下的暴露人口为 43.9 万人，在 PM$_{2.5}$ 为 0.020~0.030 mg/m³ 浓度区间下的暴露人口为 315.2 万人，厦门市在此大气环境质量下的人口最多；在 PM$_{2.5}$ 为 0.015~0.020 mg/m³ 浓度区间下的暴露人口为 173.3 万人；能达到一级标准的区域很小，所以在 PM$_{2.5}$<0.015 mg/m³（一级标准）浓度区间下的暴露人口仅有 1.6 万人（表 5-16）。

表 5-16　2015 年厦门市不同浓度区间暴露人口

PM$_{2.5}$浓度区间/（mg/m³）	暴露人口/人
<0.015（一级标准）	15 702
0.015~0.020	1 733 280
0.020~0.030	3 151 765
0.030~0.035（二级标准）	439 413
0.035~0.046	19 428

5.4　空气负离子服务核算

5.4.1　空气负离子服务概念内涵

空气负离子是指获得多余电子而带负电荷的氧气离子，它是空气中的氧分子结合自由电子而形成的，也叫负氧离子。本研究以空气负离子含量减去基准值（对人体有益的最低浓度）后的服务量为指标来计算厦门市空气负离子供给的物质量。

5.4.2　空气负离子服务研究进展

空气负离子具有杀菌、降尘、清洁空气、提高免疫力、调节机能平衡等功效，被誉为"空气维生素"和"生长素"。研究发现，空气负离子浓度越高，空气越清洁，感觉就越舒服；空气负离子含量越少，且正负离子浓度比例越大，空气就越差，对人体健康和环境生态越有害。例如，Kosenko 等（1997）研究表明，空气负离子直接影响空气质量和人类健康。又如，DANIELL 等（1991）研究表明空气负离子与空气的清洁度密切相关，可以显著减少粉尘颗粒，减少雾、烟、车辆尾气等物质。因而在环境评价中，空气负离子浓度被列为衡量空气质量好坏的一个重要指标。

我国以夏廉博（1978）关于大气负离子对人体生物学效应的研究为标志，开始对空气负离子进行研究，至今空气负离子的研究在我国已经历了 20 世纪 80 年代初和 90 年代初两个研究发展高潮。

目前，国内外学者对空气负离子进行了一些研究，司婷婷等（2014）研究发现空气负离子浓度因地理环境因素的不同而存在较大差异，与温度、湿度、植物有较为密切的关系。吴志萍等（2007）为合理规划城市绿地，综合了 6 种类型城市绿地负离子浓度的日变化差异及空气质量差异，进而分析了空气负离子与不同粒径颗粒物间的关系。黄向华等（2013）基于城市空气负离子时空分布特征，分析了城市空气负离子分布特征成因，表明空气负离子与水汽、气溶胶、辐射等具有相关性。Reiter（1985）研究表明空气负离子与相对湿度呈负相关关系。张凤金等（2015）取厦门植物园 15 个观测点及对照点，在一年四季早、中、晚进行实测，并分析总结了空气负离子浓度日变化和季节性变化规律。闫秀婧等（2015）研究表明，森林和动态水区负离子浓度最高，在 5000 个/cm³ 以上，城市绿地负离子浓度在 1000~2000 个/cm³。胡宏友等（2010）通过对不同生态系统类型空气负离子的研究，发现负离子浓度与植物的生长规律较为一致。单晟烨等（2015）估算了城市公园湿地环境负离子平均生产量及有效生态价值。

5.4.3　核算对象与数据来源

5.4.3.1　核算对象与范围

本研究生态系统空气负离子服务功能的评估以厦门市森林、灌丛、草地和湿地等自然生态系统作为评估对象，以对人体有益的最低负离子浓度作为核算的服务基准，估算厦门市 2010 年和 2015 年的陆地生态系统空气负离子供给服务，分析厦门市空气负离子空间分布特征。

5.4.3.2　数据来源与处理

本研究负离子浓度数据主要来源于《福建省旅游局监测数据》《厦门华侨亚热带植物引种园》《环科院实地监测数据》（7 月和 11 月两期）与张凤金等（2015）的研究。

本研究主要采用能在高湿度（相对湿度≤99%）、低温或高温（−50～70℃）环境下进行作业的 ZK-NIP 负氧离子检测仪（测定离子浓度误差≤±10%，最高分辨率为 1 个/cm³）对森林、灌丛、草地、耕地、园地、绿地、水体 7 种生态系统类型空气负离子浓度进行实地监测。监测点分别位于河溪林场、北辰山、田中央村、天竺山、狐尾山等 14 个点位，如图 5-7 所示。每个监测站点选取 3 个测试地点，取其平均值作为该样地实际测试值；监测高度与地表距离 1.5 m，与成人呼吸高度基本一致。根据厦门市气候特点（Yan et al., 2015），该研究将监测时间分为春季、夏季两个时段，选取 11 月、7 月分别代表春季、夏季，每月每个监测点进行 4 次监测，即每周 1 次，每次监测 1 天，每个小时测 1 轮，共测 24 轮；每轮使用仪器监测 20～30 min，同时记录湿度、气温等信息。由于监测难度与时间关系，监测时段内天气晴朗，空气质量良好，并依据《空气负（氧）离子浓度观测技术规范》对监测的异常值和缺测值进行处理。

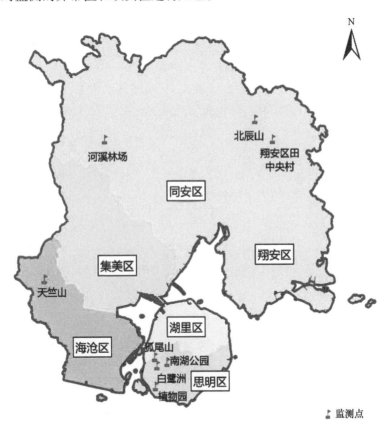

图 5-7　空气负离子监测站点布置

5.4.4　厦门市空气负离子时空变化

5.4.4.1　厦门市空气负离子浓度日变化

针叶林空气负离子浓度日变化特征明显，如图 5-8 和表 5-17 所示，一天当中，空气负离子浓度 3:00 达到最高，12:00 降到最低；空气负离子浓度日变化与湿度呈正相关，相关系数为 0.257；与温度呈负相关，相关系数为–0.43；与风速相关性不大；与太阳辐射量呈明显负相关，相关系数为-0.459。

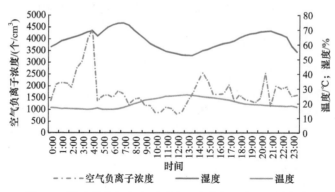

图 5-8　针叶林空气负离子浓度日变化与温度、湿度趋势

　　阔叶林空气负离子浓度日变化特征明显，如图 5-9 和表 5-17 所示，一天当中，空气负离子浓度 15:00 达到最高，出现两个波谷，分别在 6:00～9:00 和 16:00；空气负离子浓度日变化与湿度呈负相关，相关系数为-0.483；与温度呈正相关，相关系数为 0.523；与风速呈正相关，相关系数为 0.288；与太阳辐射量呈弱正相关，相关系数为 0.258。

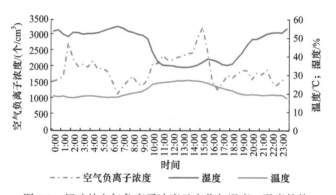

图 5-9　阔叶林空气负离子浓度日变化与温度、湿度趋势

表 5-17　空气负离子浓度日变化影响因素分析

影响因素		针叶林	阔叶林	针阔混交林	水体	乔木绿地	灌木绿地	草本绿地
温度	相关系数 R	-0.43**	0.523**	-0.873**	0.111	-0.744**	-0.431**	-0.471**
	P 值	0.002	0	0	0.452	0	0.002	0.001
湿度	相关系数 R	0.257	-0.483**	0.705**	-0.162	0.385**	0.513**	0.479**
	P 值	0.078	0.001	0	0.271	0.007	0	0.001
风速	相关系数 R	-0.186	0.288*	-0.572**	-0.024	-0.435**	-0.244	-0.617**
	P 值	0.206	0.047	0	0.87	0.002	0.094	0
太阳辐射量	相关系数 R	-0.459**	0.258	-0.553**	0.223	-0.380**	-0.194	-0.338*
	P 值	0.001	0.076	0	0.128	0.008	0.186	0.019

**表示在 $P<0.01$ 上显著，*表示在 $P<0.05$ 上显著。

针阔混交林空气负离子浓度日变化特征，如图 5-10 和表 5-17 所示，一天当中，空气负离子浓度 2:00 达到最高，白天空气负离子浓度较低，晚上空气负离子浓度较高；空气负离子浓度日变化与湿度呈正相关，相关系数为 0.705；与温度呈明显负相关，相关系数为-0.873；与风速呈负相关，相关系数为-0.572；与太阳辐射量呈负相关，相关系数为-0.553。

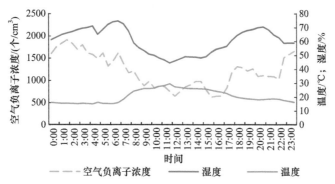

图 5-10　针阔混交林空气负离子浓度日变化与温度、湿度趋势

乔木绿地空气负离子浓度日变化特征，如图 5-11 和表 5-17 所示，一天当中，空气负离子浓度 2:00 达到最高，白天空气负离子浓度较低，晚上空气负离子浓度较高；空气负离子浓度日变化与湿度呈正相关，相关系数为 0.385；与温度呈明显相关，相关系数为-0.744；与风速呈负相关，相关系数为-0.435；与太阳辐射量呈负相关，相关系数为-0.380。

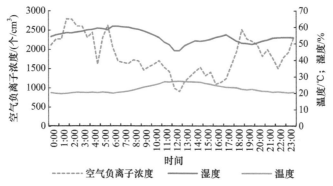

图 5-11　乔木绿地空气负离子浓度日变化与温度、湿度趋势

灌木绿地空气负离子浓度日变化特征，如图 5-12 和表 5-17 所示，一天当中，空气负离子浓度 6:00 达到最高，11:00 空气负离子浓度发生骤降，之后趋于平稳；空气负离子浓度日变化与湿度呈正相关，相关系数为 0.513；与温度呈负相关，相关系数为-0.431；与风速呈弱负相关，相关系数为-0.244；与太阳辐射量呈弱负相关，相关系数为-0.194。

草本绿地空气负离子浓度日变化特征，如图 5-13 和表 5-17 所示，一天当中，空气负离子浓度有两个波峰，分别在 6:00 和 9:00，11:00 空气负离子浓度发生骤降，之后趋于平稳；空气负离子浓度日变化与湿度呈正相关，相关系数为 0.479；与温度呈负相关，相关系数为-0.471；与风速呈负相关，相关系数为-0.617；与太阳辐射量呈负相关，相关

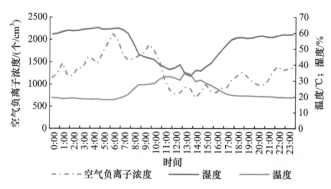

图 5-12　灌木绿地空气负离子浓度日变化与温度、湿度趋势

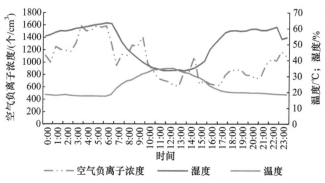

图 5-13　草本绿地空气负离子浓度日变化与温度、湿度趋势

系数为-0.338。

水体空气负离子浓度日变化特征，如图 5-14 和表 5-17 所示，一天当中，空气负离子浓度波峰出现在 18:00，波谷出现在 16:00；空气负离子浓度日变化与湿度、温度、风速、太阳辐射量相关性极小。

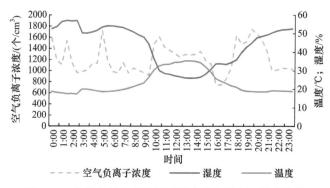

图 5-14　水体空气负离子浓度日变化与温度、湿度趋势

针叶林、针阔混交林、乔木绿地、灌木绿地、草本绿地空气负离子浓度日变化趋势相同，呈现出"一峰一谷"，空气负离子浓度高值出现在 1:00～7:00，浓度低值均出现在 12:00 左右。阔叶林产生的空气负离子浓度日变化呈明显"双峰"规律，两个波峰分别位于 3:00 和 15:00 处，浓度分别为 2700 个/cm³ 和 3200 个/cm³，两个波谷分别位于 7:00 和 17:00

处。水体产生的空气负离子浓度的变化频率比较大，波峰和波谷频繁交替出现。由此可见，虽然不同生态系统类型空气负离子浓度日变化有明显差异特征，空气负离子浓度和峰值、峰谷出现时间随环境与植被不同有较大差异，但除水体和阔叶林外，其他生态系统类型空气负离子浓度低值区均在 12:00 左右。

从图 5-8~图 5-14 可知，空气负离子浓度与湿度、温度在一天的变化趋势上存在一定的相关性，其中针阔混交林、乔木绿地、灌木绿地、草本绿地对湿度、温度的变化比较显著。空气负离子浓度与温度在趋势上呈相反的趋势，即温度升高，空气负离子浓度降低；温度降低，空气负离子浓度升高；而空气负离子浓度与湿度在趋势上呈相同的趋势。

从表 5-17 可知，除阔叶林、水体以外，空气负离子浓度主要受温度、湿度的影响，空气负离子浓度与温度存在显著的负相关关系，与湿度存在显著的正相关关系；同时，部分植被空气负离子浓度变化还受太阳辐射和风速的影响。阔叶林空气负离子浓度变化与湿度呈负相关关系，相关系数为−0.483，与温度呈正相关关系，相关系数为 0.523，与风速和太阳辐射量呈微弱正相关。水体空气负离子浓度变化特征与湿度、温度、太阳辐射量相关性均极小。由此可见，湿度和温度为空气负离子浓度的主要影响因子。

5.4.4.2　厦门市空气负离子浓度季节变化

针叶林空气负离子浓度最高，春秋季空气负离子浓度为 2000 个/cm³，夏季空气负离子浓度为 5545 个/cm³；耕地空气负离子浓度最低，春秋季空气负离子浓度为 248 个/cm³，夏季空气负离子浓度为 497 个/cm³。夏季平均空气负离子浓度约为 2437 个/cm³，春秋季平均空气负离子浓度约为 1134 个/cm³，夏季生态系统空气负离子浓度值约为春秋季生态系统空气负离子浓度值的两倍。

5.4.4.3　不同生态系统类型空气负离子浓度

从图 5-15 可知，不同生态系统的空气负离子浓度有所差异，其中针叶林空气负离子浓度最高，耕地空气负离子浓度最低，阔叶林、针阔混交林、乔木绿地空气负离子浓度

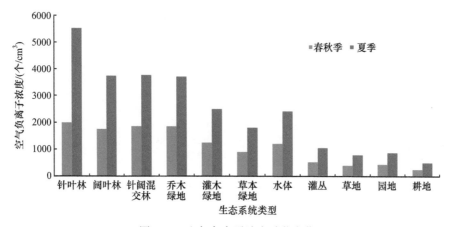

图 5-15　空气负离子浓度季节变化

相差不大。总体来讲，空气负离子浓度从高到低依次为针叶林、针阔混交林、乔木绿地、阔叶林、水体、灌木绿地、草本绿地、灌丛、园地、草地、耕地。

5.4.5 空气负离子服务核算方法

根据《森林生态系统服务评估规范》（LY/T1721—2008），可以得到森林区域年提供空气负离子服务实物量，计算公式为

$$G_{负离子} = 5.256 \times 10^5 \times 10^{10} \times Q_{负离子} A \times H / L$$

式中，$G_{负离子}$为森林年提供空气负离子服务实物量（个）；$Q_{负离子}$为森林空气负离子浓度（个/cm³）；A为森林面积（hm²）；H为森林高度（m）；L为空气负离子寿命（min）；5.256×10^5为每6个月的分钟数（min）；10^{10}为单位换算系数。

为提高厦门市空气负离子服务实物量核算精度，本研究根据厦门市气候情况，基于监测数据和空气负离子的时空动态变化，改进方法如下：

$$G_{i(负离子)} = 1.314 \times 10^5 \times 10^{10} \times \sum_{j=1}^{4}(Q_{ij} - 600) \times A_c \times H_c / L$$

式中，$G_{i(负离子)}$为土地利用类型i年提供空气负离子服务实物量（个）；Q_{ij}为土地利用类型i在j季空气负离子平均浓度（个/cm³），j=1，2，3，4，分别为春、夏、秋、冬四季；600为对人类有益的空气负离子最低浓度（个/cm³）；A_c为土地利用类型面积（hm²）；H_c为土地利用类型高度（m）；L为空气负离子寿命（min）；1.314×10^5为每个季度的分钟数（min）；10^{10}为单位换算系数。

本研究采集厦门市不同监测类型的全年空气负离子数据，以此数据为基础分析厦门市不同时段、不同季节、不同监测类型负（氧）离子变化规律和价值量（图5-16）。

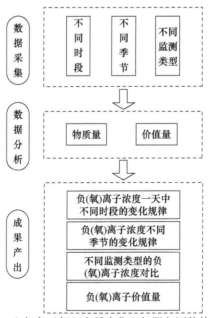

图5-16 空气负（氧）离子净化空气服务评估技术路线

5.4.6 空气负离子服务核算结果

5.4.6.1 空气负离子服务时空动态变化

厦门市 2010 年、2015 年空气负离子服务实物量分别为 1321.66×10²² 个、1366.52×10²² 个,2015 年比 2010 年增加了 44.86×10²² 个(表 5-18);厦门市 2010 年、2015 年单位面积空气负离子服务量分别为 0.78×10²² 个/km²、0.80×10²² 个/km²,2015 年比 2010 年多 0.03×10²² 个/km²。

表 5-18　厦门市各区空气负离子服务量

地区	空气负离子服务实物量/10²² 个			单位面积空气负离子服务量/(10²² 个/km²)		
	2010 年	2015 年	2015 年相对于 2010 年变化量	2010 年	2015 年	2015 年相对于 2010 年变化量
厦门市	1321.66	1366.52	44.86	0.78	0.80	0.02
思明区	22.65	28.21	5.56	0.27	0.34	0.07
湖里区	6.19	11.54	5.35	0.08	0.16	0.08
集美区	199.61	207.32	7.71	0.73	0.76	0.03
海沧区	110.43	116.65	6.22	0.59	0.63	0.04
同安区	763.70	771.13	7.43	1.14	1.15	0.01
翔安区	219.08	231.67	12.59	0.53	0.56	0.03

5.4.6.2 不同地区空气负离子服务

如图 5-17 所示,2010 年、2015 年空气负离子服务实物量及单位面积空气负离子服务量从高到低均依次为同安区、翔安区、集美区、海沧区、思明区、湖里区。

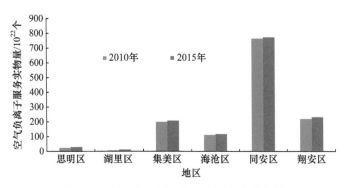

图 5-17　厦门市各区空气负离子服务实物量

思明区空气负离子服务变化量为 5.56×10²² 个,湖里区空气负离子服务变化量为 5.35×10²² 个,集美区空气负离子服务变化量为 7.71×10²² 个,海沧区空气负离子服务变化量为 6.22×10²² 个,同安区空气负离子服务变化量为 7.43×10²² 个,翔安区空气负离子服务变化量为 12.59×10²² 个;思明区、湖里区单位面积空气负离子服务变化量均为 0.07×10²²

个/km²，海沧区单位面积空气负离子服务变化量为 0.04×10^{22} 个/km²，集美区、翔安区单位面积空气负离子服务变化量为 0.03×10^{22} 个/km²，同安区单位面积空气负离子服务变化量为 0.01×10^{22} 个/km²。

5.4.6.3 不同生态系统类型空气负离子服务

从不同生态系统类型上看（图 5-18 和表 5-19），2015 年空气负离子服务实物量从高到低依次为针叶林（852.00×10^{22} 个）、阔叶林（193.00×10^{22} 个）、乔木绿地（161.00×10^{22} 个）、针阔混交林（137.00×10^{22} 个）、水体（7.00×10^{22} 个）、园地（4.00×10^{22} 个）、灌木绿地（4.00×10^{22} 个）、耕地（4.00×10^{22} 个）、草本绿地（2.00×10^{22} 个）、灌丛（0.20×10^{22} 个）、草地（0.01×10^{22} 个）；2015 年单位面积空气负离子服务量从高到低依次为针叶林（3.17×10^{22} 个/km²）、针阔混交林（2.22×10^{22} 个/km²）、阔叶林（2.17×10^{22} 个/km²）、乔木绿地（0.88×10^{22} 个/km²）、灌木绿地（0.20×10^{22} 个/km²）、水体（0.09×10^{22} 个/km²）、草本绿地（0.08×10^{22} 个/km²）、灌丛（0.04×10^{22} 个/km²）、园林（0.04×10^{22} 个/km²）、耕地（0.02×10^{22} 个/km²）、草地（0.001×10^{22} 个/km²）。

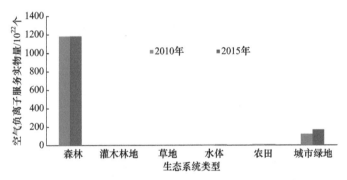

图 5-18　厦门市各生态系统类型空气负离子服务实物量

表 5-19　厦门市各生态系统类型空气负离子服务量

生态系统类型	空气负离子服务实物量/10^{22} 个			单位面积空气负离子服务量/（10^{22} 个/km²）		
	2010 年	2015 年	2015 年相对于 2010 年变化量	2010 年	2015 年	2015 年相对于 2010 年变化量
针叶林	852.00	852.00	0	3.17	3.17	0
阔叶林	193.00	193.00	0	2.17	2.17	0
针阔混交林	137.00	137.00	0	2.22	2.22	0
乔木绿地	115.00	161.00	46.00	0.63	0.88	0.25
灌木绿地	4.00	4.00	0	0.20	0.20	0
草本绿地	1.00	2.00	1.00	0.04	0.08	0.04
水体	8.00	7.00	−1.00	0.11	0.09	−0.02

生态系统类型	空气负离子服务实物量/10²² 个			单位面积空气负离子服务量/（10²² 个/km²）		
	2010 年	2015 年	2015 年相对于 2010 年变化量	2010 年	2015 年	2015 年相对于 2010 年变化量
灌丛	0.20	0.20	0	0.04	0.04	0
草地	0.08	0.01	−0.07	0.02	0.001	−0.019
园地	5.00	4.00	−1.00	0.04	0.03	−0.01
耕地	4.00	4.00	0	0.02	0.02	0

针叶林、阔叶林、针阔混交林、灌木绿地、灌丛、耕地空气负离子服务变化量均为 0，乔木绿地空气负离子服务变化量为 46.00×10^{22} 个，草本绿地空气负离子服务变化量为 1.00×10^{22} 个，水体、园地空气负离子服务变化量为-1.00×10^{22} 个，草地空气负离子服务变化量为-0.07×10^{22} 个；针叶林、阔叶林、针阔混交林、灌木绿地、灌丛、耕地单位面积空气负离子服务变化量均为 0，乔木绿地单位面积空气负离子服务变化量为 0.25×10^{22} 个/km²，草本绿地单位面积空气负离子服务变化量为 0.04×10^{22} 个/km²，水体单位面积空气负离子服务变化量为-0.02 个/km²，园地单位面积空气负离子服务变化量为-0.01×10^{22} 个/km²，草地空气负离子服务均值变化量为-0.019×10^{22} 个/km²。

5.5 温度调节服务核算

5.5.1 温度调节服务概念内涵

生态系统温度调节服务主要是指生态系统通过绿色植被的蒸腾作用吸收太阳入射辐射中用于近地表空气温度增加的能量，减缓周围环境温度，达到降低夏季高温及缓解城市热岛效应的功能服务。在定义生态系统温度调节服务时，主要针对绿地植被生态系统，包括针叶林、阔叶林、针阔混交林、稀疏林、灌木林、草地、园地和城市绿地几个部分。本研究不仅研究了自然植被，还包含大量的人工植被，它们在维护城市生态系统稳定、改善城市环境、提高居民健康水平等方面具有重要的意义。

为准确认识上述主要生态系统温度调节服务，定量评估其服务价值，本研究将国家设立的空调制冷温度标准（即温度高于 26 ℃开启空调制冷）设为生态系统降温服务的服务基准，根据不同生态系统类型建立不同的生态系统降温效应模型（即不同生态系统类型降温幅度大小估算），基于能量平衡原理，通过生态系统降温幅度与降温服务时间长度定量估算生态系统降温服务带来的太阳辐射能量吸收大小，最终实现生态系统温度调节服务的核算。

5.5.2 温度调节服务研究进展

生态系统温度调节服务是生态系统气候调节的重要组成部分，但在以往生态系统服务评估的研究中，该部分由于缺少研究而被忽略。然而，对于城市生态系统而言，各类生态系统中绿色植被的蒸腾作用带来的空气温度调节在整个生态系统服务中起着重要作用，特别是对居住在城镇的人类而言，其服务作用直接影响城市居民的舒适性。温度调节服务主要体现在降温服务：一方面直接降低空气温度，减缓城市热岛效应；另一方面通过减少人为用于温度调节的能源消耗，在经济价值和减少碳排放的生态效应方面具有十分重要的作用。

就目前温度调节服务研究现状而言，已有的大量研究主要对城市生态系统中不同绿地生态系统的降温效果进行监测、分析与评估，研究的深度和广度已经延伸至绿地生态系统类型和绿地斑块大小等参数对城市环境温度调节的作用与影响。相关研究表明，城市环境越靠近绿地生态系统，其温度调节幅度越大；生态系统绿色植被的覆盖条件同样对生态系统降温大小起着至关重要的作用（Giridharan et al., 2008；Oliveira et al., 2011；Mackey et al., 2012；李虹等，2016；Estoque et al., 2017）。此外，结合城市热岛开展了很多关于城市绿地生态系统对缓减城市热岛效应方面的研究工作（Dimoudi and Nikolopoulou, 2003；葛荣凤等，2016；同丽嘎等，2016；Zhang et al., 2017），为进一步认识城市绿地生态系统在城市温度调节方面的作用奠定了良好的基础。

综上所述，大部分研究为基于定性描述的研究，对生态系统温度调节服务的定义以及定量化表达很少，研究成果也停留在生态系统温度调节作用对城市热环境影响的综合因素分析，如生态系统植被指数条件与城市地表温度、城市不透水面等参数之间的关系特征（Xu et al., 2013；Liu et al., 2016）。为了定量化绿地生态系统温度调节服务，杨士弘（1994）较早开展城市绿地降温增湿效应研究，通过选择广州 8 种常见绿化树木，测试叶片的蒸腾强度和绿地叶面积指数，计算绿地的蒸腾强度，据此算出绿地的降温和增湿效能，并建立了绿地树木的降温效应评估模型，为开展区域植被降温效应评估提供了思路。冷平生等（2004）在开展的北京城市园地绿地生态效益经济评价研究中，以植被蒸腾作用为核算基础，基于北京绿地年蒸腾耗水量估算数据，转化为植被蒸腾吸收能量大小，并将此作为绿地调节城市气候价值估算的基础。该研究虽然在核算精度和核算价值的有效性上存在一定的不足，但其研究思路以及核算生态系统温度调节的出发点是今后开展相关工作的基础。在以上研究的基础上，张彪等（2012）选择北京绿地生态系统为研究对象，开展城市绿地降温服务及其价值评估方面的研究。该研究在前人多项绿地降温实测结果的基础上，通过建立绿地生态系统蒸腾消耗能量评估模型，定量评估了城市绿地夏季蒸腾降温服务及其价值。同时基于此模型对北京城市绿地降温带来的节约能源效应及减排效应进行了重点评估（Zhang et al., 2014），并取得了很好的效果。该部分工作对未来开展此类定量评估奠定了很好的基础。

虽然以上定量化评估方法为生态系统降温服务评估提供了很好的技术手段和方法参考，但是由于定量化评估方法在生态系统降温服务定义以及关键参量（如服务时长、生态系统类型差异）方面考虑还不够周全，其价值核算结果仍存在一定的不确定性和值得改进的地方，这也为本研究进一步拓展研究空间，取得更为可靠的研究成果奠定了很好的基础。

5.5.3 核算对象与数据来源

5.5.3.1 核算对象与范围

本研究以厦门市森林、灌丛、草地和湿地等自然生态系统作为评估对象,以大于 26 ℃时长作为核算的服务基准,估算厦门市 2010 年和 2015 年的陆地生态系统温度调节服务,分析厦门市温度调节空间分布特征。

5.5.3.2 数据来源与处理

一般来讲,生态系统降温服务的作用效果与植被类型、植被生长状况、气候条件等多方面因素有关,为准确核算该服务水平,本研究主要采用以下数据进行评估。

（1）生态系统类型空间分布数据

本研究主要基于 30 m 空间分辨率 Landsat 卫星数据,采用遥感分类方法,并结合其他辅助数据,通过解译得到厦门市土地利用空间分布图,进而得到厦门市温度调节服务生态系统类型及其空间分布。图 5-19 分别展示了基于 Landsat 卫星数据的厦门市温度调节服务 2010 年和 2015 年生态系统空间分布状况。

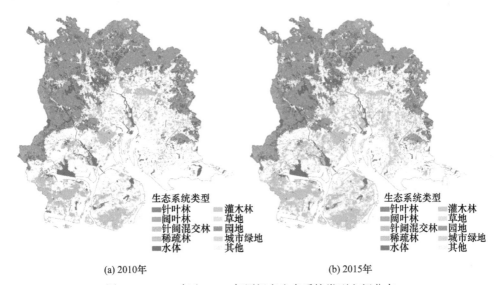

生态系统类型
■针叶林　　　■灌木林
■阔叶林　　　■草地
■针阔混交林　■园地
■稀疏林　　　城市绿地
■水体　　　　其他

(a) 2010年　　　　　　　(b) 2015年

图 5-19　2010 年和 2015 年厦门市生态系统类型空间分布

从图 5-19 可知,厦门市生态系统中阔叶林生态系统面积最大,其次为城市绿地生态系统和园地生态系统、针叶林生态系统和针阔混交林生态系统也占有较大比例,稀疏林生态系统、灌木林生态系统和草地生态系统面积最少。从 2010~2015 年变化统计分析来看（表 5-20）,生态系统面积由 2010 年的 742.59 km² 增长至 2015 年的 799.29 km²,增长了 56.7 km²。其中,林地（针叶林、阔叶林、针阔混交林、稀疏林）生态系统和灌木林生态系统变化均很小,城市绿地增长最为显著,增长了 60.17 km²。草地生态系统变化量较小,但相对变化量很大,增长了 58.1%。园地生态系统呈现小面积的减少。

表 5-20　厦门市 2010 年和 2015 年主要温度调节服务生态系统面积统计（单位：km²）

生态系统类型	2010 年	2015 年
针叶林	61.57	61.59
阔叶林	268.43	268.43
针阔混交林	88.9	88.9
稀疏林	4.31	4.27
灌木林	5.16	5.15
草地	2.6	4.11
园地	144.42	139.47
城市绿地	167.2	227.37

（2）时间序列植被指数数据

生态系统中植被生长状况，如植被覆盖条件等直接影响生态系统温度调节服务。因此，在客观评估各生态系统温度调节服务时，需准确了解生态系统的时序植被状况，其中植被指数是一个重要参数。为了与生态系统类型数据的空间尺度相一致，本研究依然采用 Landsat 卫星遥感数据来估算绿地植被指数。

其中，2010 年的遥感数据主要来自 Landsat-5 卫星，2015 年的遥感数据主要来自 Landsat-8 卫星。Landsat 卫星数据的时间分辨率较低（16 天重返周期），且厦门市容易受云覆盖遮蔽的影响。因此在核算过程中，2010 年和 2015 年分别获取了 6 景 Landsat 卫星数据，时间分别是：5 月 24 日、7 月 11 日、8 月 12 日、9 月 13 日、10 月 31 日和 11 月 16 日（2010 年）；3 月 19 日、4 月 4 日、8 月 26 日、9 月 11 日、9 月 27 日和 10 月 13 日（2015 年），而且这些数据均存在部分云覆盖遮蔽的情况。

研究发现，单一采用 Landsat 卫星遥感数据估算地表时间序列植被指数由于云覆盖遮蔽存在较大的误差，无法获取可靠植被指数数据。为此，本研究采用了低空间分辨率 MODIS 卫星（每天过境）250 m 空间分布率植被指数产品（16 天合成产品）与 Landsat 产品相结合的方法，充分利用低空间分辨率遥感卫星高重返频率的优势，实现 Landsat 遥感数据与 MODIS 植被指数产品的有效融合。

具体实现过程中，该融合过程基于 CACAO 融合算法（Yin et al.，2017），首先根据 MODIS 植被指数产品采用双逻辑斯谛曲线时间插值方法（Beck et al.，2006）建立植被物候模型，并利用 Landsat 无云天像元植被指数观测数据对模型中相位和幅度进行调整，进而将低空间分辨率 MODIS 植被指数产品降尺度到高分辨率 Landsat 像元尺度，与土地利用数据空间分辨率相匹配，从而得到绿地像元一年内植被指数的时间变化曲线，为后期计算植被覆盖度信息提供数据基础。

（3）地面气象数据

地面气象数据的时序监测是城市绿地温度调节服务核算的关键参数。其中，空气温度数据是估算每天生态系统降温服务有效时长的重要参数。因此，本研究气象数据主要来源于厦门市气象局提供的每小时空气温度监测数据，依此建立降温服务有效时长估算模型。本研究在站点数据的基础上，通过空间插值，获得整个厦门市 30 m 分辨率日平均温度空间分布数据，为获取有效时长区域空间分布提供数据支持。

5.5.4 厦门市空气温度时空格局分析

总体而言,厦门市气候类型属于南亚热带海洋性季风气候,是亚热带中的最南地带,为热带向温带过渡带,因而也具有热带气候的某些特征。厦门市受海洋影响较为显著,气温年较差和日较差小,秋温高于春温,湿度大,具有海洋性气候特征。根据厦门市的气温、降水等气候特征,可将厦门市气候季节划分为春雨季（3～4 月）、梅雨季（5～6 月）、台风季（7～9 月）、秋季（10～11 月）和冬季（12 月至次年 2 月）。

就厦门市空气温度时空格局分析而言,与国内众多城市类似,快速的城市化导致热岛范围不断扩大,强度亦不断增强。黄聚聪等（2012）针对厦门市城市化进程中热岛景观格局演变的时空特征规律研究指出,随着厦门市城市化进程的加深,整个热岛景观逐渐变得更加破碎化,同时高等级热岛景观斑块个数、类型面积和个体面积都呈现增大的趋势,形成多个高温组团,间接反映出整个厦门市空气温度时空变化特征。

表 5-21 列出了厦门市气象局 18 个主要地面气象台站信息,分别为集美水土保持站、现代码头、鼓浪屿 1、西坂菜地农场、吴冠村、东坪 BRT、万石植物园、双岭小学 2、嵩屿码头、城市环境研究所、马巷灌溉站、航天测控中心、五峰村、汀溪水库、水洋村、云顶山、五显镇、张埭桥水库,包括低海拔的沿海城区以及背部高山区,海拔介于 11～850 m。从收集到的 2015 年各地面气象台站观测数据可以发现,厦门市各地面气象台站的年最高温度在南部平原地区,基本处于相同水平,保持在 37 ℃左右,仅在水洋村和云顶山由于高海拔影响,最高温度相对较低。就各站点年平均温度而言,基本保持在20 ℃左右,总体反映出厦门市的年平均温度情况,其中在北部山区的年平均温度相对较低。

表 5-21 2015 年厦门市主要地面气象台站空气温度监测数据统计表

站点名称	编号	测站海拔/m	年最高温度/℃	年最低温度/℃	年平均温度/℃
集美水土保持站	F2104	38.0	37.8	2.8	21.96
现代码头	F2107	14	38.5	7.3	22.87
鼓浪屿 1	F2155	11	36.4	8.3	22.28
西坂菜地农场	F2160	27	36.9	3.6	22.08
吴冠村	F2162	16	37.8	6.5	22.45
东坪 BRT	F2170	14.0	39.0	6.5	23.09
万石植物园	F2172	91	37.1	6.0	21.58
双岭小学 2	F2173	29	37.4	3.4	22.40
嵩屿码头	F2180	14	—	—	—
城市环境研究所	F2182	24	37.4	0	22.31
马巷灌溉站	F2211	48	37.7	5.6	22.33

续表

站点名称	编号	测站海拔/m	年最高温度/℃	年最低温度/℃	年平均温度/℃
航天测控中心	F2216	31.0	37.1	3.5	18.54
五峰村	F2221	110.4	37.6	2.3	21.68
汀溪水库	F2262	126	37.7	0	21.79
水洋村	F2264	728	31.9	1.1	17.88
云顶山	F2265	850	29.3	0.2	16.9
五显镇	F2269	23	38.1	0	22.47
张埭桥水库	F2283	18.9	36.3	6.2	22.01

鉴于本研究生态系统温度调节的服务基准为 26 ℃，因此，本研究选择湖里区厦门站空气温度监测数据为例，统计分析其在 2010 年日空气温度大于 26 ℃时长日变化特征，如图 5-20 所示。由图可以发现，2010 年厦门站空气温度大于 26 ℃的时间主要分布在 4～10 月，全年最高空气温度大于 26 ℃天数为 161 天，大于 26 ℃时长累计为 2429 h。就每日的变化情况而言，该时长总体呈现一个先增后减的趋势，其中在夏季 6～8 月存在多天全天温度大于 26 ℃的情况。

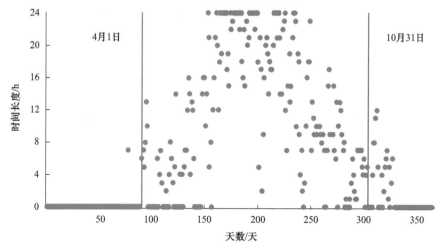

图 5-20 厦门站 2010 年大于 26 ℃时长每日变化

5.5.5 温度调节服务核算方法

生态系统降温过程主要是通过树冠遮挡阳光，减少阳光与地面的辐射能量交换，进而减少地面对空气的增温过程；同时通过植被自身的蒸腾作用向环境散发水分，吸收周围环境中的热量，进而降低空气温度。

植被类型的差异导致树冠大小、叶面疏密和类型等特性存在不同，不同生态系统类型的降温效应也参差不齐。在总结以往关于不同生态系统类型降温效应研究的基础上（杨士弘，1994；张彪等，2012；Zhang et al.，2014），本研究设立不同生态系统类型的最大理论降温值，进而计算各生态系统植被在卫星遥感观测像元尺度每天吸收来自周围大气的热量 ΔQ_i：

$$\Delta Q_i = \Delta T_i \times \rho_c \times H$$

式中，ρ_c 为空气的比热容[1256J/（$m^3 \cdot ℃$）]；ΔT_i 为降温幅度；H 为时长（设为 24 小时）；i 为像元，通过土地利用类型可以确定其对应的生态系统类型。

植被的实际降温效应与植被的绿色植被覆盖度高度相关。在同一生态系统类型下，高植被覆盖条件下植被降温效果相比低植被覆盖条件要高。此外，生态系统降温效应往往发生在空气温度较高的情况下（大于 26 ℃），在低温条件下，生态系统降温效应可以忽略不计。因此，在实际生态系统降温效应评估过程中，需综合考虑植被覆盖条件差异以及生态系统降温服务时长（即每天大于 26 ℃时长），进而对原有估算模型进行改进：

$$\Delta Q_{i,d} = \Delta T_i \times \rho_c \times \mathrm{FVC}_{i,d} \times H_{i,d}{'}$$

式中，i 为像元；d 为第 d 天；$\mathrm{FVC}_{i,d}$ 为第 d 天像元 i 植被覆盖度；$H_{i,d}{'}$ 为像元 i 第 d 天空气温度大于 26 ℃时长。其中，$\mathrm{FVC}_{i,d}$ 可根据计算像元的植被指数，采用二值法计算获得；$H_{i,d}{'}$ 可通过在已有地面观测站点数据统计的基础上，建立该像元日平均温度与日大于 26 ℃时长的经验关系获得。

图 5-21 展示了 2015 年厦门市 18 个站点的日平均空气温度与每日大于 26 ℃时长的线性拟合关系。由拟合结果可以看出，两者存在非常显著的正相关关系，拟合结果 R^2 为 0.7725。因此，基于两者的线性关系式，在本研究中采用平均空气温度作为变量，基于估算模型直接计算各像元每日大于 26 ℃时长，即生态系统有效降温服务时间长度。其中，在计算过程中，当模型估算值小于 0 时，时长设为 0；当模型估算值大于 24 时，时长设为 24 小时。

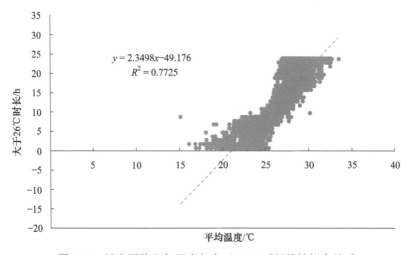

图 5-21　站点平均空气温度与大于 26 ℃时长线性拟合关系

5.5.6 温度调节服务核算结果

5.5.6.1 温度调节服务时空动态变化

根据 5.5.5 节提出的核算模型，估算得到 2010 年和 2015 年厦门市生态系统降温服务吸收能量空间分布。从总体空间分布来看，北部山区由于其较好的植被覆盖条件，生态系统降温服务吸收能量要比南部城区高很多，而在建成区，城市绿地生态系统降温服务也可以充分体现。但是随着海拔的升高，空气温度降低，虽然生态系统植被覆盖较高，但是生态系统降温服务时长减小，导致生态系统降温服务吸收能量大小变小。因此，在高海拔地区生态系统降温服务相对中低海拔地区要小。

从数值大小可以发现，2015 年厦门市生态系统最高吸收能为 8.24 MJ/m², 2010 年为 7.44 MJ/m², 2015 年厦门市生态系统平均吸收能量为 3.47 MJ/m², 2010 年为 3.18 MJ/m²。2015 年厦门市生态系统降温服务吸收能量为 2.69×10^{15} J, 2010 年为 2.21×10^{15} J, 增加了 0.48×10^{15} J。

本研究将生态系统降温服务吸收能量推算温度调节服务节约能源（换算为电量）列为服务实物量。图 5-22 为 2010 年和 2015 年厦门市温度调节服务核算结果，从图可以看出，2010 年和 2015 年生态系统像元单位面积降温服务节约用电范围均控制在 7 kW·h/m² 以内；且相比 2010 年，2015 年各生态系统温度调节服务均有较大提升，这也可以反映出 2015 年生态系统降温服务节约用电约 22.41 亿 kW·h（约合 27.54 万 t 标准煤），相比 2010 年，增加了 3.94 亿 kW·h，增长率为 21.33%。

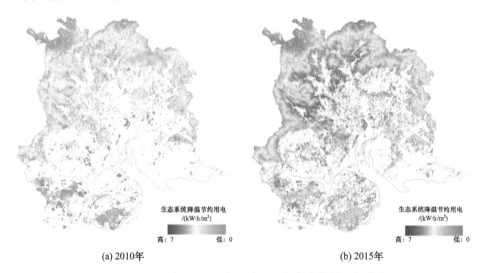

生态系统降温节约用电
/(kW·h/m²)
高: 7　　　低: 0

(a) 2010年　　　　　　　(b) 2015年

图 5-22　2010 年和 2015 年温度调节服务实物量空间分布

同时，本研究还基于计算结果获得了厦门市绿地年降温服务时长和平均降温幅度信息。从降温服务时长来看，其总体规律与吸收能量分析结果类似，南部的建成区由于较高的空气温度，基于 26 ℃服务标准的降温服务时长相对较大，而在高海拔的山区，空气温度降低，降温服务时长也在减小。就 2015 年而言，降温服务时长总体范围在 3000 h 以内，最长作用时间为 2871.97 h，总作用时间为 1.69×10^9 h。相比 2010 年，降温服务时长要短，最长作用时间为 2609.65 h，总作用时间为 $1.62×10^9$ h。由此可见，相比 2010 年，2015 年绿地降温服务的最长作用时间增加了 262.32 h，总作用时间多了 $0.07×10^9$ h，绿地降温服务作用更大。

从平均降温幅度来看，在日空气温度存在大于 26 ℃情况下，厦门市绿地降温服务带来的平均温度降幅基本保持在 1.5 ℃/h 范围以内。该数值的大小与绿地降温服务时长和绿地植被覆盖度相关。从图 5-23 可以看出，2015 年绿地平均降温幅度在北部山区植被覆盖度较高区域和南部城市大型森林绿地均具有较高的降温幅度。对比之下，建成区的小块绿地和山区高海拔绿地分别受绿地植被覆盖度和绿地降温作用时间的影响，其平均降温幅度相对较小。2015 年平均降温幅度最高值为 1.24 ℃/h，平均值为 0.53 ℃/h。2010 年平均降温幅度最高值为 1.13 ℃/h，平均值为 0.47 ℃/h。因此，相比 2010 年，2015 年绿地平均降温幅度大一些，降温作用更为显著。

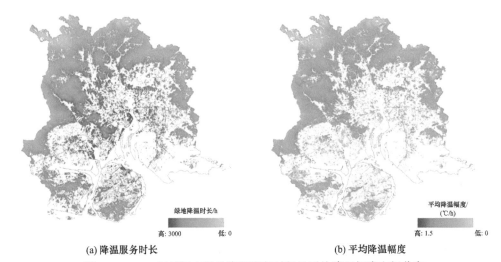

(a) 降温服务时长   (b) 平均降温幅度

图 5-23　2015 年厦门市绿地降温服务时长及平均降温幅度空间分布

5.5.6.2　不同地区温度调节服务

表 5-22 展示了厦门市温度调节服务分区统计情况，就各区总量排名来看，同安区温度调节服务量第一，集美区其次，随后是翔安区、海沧区。思明区和湖里区的温度调节服务量最小。就单位面积温度调节服务量而言，各区排名与总量排名基本一致，翔安区的单位面积温度调节服务量相比集美区要略小，这与翔安区的面积比集美区大有关。

表 5-22　厦门市各区温度调节服务量

地区	温度调节服务量/ $(10^6 kW·h)$			单位面积温度调节服务量/ $(10^6 kW·h/km^2)$		
	2010 年	2015 年	2015 年相对于 2010 年变化量	2010 年	2015 年	2015 年相对于 2010 年变化量
厦门市	1847.27	2241.91	394.64	1.09	1.32	0.23
思明区	28.98	73.43	44.45	0.34	0.87	0.53

续表

地区	温度调节服务量/ （10^6kW·h）			单位面积温度调节服务量/ （10^6kW·h/km^2）		
	2010 年	2015 年	2015 年相对于 2010 年变化量	2010 年	2015 年	2015 年相对于 2010 年变化量
湖里区	4.29	14.00	9.71	0.06	0.19	0.13
集美区	311.42	360.62	49.20	1.14	1.31	0.17
海沧区	155.17	207.21	52.04	0.83	1.11	0.28
同安区	1094.38	1260.50	166.12	1.63	1.88	0.25
翔安区	253.03	326.15	73.12	0.61	0.79	0.18

根据 2010～2015 年温度调节服务统计变化分析,各区温度调节服务均呈现增加的变化趋势。变化量同安区排名第一,为 166.12×10^6 kW·h。而就相对变化量而言,思明区和湖里区的变化最为显著,分别增长了 153.38% 和 226.34%,海沧区为 33.54%,翔安区为 28.90%,集美区为 15.80%,同安区为 15.18%。整体均呈现两位数以上的增长态势。

在总体增长特征分析的同时,研究了 2010～2015 年各区单位面积温度调节服务量变化情况。首先从单位面积温度调节服务量大小来看,同安区的最高,其次为集美区、海沧区和翔安区,思明区和湖里区保持较低的水平。但是从 2010～2015 年变化量统计分析来看,思明和湖里区单位面积温度调节服务量增长最为显著,与相对变化量统计一致,呈现翻倍的增长。而其余各区的单位面积温度调节服务量增长维持在 0.2×10^6kW·h/km^2 左右（图 5-24）。

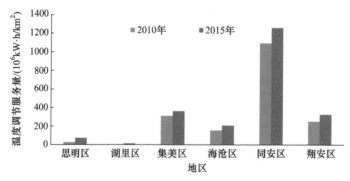

图 5-24　厦门市各区单位面积温度调节服务量

5.5.6.3　不同生态系统类型温度调节服务

从生态系统类型的角度,在不同年份,整个区域森林生态系统对区域温度调节服务的贡献最大,占整个生态系统贡献的 60% 以上（表 5-23）。其次为农田生态系统中的园地、城镇生态系统中的城市绿地、灌木林地生态系统和草地生态系统（图 5-25）。

表 5-23　厦门市各生态系统类型温度调节服务量

生态系统类型	温度调节服务实物量/（10^6 kW·h）			单位面积温度调节服务量/（10^6 kW·h/km²）		
	2010 年	2015 年	2015 年相对于2010 年变化量	2010 年	2015 年	2015 年相对于2010 年变化量
森林	1232.11	1379.60	147.49	11.12	12.30	1.18
阔叶林	185.66	212.44	26.78	3.02	3.45	0.43
针叶林	769.59	864.74	95.15	2.87	3.22	0.35
针阔混交林	267.31	292.44	25.13	3.01	3.29	0.28
稀疏林	9.55	9.98	0.43	2.22	2.34	0.12
灌木林地	7.00	6.70	−0.3	1.36	1.30	−0.06
灌木林地	7.00	6.70	−0.3	1.36	1.30	−0.06
草地	2.39	4.48	2.09	0.92	1.09	0.17
草地	2.39	4.48	2.09	0.92	1.09	0.17
湿地	—	—	—	—	—	—
滩涂	—	—	—	—	—	—
水域及水利设施用地	—	—	—	—	—	—
农田	401.42	458.56	57.14	2.78	3.29	0.51
耕地	—	—	—	—	—	—
园地	401.42	458.56	57.14	2.78	3.29	0.51
城镇	204.35	392.57	188.22	1.22	1.73	0.51
城市绿地	204.35	392.57	188.22	1.22	1.73	0.51

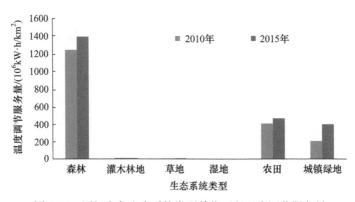

图 5-25　厦门市各生态系统类型单位面积温度调节服务量

　　2010 年，森林生态系统降温节约能源 1232.11 × 10^6 kW·h（15.14 万 t 标准煤），2015年，其节约能源增长至 1379.6 × 10^6 kW·h（16.96 万 t 标准煤），增长了 147.49 × 10^6 kW·h，

增长率为 11.97%。灌木林地生态系统相比之下呈现略微下降的趋势，递减率为 0.3%。农田生态系统增长幅度与森林类似，为 14.23%。草地生态系统和城市绿地生态系统增长幅度最为显著，增长率分别为 87.45% 和 92.11%。

除了总量对比分析外，不同生态系统单位面积降温服务价值也呈现规律性特征，各类生态系统单位面积降温服务与总量变化保持一致。其中城市绿地增长率最高，为 41.80%；其次为草地生态系统和农田生态系统，分别为 18.48% 和 18.35%，森林生态系统为 10.81%。

5.6 生态系统固碳服务核算

5.6.1 生态系统固碳服务概念内涵

陆地生态系统通过光合作用固定大气中的 CO_2，同时通过呼吸作用向大气中释放 CO_2，两者的差值为 NEP。此后，再经过一系列的自然因素和人为因素干扰（如收获、火灾、土壤侵蚀等），还会有一部分碳从生态系统中移出。自然因素干扰导致的碳损失所占份额较小，因此自然条件下可以应用 NEP 来表征生态系统固碳服务；而在人为因素干扰较大的农田生态系统，可以应用 NEP 与农产品利用的碳消耗量（carbon consumption by agricultural utilization, CCU_c）之差来表征生态系统固碳服务。

5.6.2 生态系统固碳服务研究进展

受全球气候变暖的影响，生态系统固碳服务一直是生态系统价值核算等相关研究的重要指标之一。当前，生态系统固碳服务主要通过涡度相关法和模型模拟法来定量评估。涡度相关法是通过测定和计算物理量（如温度、CO_2 和水）的脉动与垂直风速脉动的协方差求算湍流输通量。其优点是在观测和求算过程中几乎没有假设、具有坚实的理论基础、研究结果可信可靠、可对生态系统进行长期连续的自动观测并且可在不同时间尺度上进行生态系统固碳服务分析。其缺点是建设和运行成本高，研究结果适用于站点尺度，无法模拟和预测未来气候变化以及人类活动对生态系统固碳服务的影响。模型模拟法的模型结构主要通过经验关系或根据生态系统过程构建而成，并利用地面观测数据或遥感数据进行模型参数拟合和模拟结果验证，进而实现对生态系统固碳服务的评估。其是目前进行区域和全球尺度生态系统固碳服务评估的主要途径。

基于不同的模型构建思想，生态系统固碳服务评估模型又可以大致分为三类：统计模型、过程模型和遥感模型。统计模型又称为气候相关模型，主要利用气候因子（温度、降水等）估算生态系统固碳服务，估算结果反映的是特定气候条件下的生态系统固碳潜力。过程模型又称为机理模型，是基于生物地球化学循环或动态植被过程构建而成的，如 BIOME-BGC 和 CEVSA 等。这类模型可以用来模拟植物光合产物及其分配、生态系统呼吸、植物蒸腾和土壤蒸发、NEP 等，可以预测生态系统生产力对未来气候变化的响应。但是，模型结构通常复杂，所需驱动变量和模型参数较多且参数难于实现属地化。遥感模型一般基于光能利用率理论和呼吸-温度限制理论构建而成，如 CASA、GLO-PEM、

VPM、VPRM、PCM 等。这类模型通常结构简单、所需驱动变量和模型参数较少，且多数变量可以通过遥感数据直接获取，适用于区域和全球尺度生态系统固碳服务的连续动态分析。但是，受遥感数据自身的限制，这类模型无法预测未来气候条件下的生态系统固碳服务。

鉴于遥感模型变量和参数易于获取且适用于区域尺度生态系统固碳服务评估的特点，本研究选取遥感模型 VPM 和 ReRSM 对厦门市生态系统固碳服务进行评估。

5.6.3 核算对象与数据来源

5.6.3.1 核算对象与范围

陆地生态系统通过一系列生物化学反应将大气中的 CO_2 存储到生态系统中，可以起到减缓全球气候变暖的作用，其服务产生于研究区范围内有绿色植被覆盖的自然或人工生态系统，具有原位性的特征。因此，本研究针对厦门市境内的森林、灌木林地、草地、湿地、农田和城镇中的绿地等生态系统进行生态系统固碳服务核算。

5.6.3.2 数据来源与处理

本研究所用数据包括通量及其所在站点的气象观测数据、生态系统类型图、气温数据、MODIS 遥感数据、光合有效辐射数据和农产品产量数据。其中，碳通量及其所在站点的气象观测数据来源于中国通量观测研究联盟和全球通量网，其用于率定模型参数；生态系统类型图基于土地利用图和林业资源清查数据进行叠加分类获取；气温数据是基于厦门市国家站和区域站气温观测数据，利用 AUNSPLINE 软件进行空间插值获取；MODIS 遥感数据来源于 NASA 官网，本研究利用其提供的质量控制文件对所需数据进行无效数据剔除和插补。光合有效辐射数据来源于中国–东盟 5 km 分辨率光合有效辐射数据集（张海龙等，2017），农产品产量数据来源于《厦门经济特区年鉴》。

5.6.4 生态系统固碳服务核算方法

5.6.4.1 核算模型

陆地生态系统固碳服务（carbon fixation, CF）核算涉及三个组分，包括总初级生产力（gross primary productivity, GPP）、生态系统呼吸（ecosystem respiration, R_e）和农产品利用的碳消耗量（carbon consumption by agricultural utilization, CCU_c）。

在农田生态系统，固碳服务（CF_1）的计算公式为

$$CF_1 = GPP - R_e - CCU_c$$

在非农田生态系统，固碳服务（CF_2）的计算公式为

$$CF_2 = GPP - R_e$$

（1）GPP 模型

本研究采用 VPM 模型来表征 GPP 的变化（Xiao et al., 2004），该模型基于光能利用率理论建立而成，其假设植被生产力等于植被吸收的光合有效辐射与植被光能利用率的乘积。VPM 模型自提出以来，已在森林、灌丛、草地、农田等多种生态系统类型得到了

很好的验证。

VPM 模型形式为

$$\text{GPP} = \varepsilon_0 \times T_{\text{scalar}} \times W_{\text{scalar}} \times P_{\text{scalar}} \times \text{FPAR}_{\text{PAV}} \times \text{PAR}$$

式中，ε_0 为最大光能利用率（mol CO_2/mol PPFD[①]）；T_{scalar}、W_{scalar} 和 P_{scalar} 分别为温度、水分和物候因子对 ε_0 的影响；FPAR_{PAV} 为植被光合有效成分吸收的光合有效辐射占总光合有效辐射的比例；PAR 为光合有效辐射[mol PPFD/（$m^2 \cdot d$）]。

T_{scalar} 的计算公式为

$$T_{\text{scalar}} = \frac{(T - T_{\min})(T - T_{\max})}{[(T - T_{\min})(T - T_{\max})] - (T - T_{\text{opt}})^2}$$

式中，T 为温度（℃）；$T_{\min}$ 为光合最低温度（℃）；$T_{\max}$ 为光合最高温度（℃）；T_{opt} 为光合最适温度（℃）。如果温度低于光合最低温度，则 T_{scalar} 设为 0。

W_{scalar} 的计算公式为

$$W_{\text{scalar}} = \frac{1 + \text{LSWI}}{1 + \text{LSWI}_{\max}}$$

式中，LSWI 为陆地表面水分指数；$\text{LSWI}_{\max}$ 为每个栅格 LSWI 的最大值。

LSWI 的计算公式为

$$\text{LSWI} = \frac{\rho_{\text{nir}} - \rho_{\text{swir}}}{\rho_{\text{nir}} + \rho_{\text{swir}}}$$

式中，ρ_{nir} 和 ρ_{swir} 分别为近红外和短波红外波段反射率（Xiao et al., 2004）。

P_{scalar} 分两个阶段进行计算，植物从发芽到叶子全部展开的计算公式为

$$P_{\text{scalar}} = \frac{1 + \text{LSWI}}{2}$$

当叶子全部展开后，其数值取 1。厦门市为常绿生态系统类型，因此 P_{scalar} 取值为 1。

FPAR_{PAV} 的计算公式为

$$\text{FPAR}_{\text{PAV}} = a \times \text{EVI}$$

式中，EVI 为增强型植被指数；a 为经验系数，取值为 1。

EVI 的计算公式为

$$\text{EVI} = G \times \frac{\rho_{\text{nir}} - \rho_{\text{red}}}{\rho_{\text{nir}} + (C_1 \times \rho_{\text{red}} - C_2 \times \rho_{\text{blue}}) + L}$$

式中，$G = 2.5$；$C_1 = 6.0$；$C_2 = 7.5$；$L = 1$；ρ_{nir}、ρ_{red} 和 ρ_{blue} 分别为近红外波段、红波段和蓝波段反射率（Huete et al., 2002）。

（2）R_{e} 模型

生态系统呼吸由一系列呼吸组分组成，包括属于植物自养呼吸（R_{a}）的生长呼吸（R_{g}）

---

① PPFD 指光量子通量密度。

和维持呼吸（R_m），属于异养呼吸（R_h）的根际微生物呼吸（R_{rhi}）、植物残体分解的微生物呼吸（R_{res}）和土壤有机质（SOM）分解的微生物呼吸（R_{SOM}）。本研究选用充分考虑 R_e 不同组分的呼吸底物来源和单位质量呼吸速率限制因素的 ReRSM 模型来表征 R_e 的变化（Gao et al., 2015），其计算公式为

$$R_e = a \times GPP + R_{ref} \times e^{E_0 \times \left(\frac{1}{61.02} - \frac{1}{T+46.02} \right)}$$

式中，a 为 GPP 以呼吸形式释放的比例；R_{ref} 为参考温度 288.15 K（15 ℃）下；GPP 为 0 时的生态系统呼吸[mol/（$m^2 \cdot d$）]，E_0 为类似于活化能的参数；T 为温度。

（3）CCU_c 核算

统计年鉴公布的农产品产量数据仅为经济产量，不包括秸秆等非经济部分产量，因此本研究利用农产品产量、作物收获指数、含水量和含碳系数计算农产品利用的碳消耗量，计算公式为（朱先进等，2014）

$$CCU_c = \sum_{i=1}^{n} \left\{ Y_i \times (1-C_{wi})/HI_i \right\} \times C_{Ci}$$

式中，Y_i 为农产品产量；C_{wi} 为含水量；HI_i 为收获指数；C_{Ci} 为含碳系数；i 为不同农作物；n 为农作物种类个数。

5.6.4.2 模型参数

（1）最大光能利用率

最大光能利用率（ε_0）是光能利用率模型的重要参数，其数值因植被类型的不同而有所差异，可利用生长旺盛季（7～8 月）的碳通量和气象观测数据，基于 Michaelis-Menten 方程拟合获取，其在低光条件下的曲线斜率可看作最大光能利用率。Michaelis-Menten 方程形式如下：

$$NEE = -\frac{\alpha \times PAR \times P_{max}}{\alpha \times PAR + P_{max}} + R_{eco}$$

式中，NEE 为净 CO_2 交换量，其为正值表示生态系统释放 CO_2，其为负值表示生态系统吸收 CO_2；α 为生态系统光合作用的表观量子效率（μmol CO_2/μmol PAR），可用来表示生态系统最大光能利用率；PAR 为光合有效辐射，即入射到冠层上的光合有效光量子通量密度[μmol PPFD/（$m^2 \cdot s$）]；P_{max} 为生态系统最大光合速率[μmol CO_2/（$m^2 \cdot s$）]；R_{eco} 为白天生态系统暗呼吸[μmol CO_2/（$m^2 \cdot s$）]。本研究所用的最大光能利用率数据来源于陈静清等（2014）。

（2）三基点温度

所谓三基点温度是指最低、最高和最适温度，可以利用温度与 GPP 关系曲线的拐点确定。本研究所用的三基点温度数据来源于陈静清等（2014）。

（3）ReRSM 模型参数

ReRSM 模型参数包括 GPP 以呼吸形式释放的比例（a）和参考呼吸（R_{ref}），本研究利用中国通量观测研究联盟和全球通量网与厦门市生态系统相同或相近的站点碳通量和气象观测数据，以及所在站点的 MODIS 植被指数，采用最小二乘曲线拟合法进行模型

参数拟合，进而获取厦门市不同生态系统类型的呼吸模型参数。

（4）其他参数

收获指数：禾谷类作物收获指数来源于谢光辉等（2011a），非禾谷类作物收获指数来源于谢光辉等（2011b），蔬菜、水果类收获指数来源于朱先进等（2014）。

含水量和含碳系数：各农作物数据均来源于朱先进等（2014）。

5.6.5 生态系统固碳服务核算结果

5.6.5.1 生态系统固碳服务及时空动态变化

2015 年厦门市生态系统固碳量为 36.50 万 t C，均值为 214.77 g C/m²。其中，总初级生产力为 174.16 万 t C，均值为 1024.82 g C/m²；生态系统呼吸为 124.45 万 t C，均值为 732.34 g C/m²；农产品利用的碳消耗量为 13.12 万 t C，均值为 383.84 g C/m²。2010 年厦门市生态系统固碳量为 35.07 万 t C，均值为 206.39 g C/m²。其中，总初级生产力为 166.45 万 t C，均值为 979.47 g C/m²；生态系统呼吸为 117.85 万 t C，均值为 693.48 g C/m²；农产品利用的碳消耗量为 13.46 万 t C，均值为 361.01 g C/m²。相比 2010 年，2015 年生态系统固碳量略有增加，约增加了 1.43 万 t，均值约增加了 8.38 g C/m²，增加率约为 4.06%。其中，总初级生产力约增加了 7.71 万 t C，均值约增加了 45.35 g C/m²，增加率约为 4.63%；生态系统呼吸约增加了 6.60 万 t C，均值约增加了 38.86 g C/m²，增加率约为 5.60%；农产品利用的碳消耗量约减少了 0.34 万 t C，均值约减少了 22.83 g C/m²，减少率约为 2.53%。总初级生产力的增长速率略低于生态系统呼吸。

从厦门市陆地生态系统固碳服务空间分布可以看出（图 5-26），2010 年和 2015 年生态系统固碳空间分布格局总体上保持一致，其大部分区域为碳汇区，高值区主要分布在厦门岛外西北部地区，西部和东北部地区有少量分布。低值区主要分布在厦门岛外南部和厦门岛地区，其生态系统类型主要为城镇和耕地。

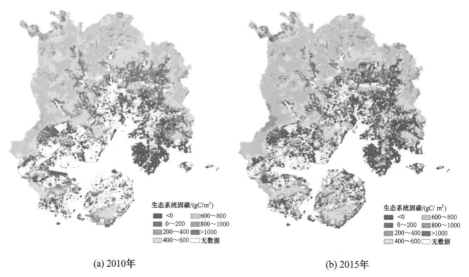

(a) 2010年　　　　(b) 2015年

图 5-26　2010 年和 2015 年厦门市陆地生态系统固碳服务空间分布

5.6.5.2　不同地区生态系统固碳服务

厦门市各区生态系统固碳服务存在很大差异（表5-24）。其中，同安区固碳服务最大，2010年和2015年固碳量分别为21.91万t C和22.60万t C，约占厦门市固碳总量的62.48%和61.92%；其次为集美区，固碳量分别为5.30万t C和5.37万t C，约占厦门市固碳总量的15.11%和14.71%；湖里区最小，2010年和2015年均表现为弱的碳源，固碳量分别为–0.12万t C和–0.14万t C。

表5-24　厦门市各区生态系统固碳服务

地区	固碳量/万t C			单位面积固碳量/（g C/m²）		
	2010年	2015年	2015年相对于2010年变化量	2010年	2015年	2015年相对于2010年变化量
厦门市	35.07	36.50	1.43	206.39	214.77	8.38
思明区	0.52	0.72	0.20	62.16	85.76	23.60
湖里区	–0.12	–0.14	–0.02	–15.83	–19.41	–3.58
集美区	5.30	5.37	0.07	193.25	195.83	2.58
海沧区	2.84	3.25	0.41	152.10	174.13	22.03
同安区	21.91	22.60	0.69	327.29	337.67	10.38
翔安区	4.62	4.70	0.08	112.38	114.22	1.84

厦门市各区生态系统单位面积固碳量同样存在很大差异。其中，同安区最大，2010年和2015年单位面积固碳量分别为327.29 g C/m²和337.67 g C/m²；其次为集美区，单位面积固碳量分别为193.25 g C/m²和195.83 g C/m²；湖里区最小，单位面积固碳量分别为–15.83 g C/m²和–19.41 g C/m²。

相比2010年，2015年除湖里区外其他各区生态系统固碳服务均有所增加（图5-27）。其中，同安区增加最多，约增加0.69万t C，单位面积固碳量约增加10.38 g C/m²；其次是海沧区，约增加0.41万t C，单位面积固碳量约增加22.03 g C/m²；思明区约增加0.20万t C，单位面积固碳量约增加23.60 g C/m²；翔安区和集美区分别约增加0.08万t C和

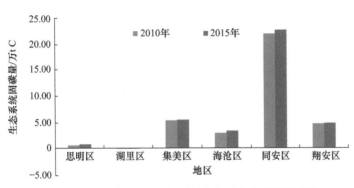

图5-27　2010年和2015年厦门市各区生态系统固碳量

0.07 万 t C，单位面积固碳量分别约增加 1.84 g C/m² 和 2.58 g C/m²；湖里区约减少 0.02 万 t C，单位面积固碳量约减少 3.58 g C/m²。

5.6.5.3 不同生态系统类型生态系统固碳服务

厦门市除耕地表现为碳源外，其他生态系统类型均表现为碳汇（表 5-25）。其中，森林固碳量最大，2010 年和 2015 年固碳量分别为 24.91 万 t C 和 26.55 万 t C，约占厦门市固碳总量的 71.03% 和 72.72%；其次为农田，2010 年和 2015 年固碳量分别为 6.76 万 t C 和 6.19 万 t C，约占厦门市固碳总量的 19.28% 和 16.95%；草地固碳量最小，2010 年和 2015 年固碳量分别为 0.05 万 t C 和 0.08 万 t C。

表 5-25　厦门市各生态系统类型生态系统固碳服务

生态系统类型	固碳量/万 t C			单位面积固碳量/（g C/m²）		
	2010 年	2015 年	2015 年相对于 2010 年变化量	2010 年	2015 年	2015 年相对于 2010 年变化量
森林	24.91	26.55	1.64	589.50	628.20	38.70
阔叶林	3.89	4.09	0.20	632.46	664.49	32.03
针叶林	15.59	16.69	1.10	582.00	622.72	40.72
针阔混交林	5.28	5.62	0.34	594.05	632.56	38.51
稀疏林	0.15	0.15	0	347.90	356.90	9.00
灌木林地	0.19	0.21	0.02	376.04	403.66	27.62
灌木林地	0.19	0.21	0.02	376.04	403.66	27.62
草地	0.05	0.08	0.03	208.15	184.43	−23.72
草地	0.05	0.08	0.03	208.15	184.43	−23.72
湿地	0.26	0.21	−0.05	226.38	409.06	182.68
滩涂	0.26	0.21	−0.05	226.38	409.06	182.68
农田	6.76	6.19	−0.57	181.43	181.36	−0.07
耕地	−0.30	−0.81	−0.51	−13.07	−40.18	−27.11
园地	7.06	7.00	−0.06	488.65	502.38	13.73
城镇	2.90	3.27	0.37	173.24	143.40	−29.84
城市绿地	2.90	3.27	0.37	173.24	143.40	−29.84

厦门市不同生态系统单位面积固碳量存在很大差异。其中，阔叶林最大，2010 年和 2015 年分别为 632.46 g C/m² 和 664.49 g C/m²；其次为针阔混交林和针叶林，前者 2010 年和 2015 年分别为 594.05 g C/m² 和 632.56 g C/m²，后者分别为 582.00 g C/m² 和 622.72 g C/m²；耕地最低，2010 年和 2015 年均为碳源，分别为 −13.07 g C/m² 和 −40.18 g C/m²。

相比 2010 年，2015 年除湿地、农田固碳量有所降低外，其他生态系统类型均表现为增加（图 5-28）。其中，森林固碳量增加最多，约增加 1.64 万 t C；其次是城市绿地，约增加 0.37 万 tC；草地约增加 0.03 万 tC；湿地和农田分别约减少 0.05 万 tC 和 0.57 万 tC。但是，从生态系统单位面积固碳量来看，则为草地、耕地和城市绿地均有所减少，其余生态系统类型均有所增加。其中，湿地增加最多，约增加 182.68 g C/m²；其次为针叶林和针阔混交林，分别约增加 40.72 g C/m² 和 38.51 g C/m²；耕地和城市绿地分别约减少 27.11 g C/m² 和 29.84 g C/m²。

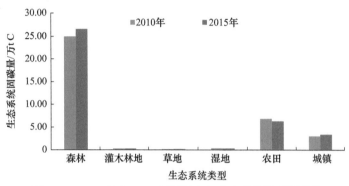

图 5-28　2010 年和 2015 年厦门市各生态系统类型固碳量

5.7　径流调节服务核算

5.7.1　径流调节服务概念内涵

径流调节服务是陆地生态系统水文调节服务的一项重要内容，是指生态系统在一定的时空范围和条件下，通过对降雨截留、吸收，使降水保存在林冠层、枯枝落叶层、土壤及地下水中，从而改变降水径流的时空分配，主要表现为减少汛期洪峰、增加枯季径流量、延长汇流时间等。

本研究径流调节服务以研究区实际生态系统的径流量与极度退化裸地无植被状态下的潜在径流量之差为生态系统的径流调节量，该径流调节量反映了厦门市陆地生态系统对降水径流的吸收和蓄纳作用（图 5-29）。

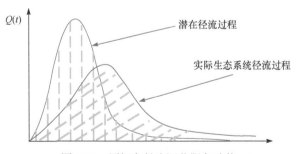

图 5-29　厦门市径流调节服务功能

5.7.2　径流调节服务研究进展

水文循环是一个受气候、气象、地形、下垫面等多因素影响的复杂过程，生态系统在水循环过程中起到重要作用。生态系统的水文调节服务可以理解为生态系统通过对降水截留、过滤、吸收作用等改变降水径流的时空分配，在一定程度上起到削峰补枯的作用。

目前，国内外研究主要是基于水量平衡原理来估算生态系统的水文调节服务。现有核算方法主要有水量平衡法（肖寒等，2000；高雪玲等，2004；崔向慧等，2006）和综合蓄水能力法（赵传燕等，2003；秦嘉励等，2009；贺淑霞等，2011；吴丹等，2012；刘璐璐等，2013），以及基于水文模型来模拟生态系统在流域尺度上的水文过程等，其中最常见的为 SWAT 模型（Glavan et al.，2013；吕一河等，2015）。

水量平衡法是研究水源涵养机理的基础，以降水扣除地表径流和蒸散后的水量作为生态系统的水源涵养量，是目前使用频率最高的方法。但仍有一定的局限性：①生态系统的蒸散发量难以准确测量；②研究区内降水、蒸发和地表径流的空间差异性一般被忽略，研究区的空间范围不宜过大（张彪等，2009）。

综合蓄水能力法考虑了包括林冠层、枯枝落叶层、土壤层在内的生态系统多个储水层对降水的吸收和蓄纳作用，计算较为全面（郎奎建等，2000）。但是该方法需要大量数据，同时各分量的计算存在以下问题：①植被林冠层截留降水的观测或评估，大多采用的是一定监测或评估时段的平均概念，条件不足时甚至采用多年平均的概念；②枯枝落叶层或土壤层蓄水通常都是理论上的最大值而非实际蓄水量；③综合蓄水能力法忽略了生态系统的蒸发，导致计算结果偏大。

5.7.3 核算对象与数据来源

5.7.3.1 核算对象与范围

本研究生态系统径流调节服务功能的评估，以厦门市森林、灌丛、草地和湿地等自然生态系统作为评估对象，以厦门市实际生态系统的径流量与极度退化裸地无植被状态下的潜在径流量之差作为生态系统的径流调节量，估算厦门市 2010 年和 2015 年的陆地生态系统径流调节服务。

5.7.3.2 数据来源与处理

所用数据包括厦门市雨量站降水数据、水文站点径流数据、气象站气象数据、DEM数据、土地利用和土壤数据。其中降水和水文数据包括厦门市 22 个雨量站点 2009~2015 年逐日降水数据和 2 个水文站点 2009~2015 年逐日径流数据（图 5-30）。气象数据包括厦门站 1981~2015 年的日降水、日最高气温、日最低气温、日平均相对湿度、日平均气压和日平均风速等数据。

5.7.4 厦门市降水时空格局分布

5.7.4.1 降水年际分布

受气候、地形等因素影响，厦门市降水时空分布不均匀，据《厦门市水资源公报》数据统计，1999~2016 年厦门市年均降水量为 1600.48 mm，从年内分布来看，全市降水多集中在 4~9 月，约占全年总降水量的 78.1%~84.2%。

从图 5-31 可知，1999~2016 年厦门市最大年降水量出现在 2016 年，为 2313.8 mm，比 1999 年以来的多年平均降水量多 44.57%。最小年降水量出现在 2009 年，为 1086.7 mm，

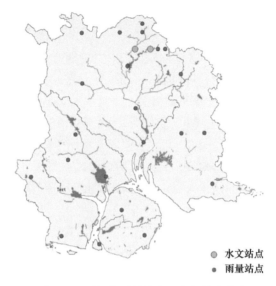

● 水文站点
● 雨量站点

图 5-30　厦门市雨量站点和水文站点分布

比多年平均降水量少 32.10%。在此期间，降水量出现 3 次峰顶，分别为 2000 年、2006 年、2016 年，对应降水量分别为 2157.4 mm，2096.2 mm、2313.8 mm。出现 3 次峰谷，分别是 2003 年、2009 年、2014 年，降水量分别为 1206.4 mm、1086.7 mm、1312.2 mm。图 5-32 为厦门市东西溪（西溪）、西林溪（九溪）、官浔溪和后溪四条主要溪流的降水量

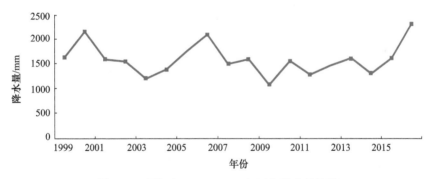

图 5-31　厦门市 1999～2016 年逐年降水量情况

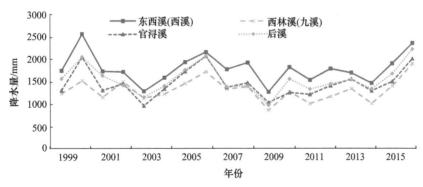

图 5-32　厦门市主要溪流降水量情况

情况。由图可知,厦门市主要溪流降水趋势整体一致。东西溪(西溪)降水量最大,西林溪(九溪)降水量最小。

参照《厦门市水资源公报》,选定同安区汀溪水库站、翔安区马巷站、集美区杏林湾水库站、海沧区海沧站、思明区前埔站和湖里区马垄站作为各行政区单元的月降水量代表站。各代表站降水量年内分配不均匀,整体来看,5~6月降水量最高,5~6月降水量占全年降水量的32.9%~34.8%,5~9月降水量占全年降水量的63.7%~72.5%(图5-33)。

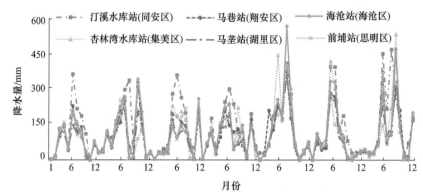

图5-33　厦门市各代表站2009~2015年逐月降水量过程

5.7.4.2　典型年降水时空分布

2010年厦门市平均降水量为1565.9 mm,折合年降水总量为24.634亿 m³,属平水年。从行政区来看,年降水量最大的是同安区,最小的是湖里区和思明区。与多年平均比较,除厦门岛比多年平均略有减少外,其余各行政区降水量均有不同程度的增加。

2015年厦门市平均降水量为1622.1 mm,折合年降水总量为27.565亿 m³,属平水年。从行政区来看,年降水量最大的是同安区,最小的是思明区。与多年平均比较,各行政区降水量均有不同程度的增加(表5-26)。相比于2010年,2015年厦门市降水量增加了56.2 mm。

表5-26　2015年厦门市各区降水量

指标	思明区	湖里区	海沧区	集美区	同安区	翔安区	厦门市
年降水量/mm	1286.5	1300.7	1419.5	1681.2	1873.3	1391.6	1622.1
折合水量/亿 m³	1.081	0.960	2.647	4.611	12.539	5.727	27.565
多年平均降水量/mm	1235.4	1210.5	1406.9	1478.8	1793.9	1239.1	1513.3
与多年平均比较/±%	+4.14	+7.45	+0.90	+13.69	+4.43	+12.31	+7.19

厦门市降水在空间上分布不均匀,同安北部山区为降水高值区,中部平原及沿海一带为降水低值区。2015年降水区域的分布与多年平均大体一致。降水量由西北向东南沿海递减,汀溪水库以北山区年降水量在2000.0 mm以上。全市最大年降水量发生在同安区汀溪镇荇后站,为2609.0 mm,最小年降水量发生在翔安区新店镇张埭桥水库站,为986.0 mm。

5.7.5 径流调节服务核算方法

5.7.5.1 核算模型

综合考虑研究区的气候特征和生态环境现状，厦门市径流调节服务功能基于水文、气象、空间地理等信息，采用 SWAT 模型分析厦门市不同生态系统类型的径流调节功能及厦门市径流调节时空演变特征。采用研究区实际生态系统的径流量相比于无植被覆盖裸地情景的潜在径流量之差作为生态系统的径流调节量。

计算公式如下：

$$Q_{JL} = \sum_i (Q_{ck} - Q_i) \times A_i \times 1000$$

式中，Q_{JL} 为厦门市生态系统径流调节量（m^3）；Q_{ck} 为裸地情景下的径流量(mm)；Q_i 为厦门市生态系统类型 i 的径流量(mm)；A_i 为生态系统类型 i 的面积（km^2）。

SWAT 模型是美国农业部（United States Department of Agriculture, USDA）农业研究局（Agricultural Research Service, ARS）开发的一个具有流域尺度分布式水文模型。模型考虑了气候、水分平衡、土壤条件、耕作、地表径流、壤中流和地下径流等（Arnold et al., 1998），用于模拟地表水和地下水的水质及质量，预测土地管理措施对多种土壤、土地利用与管理条件的大面积复杂流域的水文、泥沙和农业化学物质产生的影响。（Luzio et al., 2002）。

SWAT 模型在土地利用活动和流域过程之间建立了重要的联系，可对流域管理中各种决策的适用性进行评估，是水资源保护管理规划中不可或缺的工具。

SWAT 模型模拟流域的水文循环过程，主要包括两部分：一是坡面产流过程，控制流域内的水等汇入河道的总量；二是河道汇流演算过程，决定各子流域内的水流向流域出口的总量(图 5-34)。模型水文陆地循环过程模拟所依据的水量平衡公式为（郝芳华等, 2006）

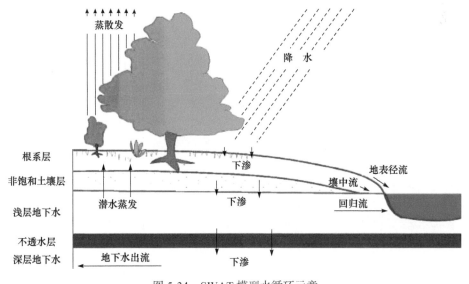

图 5-34 SWAT 模型水循环示意

$$SW_t = SW_0 + \sum_{i=1}^{t} (R_{day} - Q_{surf} - E_a - W_{seep} - Q_{gw})$$

式中，SW_t 为 t 时段末土壤含水量（mm）；SW_0 为前期土壤含水量（mm）；t 为时间步长（d）；R_{day} 为第 i 天降水量（mm）；Q_{surf} 为第 i 天的地表径流量（mm）；E_a 为第 i 天的蒸散发量（mm）；W_{seep} 为第 i 天存在土壤剖面地层的渗透量和侧流量（mm）；Q_{gw} 为第 i 天地下水含量（mm）。

本研究采用的是较为常见的 SCS 径流曲线法估算地表径流。SCS 模型是美国农业部水土保持局（Soil Conservation Service, SCS）于 1954 年开发的流域水文模型。发展至今，已被广泛应用于流域工程规划、流域水土保持、城市雨洪管理、土地房屋的洪水保险以及无资料地区的水文模拟研究（袁艺和史培军, 2001）。该模型能够客观地反映土壤类型、土地利用方式及前期土壤含水量对降水径流的影响，模型结构简单、所需输入参数少。

SCS 径流曲线方程为

$$Q_{surf} = \frac{(R_{day} - I_a)^2}{(R_{day} - I_a + S)}$$

式中，Q_{surf} 为地表径流量（mm）；R_{day} 为降水量（mm）；I_a 为初损量（mm），包含产流前的地面填洼量、植物截留量和下渗量，通常近似为 $0.2S$（贺宝根等, 2001）；S 为土壤最大滞留量（mm），与土壤类型、前期土壤含水量和地表覆被条件相关，通过产流参数（curve number, CN）进行计算：

$$S = \frac{25\,400}{CN} - 254$$

CN 是一个无量纲的量，反映了降水前下垫面地表特征，需要根据土壤前期湿润程度（antecedent moisture condition, AMC）、坡度、土壤类型和土地利用现状等综合推算（符素华等, 2012）。CN 值越大，S 值越小，越容易产生地表径流；反之，则相反。为反映流域土壤水分对 CN 值的影响，SCS 模型根据前期降水量的大小将前期水分条件划分为干旱、正常和湿润三个等级，不同的前期土壤水分取不同的 CN 值。干旱、正常和湿润等级下的 CN 分别用 CN_1、CN_2 和 CN_3 表示。CN_1 和 CN_3 可以由 CN_2 通过一定的转换关系来确定。

SCS 模型中的降水-径流关系曲线如图 5-35 所示。

将 I_a 替换为 $0.2S$，得到 SCS 曲线方程的一般形式：

$$Q = \begin{cases} \dfrac{(R_{day} - 0.2S)^2}{(R_{day} + 0.8S)}, & R_{day} \geqslant 0.2S \\ 0, & R_{day} < 0.2S \end{cases}$$

模型考虑的蒸散发是指地表水转化为水蒸气的过程，包括林冠截留的水分蒸发、蒸腾和升华以及土壤水的蒸发。本研究首先采用 Penman-Monteith 计算潜在蒸发，在此基础上计算实际蒸散发量。

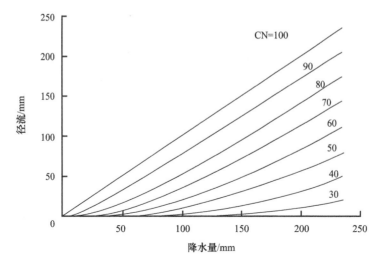

图 5-35 SCS 模型中的降水量–径流关系曲线

5.7.5.2 模型参数

利用研究区水文站月平均流量对模型进行参数率定，模型率定采用人工率定与自动率定相结合的方式。较为敏感的模型参数（林炳青等，2013）如下。

（1）径流曲线数

径流曲线数（CN_2）用于控制地表径流，是最为敏感的参数之一，反映下垫面的综合情况，其取值范围为 30～98。硬质裸地 CN_2 值较大，在 80 左右，松软耕地和草地 CN_2 值较低，在 30～60，径流曲线数 CN_2 值越大，地表径流越大。本研究将极端退化的裸地情景的 CN_2 值取为 95。

（2）基流回归常数

基流回归常数（ALPHA_BF）控制地下水到基流的转换，取值范围：响应缓慢 0.1～0.3，响应快速 0.9～1.0。ALPHA_BF 取值越小，洪峰量越小，历时越长。

（3）土壤蒸发补偿系数

土壤蒸发补偿系数（ESCO），对蒸发有较大影响，取值范围：0.01～1。湿润区和干旱区 ESCO 普遍较高，土壤蒸发与温度和植被覆盖度关系密切，温度越低，植被覆盖度越高，土壤蒸发越小，ESCO 值越大。ESCO 值越小，就能从下层土壤补充更多的水分用于蒸发，蒸发会有所增加，植物摄取补偿系数（EPCO）控制植物的水分摄取。

（4）土壤有效持水量

土壤有效持水量（SOL_AWC）与土壤质地、土壤结构有密切关系。土壤黏粒含量越多，土壤持水能力越差，SOL_AWC 取值越小。对于高山草甸土，腐殖质层较厚，土壤团粒结构较好，持水能力较强，对于土层浅薄，腐殖质少的土壤，其持水能力较弱，SOL_AWC 值较低。

（5）地下水滞后系数

地下水滞后系数（GW_DELAY）表示降水入渗补给地下水的滞后时间，该值受潜水埋深、气候条件、土壤前期含水量、土壤岩性、作物类别等因素的综合影响而表现出空间差异性。

（6）浅层蓄水中的初始水深（GWQMN）

回归流产生时需要浅层蓄水中的初始水深，只有在浅层蓄水层的水深等于或大于GWAMN时才会使地下水进入河流。

5.7.5.3　模型构建

流域划分：考虑到厦门市河流自然节点、水文站位置、湖泊位置等，对厦门市进行子流域划分，子流域面积最小为 460.64 hm²，最大为 2226.74 hm²（图 5-36）。

图 5-36　厦门市子流域划分结果

水文响应单元 HRU 定义：将土地利用与 SWAT 模型数据进行匹配，将土壤数据输入数据库，并按 0°～15°、10°～23.4°、>23.4°三个坡度进行 HRU 定义。

气象数据加载：将气象站的气温、降水、风速、日照等资料按照要求输入数据库，用以计算厦门市气象参数。基于 1981～2015 年的厦门站气象数据计算的天气发生器的各项参数结果见表 5-27。

表 5-27　厦门站各气象参数计算结果

参数	月份											
	1	2	3	4	5	6	7	8	9	10	11	12
最高日气温平均值/℃	17.31	17.63	19.74	23.75	27.11	29.86	32.26	32.07	30.45	27.52	23.82	19.35
最低日气温平均值/℃	10.10	10.54	12.32	16.37	20.43	23.70	25.32	25.16	23.78	20.54	16.74	12.11
最高气温标准偏差	3.56	4.38	4.59	4.18	3.19	2.65	2.18	2.22	2.38	2.43	3.14	3.22
最低气温标准偏差	2.64	2.83	3.01	3.08	2.35	1.95	1.19	1.21	1.81	2.22	2.79	3.03
月平均降水量/mm	33.60	76.99	93.33	133.22	179.39	199.61	144.81	212.87	138.86	43.73	37.30	38.59

参数	月份											
	1	2	3	4	5	6	7	8	9	10	11	12
降水量 标准偏差	3.96	7.55	8.32	10.10	14.23	17.94	16.16	20.15	15.34	12.53	6.98	6.03
降水量 偏度系数	5.18	4.71	4.68	3.33	5.63	7.79	5.46	4.76	5.55	12.43	10.29	10.08
月内干日 日数/d	0.14	0.19	0.28	0.28	0.30	0.27	0.19	0.20	0.18	0.06	0.09	0.10
月内湿日 日数/d	0.54	0.66	0.62	0.62	0.69	0.72	0.58	0.62	0.59	0.43	0.50	0.53
月平均降水 天数/d	7.06	10.13	13.16	12.87	15.29	14.68	9.68	10.74	9.19	3.16	4.42	5.52
月最高的0.5h降 水量/mm	5.06	8.57	10.33	13.68	18.10	21.77	20.36	25.46	18.35	10.81	6.60	6.75
日均太阳辐射 量/（MJ/m²）	4.31	3.53	3.38	3.89	4.18	5.23	7.76	6.79	5.82	6.17	5.30	4.92
日均露点温度/℃	0.73	0.78	0.79	0.79	0.83	0.85	0.81	0.81	0.76	0.68	0.70	0.70
日均风速/ （m/s）	2.84	2.78	2.73	2.53	2.45	2.78	2.75	2.66	2.90	3.32	3.14	3.02

5.7.5.4　结果对比与验证

根据水文站月过程数据进行模型参数率定，目标函数选择纳什系数最大，实测数据选择水文站实测月流量系列。纳什系数计算公式为

$$E_{NS} = 1 - \frac{\sum\limits_{i=1}^{n}(O_i - P_i)^2}{\sum\limits_{i=1}^{n}(O_i - \overline{O})^2}$$

式中，O_i为第i时段的实测数据；P_i为第i时段的预测数据；$\overline{O}$为观测数据的平均值。利用参数敏感性分析的结果，对参数进行人工调整，并对参数校准结果进行统计分析，讨论模型的精度和效率。

厦门市有24个雨量、水文站点，其中有五丰、造水两个水文站点。以2009年作为缓冲年，对2010~2015年月径流进行模型参数率定及检验。厦门市主要模型参数结果见表5-28。

表 5-28　厦门市主要参数结果

ALPHA_BF	GW_DELAY	GWQMN	CN₂				
			森林	草地	耕地	城市绿地	城镇
0.32	135	3500	60	70	75	70	85

注：表中 CN₂值为各土地利用类型在厦门市的平均值。

2010～2015 年五丰站和造水站累计径流量相对误差分别为–6.71%和 15.78%，均在 20%以下；纳什系数分别为 0.89 和 0.64，五丰站纳什系数精度较高，造水站纳什系数精度略低。2010～2015 年五丰站和造水站径流过程如图 5-37 和表 5-29 所示。

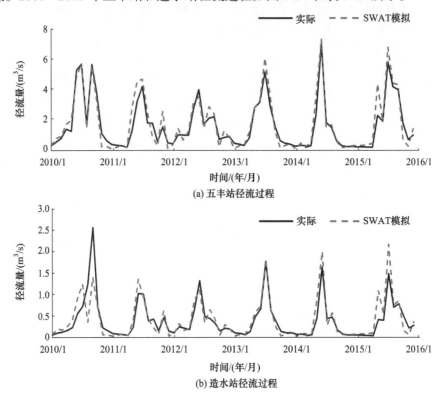

图 5-37　五丰站和造水站模拟径流过程

表 5-29　厦门市水文站点径流结果评价

评价指标	水文站点	
	五丰站	造水站
绝对误差/亿 m³	–7.84	4.36
相对误差/%	–6.71	15.78
纳什系数	0.89	0.64

为研究厦门市植被覆盖对径流过程的调节，以全流域 CN_2=95 作为极端退化裸地无植被高产流情景下的参数值，核算厦门市生态系统径流调节服务，并选择 2009～2015 年月径流过程进行模拟对比，厦门市无植被生态系统和实际生态系统径流过程如图 5-38 所示；无植被生态系统和实际生态系统土壤水过程如图 5-39 所示。可以看出，实际生态系统植被覆盖情况下，由于植被的截留、蒸散等作用，有效减少了地表径流，增加了土壤水含量。

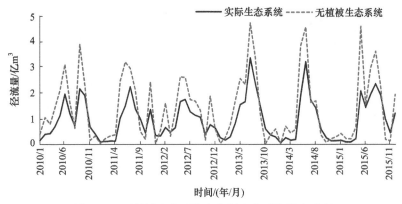

图 5-38　无植被生态系统和实际生态系统径流过程

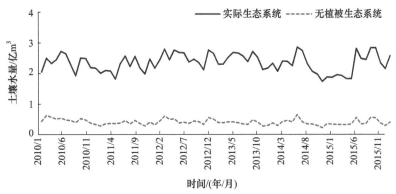

图 5-39　无植被生态系统和实际生态系统土壤水过程

5.7.6　径流调节服务核算结果

5.7.6.1　径流调节服务时空动态变化

2015 年厦门市生态系统径流量为 11.17 亿 m³，潜在径流量为 16.94 亿 m³，对应径流调节量为 5.77 亿 m³，单位面积径流调节量为 33.95 万 m³/km²。径流调节量占厦门市 2015 年水资源总量（13.887 亿 m³）的 41.5%。2010 年厦门市生态系统径流量为 11.13 亿 m³，潜在径流量为 16.14 亿 m³，对应径流调节量为 5.01 亿 m³，单位面积调节量为 29.47 万 m³/km²。径流调节量占厦门市 2010 年水资源总量（13.125 亿 m³）的 38.2%。相比于 2010 年，2015 年厦门市径流调节量增加了 0.76 亿 m³。

从厦门市生态系统径流调节服务实物量空间分布可以看出，2010 年和 2015 年生态系统径流调节服务实物量空间分布格局总体上保持一致，其中同安区北部山区为径流调节服务实物量高值区，平原及沿海一带为径流调节低值区（图 5-40）。

5.7.6.2　不同地区径流调节服务

从行政区来看，2010 年和 2015 年厦门市径流调节量最大的均是同安，分别是 2.68 亿 m³ 和 2.89 亿 m³，占厦门市径流调节总量的一半以上。一方面是由于同安区面积较大，另一方面是由于同安区北部山区降水较多且森林占地面积较大。2010 年和 2015 年厦门市径流调节量最小的分别是思明区和湖里区。以 2015 年为例，两区累计径流调节量为 0.07

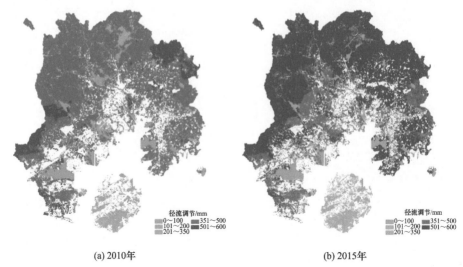

(a) 2010年   (b) 2015年

图 5-40　2010 年和 2015 年厦门市径流调节服务实物量空间分布

亿 m^3，仅占厦门市径流调节总量的 1.21%。一方面由于思明区和湖里区面积较小；另一方面是由于思明区和湖里区大多为城镇用地，生态用地较少，径流调节量较小（图 5-41）。

图 5-42 为 2015 年厦门市各区降水量和径流调节量空间分布。可以看出，径流调节

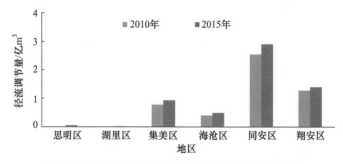

图 5-41　2010 年和 2015 年厦门市各区径流调节量

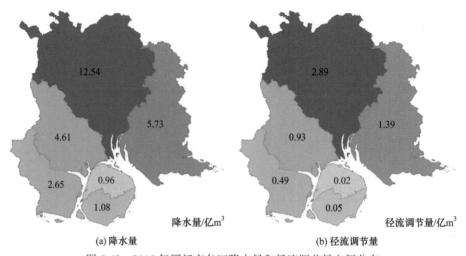

(a) 降水量   (b) 径流调节量

图 5-42　2015 年厦门市各区降水量和径流调节量空间分布

量与降水量的空间分布整体一致，降水量越高，径流调节量越大。

从各区径流调节量与该区域降水量占比来看，翔安区最高，为24.26%；其次是同安区，为23.05%，湖里区最低，为2.08%。

从单位面积径流调节量来看，厦门市各区存在很大差异。其中同安区最高，2010年和2015年分别为37.95万m³/km²、43.18万m³/km²。2015年各区单位面积径流调节量由高到低依次是同安区、集美区、翔安区、海沧区、思明区和湖里区（表5-30）。

表5-30　厦门市各区径流调节服务

地区	径流调节量/亿 m³			单位面积径流调节量/（万 m³/km²）		
	2010 年	2015 年	2015 年相对于2010 年变化量	2010 年	2015 年	2015 年相对于2010 年变化量
厦门市	5.01	5.77	0.76	29.47	33.94	4.47
思明区	0.01	0.05	0.04	1.19	5.95	4.76
湖里区	0.01	0.02	0.01	1.36	2.70	1.35
集美区	0.78	0.93	0.15	28.44	33.90	5.47
海沧区	0.40	0.49	0.09	21.45	26.23	4.78
同安区	2.54	2.89	0.35	37.95	43.18	5.23
翔安区	1.27	1.39	0.12	30.86	33.73	2.87

相比于2010年，2015年厦门市各区径流调节量均有略微增加，其中同安区增加量最多，为0.35亿m³，其次是翔安区、集美区。从单位面积径流调节量来看，各区单位面积径流调节量均有所增加，集美区增加量最多，为5.47万m³/km²，其次是同安区、海沧区、思明区。

5.7.6.3　不同生态系统类型径流调节服务

从生态系统类型来看，2010年和2015年厦门市径流调节量最大的是森林生态系统，分别为2.37亿m³和2.70亿m³，分别占当年径流调节总量的47.31%和46.79%；其次是农田生态系统，分别占当年径流调节总量的37.13%和34.84%。从单位面积径流调节量来看，森林生态系统最大，分别为55.91万m³/km²和63.72万m³/km²；其次是草地生态系统（表5-31）。

表5-31　厦门市各生态系统类型径流调节服务

生态系统类型	径流调节量/亿 m³			单位面积径流调节量/(万 m³/km²)		
	2010 年	2015 年	2015 年相对于2010 年变化量	2010 年	2015 年	2015 年相对于2010 年变化量
森林	2.37	2.70	0.33	55.91	63.72	7.81
阔叶林	0.34	0.39	0.05	55.91	63.72	7.81

续表

生态系统类型	径流调节量/亿 m³			单位面积径流调节量/(万 m³/km²)		
	2010 年	2015 年	2015 年相对于2010 年变化量	2010 年	2015 年	2015 年相对于2010 年变化量
针叶林	1.50	1.71	0.21	55.91	63.72	7.81
针阔混交林	0.51	0.57	0.06	55.91	63.72	7.81
稀疏林	0.02	0.03	0.01	55.91	63.72	7.81
灌木林地	0.03	0.03	0.00	55.91	63.72	7.81
灌木林地	0.03	0.03	0.00	55.91	63.72	7.81
草地	0.01	0.03	0.02	53.85	63.26	9.41
草地	0.01	0.03	0.02	53.85	63.26	9.41
农田	1.86	2.01	0.15	49.83	59.27	9.44
耕地	1.14	1.18	0.04	49.83	59.27	9.44
园地	0.72	0.82	0.10	49.83	59.27	9.44
城镇	0.74	1.01	0.27	43.66	44.42	0.76
城市绿地	0.74	1.01	0.27	43.66	44.42	0.76

相比于 2010 年，2015 年厦门市各生态系统类型径流调节量均有所增加，森林生态系统增加量最大，为 0.33 亿 m³；其次是城市绿地生态系统，增加量为 0.27 亿 m³。从单位面积径流调节量来看，各生态系统类型单位面积径流调节量也有所增加（图 5-43）。

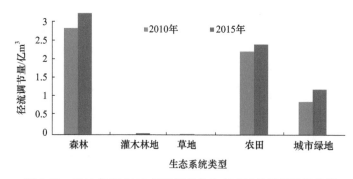

图 5-43　2010 年和 2015 年厦门市各生态系统类型径流调节量

相比于 2010 年，2015 年厦门市森林、农田生态系统用地占比有所减少，草地和城市绿地生态系统用地占比有所增加。相应地，与 2010 年相比，2015 年森林、灌木林地、农田生态系统径流调节比例也呈现出减少趋势，其中耕地生态系统径流调节比例减少最多，草地和城市绿地生态系统径流调节比例有所增加（图 5-44）。

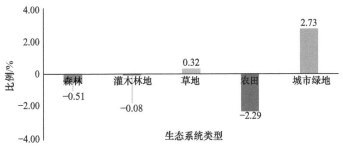

图 5-44 厦门市各生态系统类型径流调节比例变化

5.8 洪水调蓄服务核算

5.8.1 洪水调蓄服务概念内涵

洪水调蓄是生态系统水文调节服务的一项重要内容,是指生态系统通过截留、吸收、储存降水以拦蓄洪水降低洪水灾害损失的服务。本研究洪水调蓄功能基于水文、气象、空间地理等信息,对厦门市非建成区降水强度为大雨及其以上的降水场次进行核算,分析厦门市不同生态系统类型的洪水调蓄功能及其时空演变特征(图 5-45)。

5.8.2 核算对象与数据来源

5.8.2.1 核算对象及范围

本研究生态系统洪水调蓄服务功能的评估,以厦门市森林、灌丛、草地和湿地等自然生态系统作为评估对象,以日降水大于 25 mm 作为核算的服务基准,估算厦门市 2010 年和 2015 年的陆地生态系统洪水调蓄服务,分析厦门市洪水调蓄空间分布特征。

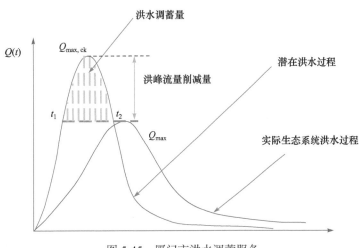

图 5-45 厦门市洪水调蓄服务

5.8.2.2 数据来源与处理

本研究所用数据包括厦门市雨量站降水数据、水文站径流数据、土地利用和土壤数据。其中降水和水文数据包括厦门市 2009~2015 年 22 个雨量站点逐日降水数据和 2 个水文站点逐日径流数据。2010 年和 2015 年厦门市各站点大雨以上量级降水天数如图 5-46 所示。

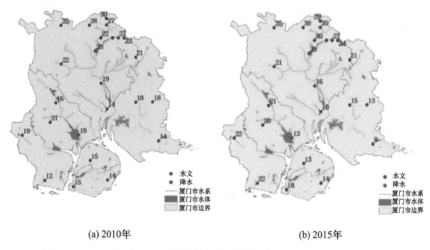

(a) 2010年　　　　　　　　　　(b) 2015年

图 5-46　2010 年和 2015 年厦门市各雨量站点大雨以上量级降水天数

5.8.3　厦门市大雨时空格局分布

中国气象局规定 24 小时内的降水量称为日降水量，其中日降水量在 25.0~49.9 mm 的为大雨。大于 25.0 mm 以上的降水量即为大雨以上量级降水。

2010 年和 2015 年厦门市降水均为平水年，年内降水分布不均匀，日降水波动较大。参照《厦门市水资源公报》，选定同安区汀溪水库站、翔安区马巷站、集美区杏林湾水库站、海沧区海沧站、思明区前埔站和湖里区马垄站作为各行政区单元的日降水量代表站。可以看出各代表站降水量年内分配不均匀，日降水量为大雨以上的时间主要集中在 5~9 月（图 5-47）。

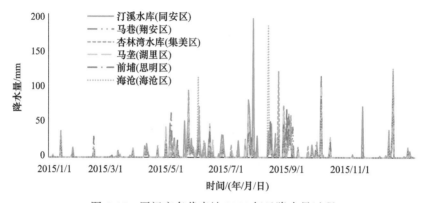

图 5-47　厦门市各代表站 2015 年日降水量过程

2010 年和 2015 年厦门市大雨以上降水情况如图 5-48 和表 5-32 所示，其中同安区大雨以上降水频次最多，雨量最大，2010 年和 2015 年分别为 1286.2 mm 和 1278.3 mm，其次是海沧区，分别为 1086.3 mm 和 822.3 mm。

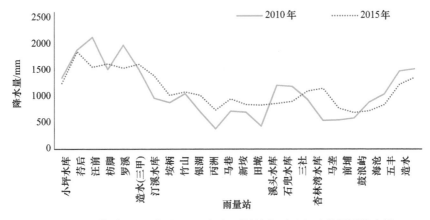

图 5-48　厦门市 2010 年和 2015 年各雨量站大雨以上天数累计降水量

表 5-32　厦门市 2010 年和 2015 年各区大雨以上降水情况

地区	大雨以上降水频次/次		降水量/mm	
	2010 年	2015 年	2010 年	2015 年
海沧区	22	15	1086.3	822.3
湖里区	13	15	534.0	747.5
集美区	18	19	858.2	1012.7
思明区	16	14	712.5	682.5
同安区	25	24	1286.2	1278.3
翔安区	12	17	597.3	845.2

5.8.4　洪水调蓄服务核算方法

5.8.4.1　核算模型

本研究基于 SCS 模型模拟地表径流对厦门市洪水调蓄服务进行核算。SCS 模型基本公式及原理见 5.7 节。洪水调蓄服务的核算以厦门市实际生态系统削减的大雨期洪水总量作为生态系统洪水调蓄服务的物理表征指标。

$$W_F = \sum_i (W_{ck} - W_i) \times A_i \times 1000$$

式中，W_F 为厦门市生态系统洪水调蓄量（m³）；W_{ck} 为大雨期裸地无植被生态系统的径流量（mm）；W_i 为厦门市生态系统类型 i 的径流量（mm）；A_i 为生态系统类型 i 的面积（km²）。

5.8.4.2　模型参数

SCS 模型是基于实验观测的数据，在一定程度上代表了降水径流的自然规律，影响

117

模型输出精度的关键在于 CN 值是否合理地反映了研究区特性。CN 值的确定需要根据 AMC、坡度、土壤类型和土地利用现状等综合推算。

5.8.5 洪水调蓄服务核算结果

5.8.5.1 洪水调蓄服务时空动态变化

2015 年厦门市非建成区大雨期的陆地生态系统平均雨洪径流深为 178.44 mm，洪水径流量为 1.21 亿 m³，潜在雨洪径流深为 538.93 mm，对应的洪水调蓄量为 2.44 亿 m³。2010 年厦门市非建成区大雨期的陆地生态系统平均雨洪径流深为 158.78 mm，潜在雨洪径流深为 495.76 mm，对应的洪水调蓄量为 2.26 亿 m³。相比于 2010 年，2015 年洪水调蓄量增加了 0.18 亿 m³。

以东西溪为例，分析厦门市生态系统的洪水调蓄能力。2015 年，东西溪共发生 14 次大雨以上量级降水，大雨期累计降水量为 1365.98 mm，主要集中在 4～9 月，大雨期降水量为 559.8 mm。东西溪全年洪水调蓄量为 0.92 亿 m³，4～9 月洪水调蓄量为 0.78 亿 m³（图 5-49～图 5-52）。

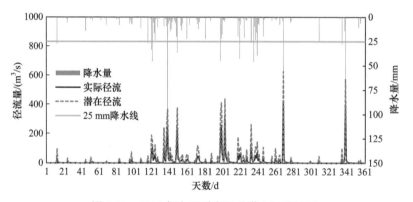

图 5-49　2015 年东西溪实际及潜在径流过程

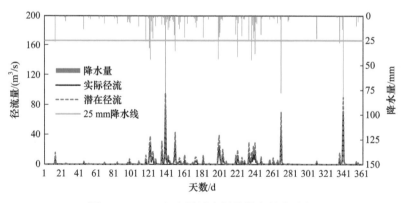

图 5-50　2015 年官浔溪实际及潜在径流过程

5.8.5.2 不同地区洪水调蓄服务

从行政区来看，厦门市各区洪水调蓄量差别较大。2010 年和 2015 年洪水调蓄量由高到低依次为同安区、翔安区、集美区、海沧区。同安区在 2010 年和 2015 年的调蓄量分别为 1.30 亿 m³ 和 1.42 亿 m³；翔安区分别为 0.49 亿 m³ 和 0.49 亿 m³。相比于 2010 年，除翔安区外，其他行政区洪水调蓄量均有所增加，同安区增加量最大，其次是海沧区（表 5-33）。

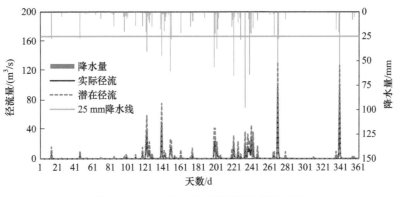

图 5-51　2015 年九溪实际及潜在径流过程

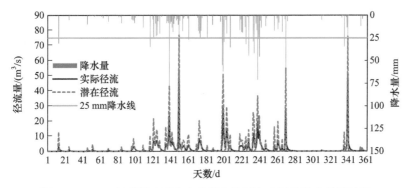

图 5-52　2015 年后溪（石兜水库以上流域）实际及潜在径流过程

表 5-33　厦门市各区洪水调蓄服务

地区	洪水调蓄量/亿 m³			单位面积洪水调蓄量/（万 m³/km²）		
	2010 年	2015 年	2015 年相对于 2010 年变化量	2010 年	2015 年	2015 年相对于 2010 年变化量
厦门市	2.26	2.44	0.18	26.09	28.17	2.08
集美区	0.37	0.38	0.01	28.11	28.87	0.76
海沧区	0.10	0.15	0.05	31.61	47.41	15.80
同安区	1.30	1.42	0.12	26.47	28.92	2.45
翔安区	0.49	0.49	0.00	23.13	23.13	0.00

　　从单位面积洪水调蓄量来看，厦门市各区差别较大。其中海沧区最高，2010 年和 2015 年分别为 31.61 万 m³/km² 和 47.41 万 m³/km²。2015 年各区单位面积洪水调蓄量由高到低

依次为海沧区、同安区、集美区和翔安区。

相比于 2010 年，2015 年厦门市各区洪水调蓄量均有所增加，其中同安区增加量最多，为 0.12 亿 m³。从单位面积洪水调蓄量来看，海沧区增加量最多，为 15.8 万 m³/km²；其次是同安区，为 2.45 万 m³/km²（图 5-53）。

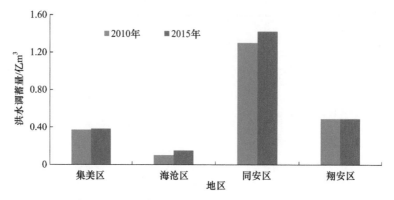

图 5-53　2010 年和 2015 年厦门市各区洪水调蓄量

5.8.5.3　不同生态系统类型洪水调蓄服务

从生态系统类型来看，2010 年和 2015 年厦门市洪水调蓄量最大的是森林生态系统，分别为 1.64 亿 m³ 和 1.79 亿 m³；其次是农田生态系统，分别为 0.60 亿 m³ 和 0.62 亿 m³。相比于 2010 年，2015 年森林生态系统洪水调蓄量增加了 0.15 亿 m³，农田生态系统洪水调蓄量增加了 0.02 亿 m³。

从单位面积洪水调蓄量来看，森林生态系统最大，2015 年为 42.41 万 m³/km²，其次是灌木林地生态系统、草地生态系统和农田生态系统。另外，各森林生态系统的洪水调蓄能力亦有差异，阔叶林最高，2015 年为 42.90 万 m³/km²；其次是针阔混交林，为 42.57 万 m³/km²；再次是针叶林，为 42.43 万 m³/km²。稀疏林的单位面积洪水调蓄能力较差（表 5-34）。

表 5-34　厦门市各生态系统类型洪水调蓄服务

生态系统类型	洪水调蓄量/亿 m³			单位面积洪水调蓄量/（万 m³/km²）		
	2010 年	2015 年	2015 年相对于 2010 年变化量	2010 年	2015 年	2015 年相对于 2010 年变化量
森林	1.64	1.79	0.15	39.18	42.41	3.23
阔叶林	0.25	0.27	0.02	39.97	42.90	2.93
针叶林	1.04	1.13	0.09	38.93	42.43	3.50
针阔混交林	0.34	0.38	0.04	38.29	42.57	4.28
稀疏林	0.01	0.01	0.00	27.47	31.03	3.56
灌木林地	0.01	0.02	0.01	27.19	35.61	8.42
灌木林地	0.01	0.02	0.01	27.19	35.61	8.42

生态系统类型	洪水调蓄量/亿 m³			单位面积洪水调蓄量/（万 m³/km²）		
	2010 年	2015 年	2015 年相对于 2010 年变化量	2010 年	2015 年	2015 年相对于 2010 年变化量
草地	0.01	0.01	0.01	34.97	36.65	1.68
草地	0.01	0.01	0.01	34.97	36.65	1.68
农田	0.60	0.62	0.02	23.68	25.00	1.32
耕地	0.08	0.09	0.01	6.93	7.91	0.98
园地	0.52	0.53	0.01	37.60	39.45	1.85

相比于 2010 年，2015 年厦门市各生态系统类型洪水调蓄量均有略微增加，森林生态系统增加量最大，为 0.15 亿 m³；其次是农田生态系统，为 0.02 亿 m³。从单位面积洪水调蓄量来看，灌木林地单位面积洪水调蓄量增加最多；其次是针阔混交林、稀疏林、针叶林等（图 5-54）。

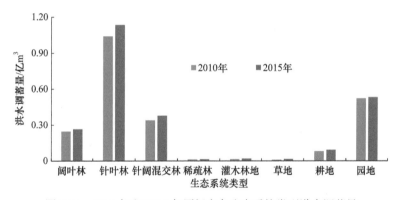

图 5-54　2010 年和 2015 年厦门市各生态系统类型洪水调蓄量

从各类生态系统类型洪水调蓄比例变化来看，相比于 2010 年，2015 年厦门市园地和灌木林地的洪水调蓄比例有所减少，其中园地洪水调蓄比例减少较多，减少了 1.34%，其他生态系统类型洪水调蓄比例则有略微增加（图 5-55）。

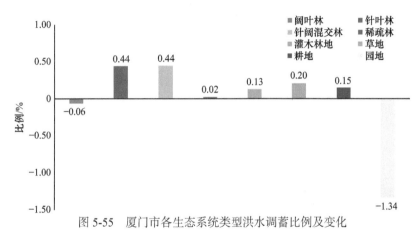

图 5-55　厦门市各生态系统类型洪水调蓄比例及变化

5.9 雨洪减排服务核算

5.9.1 雨洪减排服务概念内涵

城市绿地生态系统作为天然海绵体，在对雨水的渗透、滞留和调蓄方面具有显著的作用，能够有效缓解城市地下管网的排水压力，防止城市内涝的发生（中华人民共和国住房和城乡建设部，2014）。因此，科学的评估绿地生态系统对城市雨洪减排服务功能既是"海绵城市"建设的重要基础工作，也是生态系统服务价值核算的重要组成部分。

我国《城市规划基本术语标准》中规定：绿地是城市中专门用以改善生态、保护环境、为居民提供游憩场地和美化景观的绿化用地（张绪良等，2011）；城市绿地生态系统是城市中各种类型和规模的绿化用地组成的整体（国家质量技术监督局，1998）。本节中城市绿地生态系统是指城市空间内，以自然植被和人工植被为主要存在形态，能发挥生态平衡功能，对城市生态、景观和居民休闲生活有积极作用的城市空间系统，从类型上分为草本绿地生态系统、灌木绿地生态系统和乔木绿地生态系统三类（伍海兵和方海兰，2015）。绿地生态系统对城市雨洪减排服务功能是相对于工业用地、住宅用地、建设用地、道路用地和未利用地等非绿地生态系统而言的。

城市绿地雨洪减排服务功能可以用规定时段内绿地生态系统削减的径流总量，即通过绿地生态系统径流量与上述非绿地生态系统径流量的差值来衡量。为了充分表达城市雨洪的概念，本研究仅对降雨强度为大雨及其以上（日降水量大于 25 mm）的降水场次进行城市绿地雨洪减排服务功能的核算。

5.9.2 雨洪减排研究进展

城市化进程的加速带来诸多环境问题，城市内涝成为亟待解决的城市生态环境问题之一。党的十八大报告明确提出把生态文明建设放在突出地位，并提出大力推进建设自然积存、自然渗透、自然净化的"海绵城市"，解决城市生态环境中的雨洪管理问题。在此背景下，城市绿地作为天然海绵体，雨洪减排服务功能得到了前所未有的重视，国内学者开展了一系列相关研究。

从研究方法上看，水文模拟研究是城市绿地雨洪减排服务功能物理量评估的主要方法，主要模型有 CITYgreen 模型、SWMM 模型和 SCS 模型。对比分析表明，虽然上述三种模型均可实现城市绿地雨洪减排服务功能物理量的核算，但在实际应用中各有侧重，具体说明如下。

1）CITYgreen 模型主要用于生态效益的综合评估，雨洪减排服务功能通常只作为综合效益评估一个组成部分，并且在评估对象上以森林绿地为主。张陆平（2011）利用 CITYgreen 模型对上海市城区公园绿地的生态效益进行了评估，包括碳吸收、空气污染物去除、暴雨减排和物种保育等多个要素，计算得到 2010 年上海市城区公园的全年暴雨减排量为 4.47 万 m^3；胡赫（2008）利用 CITYgreen 模型对北京市建成区森林绿地的生态效益进行了评估，所分析的生态效益包括大气污染物清除、碳吸收、水土保持和节能等方面，计算结果表明，北京林业大学附近森林绿地的雨洪减排服务价值在常规设定条件下为 5346.80 元；王耀萱等（2014）基于 CITYgreen 模型对厦门市城市森林的生态效益进行了评估，但只考虑了碳吸收和大气污染物去除两方面的生态效益，并未考虑城市绿地的雨洪减排服务功能。

2）随着"海绵城市"建设的推进，SWMM 模型成为当前雨洪管理研究的热点模型。综合现有研究来看，SWMM 模型的评估对象主要针对各种低影响开发（low impact development, LID）模式，评估的空间尺度主要集中在小区单元内，以服务于"海绵城市"规划的新城建设和旧城改造。何爽等（2013）以江苏省淮安市郦城国际小区为例，运用 SWMM 模型模拟了该小区各种 LID 措施组合在不同设计降水重现期下的径流系数和洪峰削减量；于冰沁等（2017）利用 SWMM 模型对上海市 168 处城市绿地的雨洪调蓄能力进行了评估，为筛选适合上海城市绿地的低影响开发基础奠定了理论基础；杨一夫（2016）基于 SWMM 模型对厦门市翔安区翔城国际片区的 LID 工程效果进行了模拟与评估，结果表明各种 LID 措施均能达到降低径流总量、削减洪峰流量和减小径流系数的目的，从而降低城市内涝风险。

3）SCS 模型是美国农业部水土保持局于 1954 年开发的降水径流模型，该模型从研究径流产生的整个自然地理背景，即径流赖以形成和发展的水文下垫面基础来研究降水和径流的关系，能够有效揭示不同土地利用类型对径流的影响。李胜（2005）基于 SCS 模型对整个厦门市 1996 年和 2002 年的径流量进行了模拟，将厦门市的土地利用类型分为耕地、林地、草地、高密度建设用地、低密度建设用地、开发用地、未利用地和水体八类，结果表明，厦门市 1996 年和 2002 年的径流量分别为 5.53 亿 m^3 和 5.72 亿 m^3。

根据上述分析，虽然 CITYgreen 模型和 SWMM 模型均可进行城市绿地雨洪减排服务功能的核算，但就厦门市城市绿地雨洪减排服务而言，这两种方法都有其自身的局限性。CITYgreen 模型着重于森林绿地生态效益的综合评估，而本研究的重点是各种城市绿地的雨洪减排服务功能，在研究目标和研究对象上存在出入。SWMM 模型虽然可以进行各种下垫面条件的径流模拟，但研究尺度主要集中在小区单元内，在大尺度应用上存在数据获取、参数率定等诸多难题，难以实现本节的研究目标。对比而言，SCS 模型经过几十年的发展，已经非常成熟，CITYgreen 模型和 SWMM 模型产流计算的核心模块均是基于 SCS 模型发展来的；另外 SCS 模型对于数据获取的要求相对较低，适合于大尺度水文模拟研究；李胜（2005）在厦门市开展的 SCS 模拟工作为厦门市城市绿地雨洪减排的开展提供了良好的基础。

5.9.3 核算对象与数据来源

5.9.3.1 核算对象与范围

本研究雨洪减排服务的评估，以厦门市建成区城市绿地生态系统作为评估对象，以日降水量大于 25 mm 作为核算的服务基准，估算厦门市建成区 2010 年和 2015 年的城市绿地雨洪减排服务功能，分析厦门市雨洪减排空间分布特征以及各类城市绿地生态系统雨洪减排差异。

5.9.3.2　数据来源与处理

城市绿地雨洪减排服务功能核算所采用的数据包括日降水数据、土地利用数据、土壤类型数据、城市绿地空间分布数据和城市建成区空间范围数据，具体见表5-35。

表 5-35　雨洪减排服务功能评估所需数据

数据名称	数据介绍	数据用途	数据来源
日降水数据	2010 年 22 个站点；2015 年 24 个站点	用于提供降水输入和 CN 值的推算	厦门市气象局
土地利用数据	根据模型需要分为 17 个类型	用于 CN 值的推算	厦门市国土规划局
土壤类型数据	根据模型需要分为 4 个类型	用于 CN 值的推算	中国科学院南京土壤研究所
城市绿地空间分布数据	分为草本、灌木和乔木绿地 3 个类型	用于不同城市绿地空间范围的界定	厦门市林业局
城市建成区空间范围数据	分为思明、海沧、集美、湖里、同安和翔安 6 个区	用于城市建成区空间范围的提取	厦门市规划委员会

（1）降水数据的处理

本研究采用泰森多边形法来确定不同雨量站的空间控制范围。根据不同年份雨量站的个数和空间位置，2010 年厦门市分为 22 个泰森多边形，2015 年厦门市分为 24 个泰森多边形。每个多边形的日降雨输入均由其内部的雨量站控制。

（2）AMC 的确定

SCS 模型 AMC 是根据前五天的总降水量进行确定的（王业耀等，2011），划分为干、平均、湿三种状态，分别用 AMCⅠ、AMCⅡ和 AMCⅢ来表示，具体标准见表 5-36。根据泰森多边形，逐一统计各雨量站各个降水场次前五天的降水量，从而确定每个泰森多边形每场降水的 AMC 等级。

表 5-36　SCS 模型 AMC 的划分标准　　　　　　　（单位：mm）

AMC 等级	前五天降水量	
	休眠季节	生产季节
干（AMCⅠ）	<12.7	<35.56
平均（AMCⅡ）	12.7～27.94	35.36～53.34
湿（AMCⅢ）	>27.94	>53.34

（3）土地利用数据的处理

根据 SCS 模型的建模需要，本研究将厦门市土地利用数据分为草地、林地、疏林地、城市用地、建制镇用地、村庄、公路用地、农村道路、旱地、水田、水浇地、水面、滩涂、未利用地、铁路用地、港口码头用地和管道运输用地 17 类。

（4）土壤水文类型的划分

径流的形成过程与土壤的渗透特性有着密切的关系，土壤的物理化学结构决定了水在土壤中的渗透过程。影响土壤渗透性的因素主要包括土壤结构、土壤质地、土壤有机质含量和地表覆盖物类型等（伍海兵和方海兰，2015）。SCS模型根据土壤的渗透性能划分为A、B、C和D四类土壤水文类型，按照A-B-C-D的变化，渗透性依次递减。SCS模型土壤水文类型的划分标准见表5-37。

表5-37　SCS模型土壤水文类型的划分标准　　　　　　（单位：mm/h）

土壤水文类型	土壤水文性质	最小下渗率
A	厚层沙、厚层黄土、团粒化粉砂土	7.26～11.73
B	薄层黄土、砂壤土	3.81～7.26
C	黏壤土、薄层砂壤土、黏质含量高的土壤	1.27～3.81
D	吸水后显著膨胀的土壤、塑性的黏土、某些盐渍土	0～1.27

根据1∶100万土壤类型图，厦门市主要土壤类型有四类，分别是粗骨土、红壤、水稻土和滨海盐土，将上述四类土壤类型按照土壤水文类型的划分标准对厦门市土壤类型进行划分。

5.9.4　厦门市城市绿地空间格局分布

从表5-38和图5-56可知，2010年厦门市共有绿地167.19 km²，其中草本绿地16.72 km²，灌木绿地20.01 km²，乔木绿地130.46 km²；2015年厦门市共有绿地227.37 km²，其中草本绿地24.87 km²，灌木绿地20.24 km²，乔木绿地182.26 km²。

表5-38　厦门市各行政区城市绿地分布情况　　　　　　（单位：km²）

地区	2010 年			2015 年		
	草本绿地	灌木绿地	乔木绿地	草本绿地	灌木绿地	乔木绿地
海沧区	4.73	5.29	36.81	6.41	4.68	44.08
湖里区	1.02	3.12	5.87	2.93	3.73	11.67
集美区	3.78	2.54	16.90	6.11	2.55	25.84
思明区	2.06	2.95	24.60	2.83	2.15	31.04
同安区	3.36	4.07	33.17	4.35	4.37	41.79
翔安区	1.77	2.04	13.11	2.24	2.76	27.84

相比于2010年，2015年厦门市城市绿地增加了60.18 km²，增加率为36.00%。各类绿地类型面积均有所增加，其中乔木绿地增加量最多，增加了51.80 km²。

图 5-56　厦门市城市绿地空间分布

从行政区来看,海沧区绿地面积最大,2010 年和 2015 年分别是 46.83 km² 和 55.16 km²,其次是同安区, 2010 年和 2015 年分别是 40.60 km² 和 50.51 km²（图 5-57）。

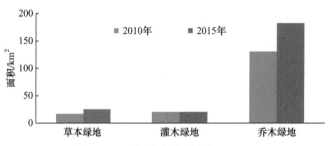

图 5-57　厦门市各类城市绿地面积

从各行政区城市绿地占比情况来看，海沧区绿地面积占比最大，2010 年和 2015 年绿化面积占比分别是 28.01% 和 24.26%，其次是思明区，2010 年和 2015 年绿地面积占比分别是 24.28% 和 22.21%。

5.9.5　雨洪减排服务核算方法

5.9.5.1　核算模型

本研究地表径流的模拟估算是基于 SCS 模型进行的。该模型从研究径流产生的整个自然地理背景，即径流赖以形成和发展的水文下垫面基础来研究降水和径流的关系，能够有效地揭示不同土地利用类型对径流的影响，非常适合本研究的研究目标。

SCS 模型的基本计算公式为

$$\frac{Q}{P - I_a} = \frac{F}{S}$$

式中，P 为一次降水的降水总量（mm）；I_a 为降水初损值（mm），即径流产生之前的降水损失；Q 为地表径流量（mm）；F 为产生地表径流之后的降水损失，主要为下渗量（mm）；S 为下垫面当时可能的最大滞留量（mm），为后损 F 的上限。

水量平衡方程是描述各水文要素之间定量关系的基本公式，针对一场降水而言，其

计算公式为

$$P = I_a + F + Q$$

联合以上两个公式，消去 F，得到地表径流重要的模型公式：

$$\begin{cases} Q = \dfrac{(P - I_a)^2}{P + S - I_a}, & P \geqslant I_a \\ Q = 0, & P < I_a \end{cases}$$

可以看出，该公式是一个分段函数，其意义在于，当降水量 P 大于径流产生之前的降水损失 I_a 时，才能产生径流。在实际应用中，I_a 很难获得，通常运用 I_a 与 S 之间的经验比例关系来进行估算：

$$I_a = 0.2S$$

得到 SCS 模型的一般形式：

$$\begin{cases} Q = \dfrac{(P - 0.2S)^2}{P + 0.8S}, & P \geqslant 0.2S \\ Q = 0, & P < 0.2S \end{cases}$$

下垫面当时可能的最大滞留量 S 与土壤类型、前期土壤含水量和地表覆被条件相关，是对下垫面综合水文特性的反映，通过产流参数 CN 进行计算：

$$S = \frac{25\,400}{\mathrm{CN}} - 254$$

CN 是一个无量纲的量，是反映降水前下垫面地表特征的一个综合指标，需要根据 AMC、坡度、土壤类型和土地利用现状等综合推算（符素华等，2012）。CN 值介于 0～100，CN 值越大，S 值越小，越容易产生径流；反之，则相反。

将 SCS 模型的一般形式进行细化，具体到每场降水和每种土地利用类型，得到如下公式：

$$\begin{cases} Q_{i,j} = \dfrac{(P_i - 0.2S_{i,j})^2}{P_i + 0.8S_{i,j}}, & P \geqslant 0.2S_{i,j} \\ Q_{i,j} = 0, & P < 0.2S_{i,j} \end{cases}$$

$$S_{i,j} = \frac{25\,400}{\mathrm{CN}_{i,j}} - 254$$

式中，i 和 j 分别为降水的场次和土地利用类型的类别。在年尺度上，对每种土地利用类型所有降水场次产生的径流量进行累计，土地利用类型 j 每年的径流总量，公式如下：

$$Q_j = \sum_{i=1}^{n} Q_{i,j}$$

在此基础上，城市绿地生态系统削减的径流总量 ΔQ 可以用绿地生态系统径流量总量与非绿地生态系统径流总量的差值来表达，公式如下：

$$\Delta Q = Q_{\text{non-green}} - Q_{\text{green}}$$

式中，$Q_{\text{non-green}}$ 和 Q_{green} 分别为城市非绿地生态系统和绿地生态系统在年尺度上的径流总量。

5.9.5.2 核算步骤

绿地生态系统对城市雨洪削减量的估算步骤如下。

（1）雨量站控制单元的划分

基于雨量站空间位置信息，在 ArcGIS 软件下划分泰森多边形，确定每个雨量站的控制单元。

（2）土壤水文类型的划分

以土壤类型图为输入数据，根据表 5-39 划分土壤水文类型（A、B、C、D 四类）。考虑到土壤类型的相对稳定性，在短期内可以直接采用本研究确定的土壤水文类型空间分布图。

表 5-39　厦门市不同土地利用类型 CN 参数查找表

土壤水文类型	A			B			C			D		
AMC 等级	AMC I	AMC II	AMC III	AMC I	AMC II	AMC III	AMC I	AMC II	AMC III	AMC I	AMC II	AMC III
林地	17	32	52	35	55	75	51	70	87	59	77	92
草地	21	38	58	38	58	78	52	71	88	61	78	93
稀疏林	27	45	65	44	64	82	56	74	90			
城市用地	62	79	93	74	87	97	81	92	98	86	94	98
建制镇用地	46	66	84	61	78	93	72	86	97	78	90	98
村庄	40	60	79	52	71	88	62	79	93	67	83	96
旱地	36	56	76	48	68	85	58	76	91	64	81	94
水浇地	39	59	78	51	70	87	61	78	93	66	82	95
水田	70	85	97	77	89	97	83	93	98	87	95	98
公路用地	98	98	98	98	98	98	98	98	98	98	98	98
农村道路	78	90	98	81	92	98	86	94	98	90	96	98
铁路用地				78	90	98	81	92	98	86	94	98
港口码头用地				78	90	98	83	93	98	90	96	98
管道运输用地							66	82	95	72	86	97
未利用地	61	78	93	74	87	97	81	92	98	86	94	98
滩涂	70	85	97	77	89	97	83	93	98	87	95	98
水面	98	98	98	98	98	98	98	98	98	98	98	98

注：表中空白表示目前厦门市尚未此类土地利用类型。

（3）降水场次的选取

为了充分表达城市雨洪的概念，本研究仅对降水强度为大雨及其以上（日降水量大于 25 mm）的降水场次进行径流模拟。以此为标准，逐雨量站进行降水场次的选取。

（4）AMC 的确定

根据 AMC 划分标准，以日降水数据为数据源，对步骤（3）选取的降水场次，逐雨量站逐场次确定 AMC 等级（AMC Ⅰ、AMC Ⅱ 和 AMC Ⅲ 三类）。

（5）土地利用类型的划分

根据本研究确定的分类类型，将厦门市土地利用类型分为草地、林地、疏林地、城市用地、建制镇用地、村庄、公路用地、农村道路、旱地、水田、水浇地、水面、滩涂、未利用地、铁路用地、港口码头用地和管道运输用地 17 类。

（6）CN 参数的确定

根据土壤水文类型、土壤前期湿度等级和土地利用类型，按照本研究确定的赋值标准，逐斑块确定 SCS 模型的 CN 参数。

（7）雨洪径流量模拟

将日降水数据和 CN 参数代入公式，逐降雨场次开展 SCS 模型的径流模拟。

（8）城市绿地雨洪削减量的估算

以三种城市绿地生态系统和城市建成区的空间范围为输入，在 ArcGIS 软件下，利用公式分别统计各种绿地生态系统和非绿地生态系统在年尺度上的雨洪径流总量，进而计算三种城市绿地削减的雨洪径流总量。

5.9.5.3 结果对比与验证

由于厦门市建成区内没有可用的径流观测数据，无法对 SCS 模型的模拟结果进行直接有效的验证。根据 SCS 模型的基本原理和公式可知，决定 SCS 模型模拟结果的关键参数主要有两个，分别是降水和各种土地利用类型的 CN 值。降水数据来自雨量站的实测记录，无需进行验证。因此，通过 CN 参数的对比分析，可以间接对模型结果的合理性进行说明。李胜（2005）基于 SCS 模型对整个厦门市 1996 年和 2002 年的径流量进行模拟，将厦门市的土地利用类型分为耕地、林地、草地、高密度建设用地、低密度建设用地、开发用地、未利用地和水体八类。与本研究相比，林地、草地、未利用地和水体四类土地利用类型存在重叠，CN 值的对比结果见表 5-40。

表 5-40　SCS 模型的 CN 参数对比

土壤水文类型	AMC 等级	林地	草地	未利用地	水面
A	AMC Ⅰ	17/13	21/20	61/53	98/94
	AMC Ⅱ	32/25	38/36	78/72	98/98
	AMC Ⅲ	52/44	58/57	93/88	98/100
B	AMC Ⅰ	35/35	38/39	74/67	98/94
	AMC Ⅱ	55/55	58/60	87/82	98/98
	AMC Ⅲ	75/76	78/80	97/94	98/100

土壤水文类型	AMC 等级	林地	草地	未利用地	水面
	AMC Ⅰ	51/51	52/56	81/76	98/94
C	AMC Ⅱ	70/70	71/74	92/88	98/98
	AMC Ⅲ	87/87	88/90	98/96	98/100
	AMC Ⅰ	59/59	61/64	86/79	98/94
D	AMC Ⅱ	77/77	78/80	94/90	98/98
	AMC Ⅲ	92/91	93/93	98/97	98/100

注：表中/左侧为本研究 SCS 模型的 CN 值，/右侧为李胜（2005）所构建 SCS 模型的 CN 值。

通过计算，上述四种土地利用类型 CN 值的平均绝对误差为 2.54，该研究确定的 CN 值稍微偏高，但考虑到平均绝对误差的偏差相对较小，可以认为该研究确定的 CN 参数值比较合理。李胜（2005）基于 SCS 模型，模拟厦门市 1996 年和 2002 年的径流量分别为 5.53 亿 m³ 和 5.72 亿 m³，本研究同样将 SCS 模型应用到整个厦门市，得到 2010 年和 2015 年厦门市的径流总量分别为 3.87 亿 m³ 和 4.70 亿 m³。需要注意的是，虽然两个研究的研究区相同，但降水输入存在着明显差异。李胜（2005）采用的降水输入是所有降水场次，而本研究采用的降水场次仅是大雨及其以上强度的降水输入。通过对比发现，本研究得到的模拟结果小于李胜（2005）的模拟结果，但不存在数量级上的差异，这说明本研究 SCS 模型的模拟结果是比较合理的。

5.9.6 雨洪减排服务核算结果

5.9.6.1 雨洪减排服务时空动态变化

2015 年，厦门市建成区绿地生态系统和非绿地生态系统的平均雨洪径流深分别为 127.42 mm 和 463.19 mm，单位城市绿地削减的雨洪径流深为 335.77 mm。2015 年厦门市城市绿地总面积为 227.35 km²，由此计算得到 2015 年城市绿地削减的雨洪径流总量为 7634.37 万 m³。2010 年厦门市建成区绿地生态系统和非绿地生态系统的平均雨洪径流深分别为 72.61 mm 和 334.89 mm，单位城市绿地削减的雨洪径流深为 262.28 mm。2010 年厦门市城市绿地总面积为 167.19 km²，由此计算得到 2010 年城市绿地削减的雨洪径流总量为 4385.40 万 m³。

与 2010 年相比，2015 年厦门市单位城市绿地削减的平均雨洪径流深增加了 73.4 mm，绿地面积增加了 60.18 km²，削减的雨洪径流总量增加了 3248.97 万 m³，约增加了 74.09%（图 5-58）。

5.9.6.2 不同地区雨洪减排服务

从各行政区来看，2010 年海沧区绿地生态系统对城市雨洪的削减量最大，总雨洪减排量为 1639.32 万 m³，其余依次为同安区、思明区、集美区、翔安区和湖里区；2015 年

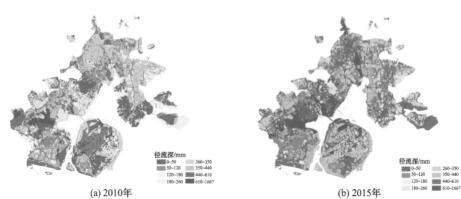

径流深/mm
0~50   260~350
50~120   350~440
120~180   440~610
180~260   610~1667

(a) 2010年

径流深/mm
0~50   260~350
50~120   350~440
120~180   440~610
180~260   610~1667

(b) 2015年

图 5-58　2010 年和 2015 年厦门市建成区雨洪径流深空间分布

海沧区绿地生态系统对城市雨洪的削减量最大，总雨洪减排量为 1922.88 万 m³，其余依次为同安区、集美区、思明区、翔安区和湖里区。从单位面积雨洪减排量来看，各行政区由高到低依次为同安区、集美区、思明区、湖里区、同安区和翔安区（表 5-41）。

表 5-41　厦门市各区雨洪减排服务

地区	雨洪减排量/万 m³			单位面积雨洪减排量/（万 m³/km²）		
	2010 年	2015 年	2015 年相对于 2010 年变化量	2010 年	2015 年	2015 年相对于 2010 年变化量
厦门市	4385.4	7634.37	3248.97	26.23	33.58	7.35
思明区	729.34	1024.1	294.76	24.63	28.43	3.80
湖里区	221.55	600.2	378.65	22.13	32.74	10.61
集美区	698.37	1576.77	878.40	30.06	45.70	15.64
海沧区	1639.32	1922.88	283.56	35.01	34.86	−0.15
同安区	869.51	1645.47	775.96	21.42	32.58	11.16
翔安区	227.31	864.95	637.64	13.43	26.35	12.92

相比于 2010 年，2015 年厦门市各区雨洪减排量均有增加，其中集美区增加量最多，雨洪减排量增加了 878.40 万 m³，其次是同安区和翔安区。从单位面积雨洪减排量来看，除海沧区外，2015 年各区单位面积雨洪减排量都有所增加，其中集美区增加量最多，增加了 15.64 万 m³/km²（图 5-59）。

5.9.6.3　不同生态系统类型雨洪减排服务

从绿地生态系统类型来看，2010 年和 2015 年厦门市雨洪减排量最大的是乔木绿地，其雨洪减排量分别为 3430.21 万 m³ 和 6162.97 万 m³，分别占绿地雨洪减排总量的 78.22% 和 80.73%。从单位面积雨洪减排量来看，2010 年草本绿地单位面积雨洪减排量最大，为 27.22 万 m³/km²，2015 年乔木绿地单位面积雨洪减排量最大，为 33.81 万 m³/km²（表 5-42）。

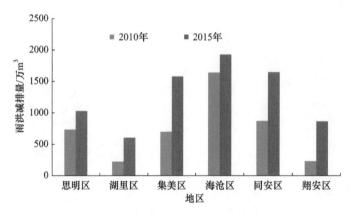

图 5-59   厦门市各区雨洪减排量

表 5-42   厦门市不同生态系统类型雨洪减排服务

生态系统类型	雨洪减排量/万 m³			单位面积雨洪减排量/（万 m³/km²）		
	2010 年	2015 年	2015 年相对于 2010 年变化量	2010 年	2015 年	2015 年相对于 2010 年变化量
城市绿地	4385.41	7634.36	3248.95	26.23	33.58	7.35
草本绿地	455.19	807.86	352.67	27.22	32.48	5.26
灌木绿地	500.01	663.53	163.52	24.98	32.78	7.80
乔木绿地	3430.21	6162.97	2732.76	26.29	33.81	7.52

相比于 2010 年，2015 年厦门市不同生态系统类型雨洪减排量均有所增加，乔木绿地增加量最大，为 2732.76 万 m³，对应增率高达 79.67%；从单位面积雨洪减排变化量来看，不同生态系统类型雨洪减排量均有所增加，灌木绿地增加量最大，为 7.80 万 m³/km²。从单位面积雨洪减排变化率来看，灌木绿地变化率最大，为 31.26%（图 5-60）。

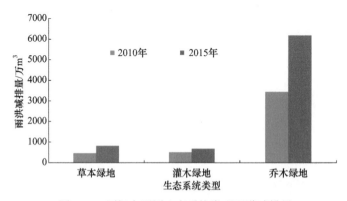

图 5-60   厦门市不同生态系统类型雨洪减排量

5.10 土壤保持服务核算

5.10.1 土壤保持服务概念内涵

土壤保持服务是指森林、草地等生态系统对土壤起到的覆盖保护及对养分、水分调节过程，以防止地球表面的土壤被侵蚀的功能，包括减少泥沙淤积和保持土壤养分两个方面。研究主要对 2010 年和 2015 年降水条件下，极端退化裸地状态下土壤侵蚀量和实际侵蚀量差值进行了计算，评估了厦门市自然生态系统 2010 年和 2015 年的土壤保持能力。

5.10.2 土壤保持服务研究进展

目前，国内外土壤保持服务评估研究方法相对较多，其中，土壤侵蚀模型是估算土壤侵蚀量最有效的手段之一。根据模型建立的途径和模拟过程，通常可以分为经验统计模型和物理过程模型。

5.10.2.1 经验统计模型

经验统计模型以定性描述和统计分析为主，主要用于估算某一区域、一定时期内的平均侵蚀量，应用最为广泛的经验统计模型是通用土壤流失方程（universal soil loss equation, USLE），它是 Wischmeier 和 Smith（1965）在对美国东部地区 30 个州 10 000 多个径流小区近 30 年的观测资料进行系统分析基础上得出的。USLE 全面考虑了影响土壤侵蚀的自然因素，因子具有物理意义，通过降雨侵蚀力、土壤可蚀性、坡度和坡长、植被覆盖和水土保持措施五大因子对土壤侵蚀性进行定量计算，具有很强的使用性。但是该模型使用数据主要来自美国洛基山山脉以东地区，仅适用平缓坡地，推广应用受到限制。20 世纪 80 年代以来，我国学者以 USLE 为基础，结合中国或地区的实际情况，对 USLE 各因子进行修正，建立了适合中国或地区的修正通用土壤流失方程（RUSLE），如刘宝元和史培军（1998）根据 USLE 的建模思路，以及我国水土保持措施的实际情况，提出中国土壤流失预报方程；江忠善和郑粉莉（2004）将沟间地与沟谷地区别对待，分别建立侵蚀模型。

5.10.2.2 物理过程模型

物理过程模型从产沙、水流汇流及泥沙输移的物理概念出发，利用各种数学方法，结合相关学科的基本原理，根据降水、径流条件，以数学的形式总结出土壤侵蚀过程，预报给定时段内的土壤侵蚀量。1947 年，Ellison 将土壤侵蚀划分为降水分离、径流分离、降水输移和径流输移 4 个子过程，为土壤侵蚀物理模型的研究指明了方向。20 世纪 80 年代初到 20 世纪末，众多基于土壤侵蚀过程的物理模型相继问世，其中以美国的 WEPP 模型最具代表性，是迄今为止描述水蚀相关物理过程参数最多的模型，它几乎涉及与土壤侵蚀相关的所有过程，包括天气变化、降水、截留、入渗、蒸发、灌溉、地表径流、地下径流、土壤分离、泥沙输移、植物生长、根系发育、根冠生物量比、植物残茬分解、农机的影响等子过程。模型能较好地反映侵蚀产沙的时空分布，外延性较好，易于在其

133

他区域应用。此外，Morgan（1994）根据欧洲土壤侵蚀的研究成果，开发了用于描述和预报田间和流域的 EUROSEM 模型（European soil erosion model）。

综上，估算土壤侵蚀量的模型众多，但 USLE 较为全面地考虑了影响土壤侵蚀的各种因素，具有一定的精度且相对简单，至今仍是土壤保持计算的主要方法。因而本研究选用 RUSLE 估算厦门市土壤保持服务。

5.10.3 核算对象与数据来源

5.10.3.1 核算对象与范围

本研究生态系统土壤保持服务功能的评估，以厦门市森林、灌丛、草地和湿地等自然生态系统作为评估对象，以厦门市实际生态系统的土壤侵蚀量与极度退化裸地无植被状态下的潜在土壤侵蚀量之差作为生态系统的土壤保持量，估算厦门市 2010 年和 2015年的陆地生态系统土壤保持服务。

5.10.3.2 数据来源与处理

USLE 是世界范围内应用最广泛的土壤侵蚀预报模型。本研究采用该模型进行厦门市土壤保持服务的核算，核算所需数据见表 5-43。

表 5-43　USLE 参数化所需数据及来源

数据需求	数据来源	用途
5m DEM	厦门市国土局	计算地形因子
逐月降水量数据	厦门市气象局	生成降雨侵蚀力因子图层
中国 1∶100 万土壤类型图	中国科学院南京土壤研究所	生成土壤可蚀性因子图层
30 m 植被覆盖数据	NASA 官网	计算植被覆盖因子
30 m 土地利用图	厦门市国土局	计算水土保持因子

5.10.4 土壤保持服务核算方法

5.10.4.1 土壤保持量核算方法

厦门市土壤保持能力采用 USLE 计算，土壤侵蚀量计算公式为

$$USLE = R \times K \times LS \times C \times P$$

式中，USLE 为栅格 x 的土壤侵蚀量；R 为降雨侵蚀力因子；K 为土壤可蚀性因子；LS 为坡度和坡长因子；C 为植被覆盖因子；P 为水土保持因子。潜在土壤侵蚀量为极端退化裸地状态下土壤侵蚀量，此时 C 和 P 因子均为 1；实际土壤侵蚀量为 $R \times K \times LS \times C \times P$。

厦门市自然生态系统的土壤保持量可以用潜在土壤侵蚀量与实际土壤侵蚀量之差来表征。

（1）降雨侵蚀力因子

降雨是引起土壤侵蚀的主要驱动力，降雨侵蚀力表征了降雨引起土壤发生侵蚀的潜

在能力。本研究采用周伏建等（1995）根据福建省实测数据建立的降雨侵蚀力计算公式：

$$R = \left[\sum_{i=1}^{12} (-1.5527 + 0.1792 P_i) \right] \times 17.02$$

式中，R 为年均降雨侵蚀力值[MJ·mm/（$hm^2 \cdot h$）]；P_i 为月降水量（mm）。

厦门市降雨侵蚀力自西北向东南有降低趋势，2010 年和 2015 年降雨侵蚀力平均值分别为 5193.58 MJ·mm/（$hm^2 \cdot h$）和 4705.91 MJ·mm/（$hm^2 \cdot h$）。

（2）土壤可蚀性因子

土壤可侵蚀因子是指土壤潜在的可侵蚀度量，反映的是土壤的抗侵蚀能力，其大小受土壤理化性质的影响。William 等（1984）采用 EPIC 模型提出了基于土壤有机质和土壤颗粒分析的土壤可蚀性值计算方法，计算公式为

$$\begin{aligned} K = 0.1317 &\times \left\{ 0.2 + 0.3 \times \exp \left[-0.0256 \times S_d \times (1 - S_1 / 100) \right] \right\} \cdot [S_1 / (C_1 + S_1)]^{0.3} \\ &\times \left\{ 1.0 - 0.25 \times C / \left[C + \exp(3.72 - 2.95 \times C) \right] \right\} \\ &\times \left[1.0 - 0.7 \times (1 - S_d / 100) / \left\{ (1 - S_d / 100) + \exp \left[-5.51 + 22.9 \times (1 - S_d / 100) \right] \right\} \right] \end{aligned}$$

式中，K 为土壤可蚀性因子，为英制单位，乘以 0.1317 后转换成国际制单位[$t \cdot hm^2 \cdot$ /（$MJ \cdot mm$）]；S_d 为砂粒含量（%）；S_1 为粉粒含量（%）；C_1 为黏粒含量（%）；C 为有机碳含量（%）。厦门市土壤可蚀性因子介于 0～0.19，总体上中部最低，东部较高，西部较低。

（3）地形因子

地形因子是指在其他条件相同的情况下，特定坡面（特定坡度和坡长）的土壤流失量与标准径流小区土壤流失量之比值。其值为坡长因子 L 与坡度因子 S 的乘积。地形因子的计算采用 ArcGIS 的水分分析模块和地形分析模块进行，通过汇流计算可以得到坡长 l，利用坡度分析工具可以得到坡度 θ，之后在栅格计算器 Raster calculator 中采用下面公式计算得到地形因子 LS。计算公式为

$$LS = (l / 22)^{0.3} \times (\theta / 5.16)^{1.3}$$

$$l = m \times \cos \theta$$

$$m = \begin{cases} 0.2, & t \leqslant 1\% \\ 0.3, & 1\% < t \leqslant 3\% \\ 0.4, & 3\% < t \leqslant 5\% \\ 0.5, & t \geqslant 5\% \end{cases}$$

式中，l 为坡长（m）；θ 和 t 分别为坡度和百分比坡度；m 为地表面沿流向的水流长度。厦门市地形因子介于 0～182.19，均值为 4.36。总体上中部及东南部偏低，西北部略高。

（4）植被覆盖因子

植被覆盖因子是 USLE 中最重要的参数（无纲量），在特定情况下它可以决定土壤侵蚀强度的大小，其大小取决于植被类型、植被长势和植被覆盖度。MODIS 30m 分辨率植被覆盖度产品，取其每月中旬数据作为植被覆盖因子参数，分别计算出每个月的植被覆

135

盖因子。

$$C = \begin{cases} 1, & f_{\mathrm{v}} \leqslant 0.1\% \\ 0.6508 - 0.34361\lg f_{\mathrm{v}}, & 0.1\% < f_{\mathrm{v}} < 78.3\% \\ 0, & f_{\mathrm{v}} \geqslant 78.3\% \end{cases}$$

$$f_{\mathrm{v}} = (\mathrm{NDVI} - \mathrm{NDVI}_{\min}) / (\mathrm{NDVI}_{\max} - \mathrm{NDVI}_{\min})$$

式中，C 为作物管理及植被覆盖因子（无量纲）；f_{v} 为年均植被覆盖度（%）；$\mathrm{NDVI}_{\min}$、$\mathrm{NDVI}_{\max}$ 为整个植被生长季节 NDVI 的最小值和最大值。厦门市植被覆盖因子自西北向东南有升高趋势，2010 年和 2015 年植被覆盖因子分别为 0.033 和 0.032，基本保持稳定。

（5）水土保持因子

水土保持因子是一个无纲量，指特定水土保持措施下的土壤流失量与相应未采取措施进行顺坡耕作的土壤流失比值，取值介于 0～1，值越低代表采取措施的水土保持效果越好，而 1 则代表没有采取任何保持措施。水土保持因子取值的大小见表 5-44。

表 5-44　厦门市水土保持因子取值

阔叶林	针叶林	针阔混交林	稀疏林	灌木林地	草地
1	1	1	0.9	0.9	1
滩涂	水域及水利设施用地	耕地	园地	城市绿地	裸地
0	0	0.0316	0.4962	0.9	1

资料来源：《全国生态环境十年变化（2000—2010 年）遥感调查与评估》项目技术指南中改进的参数表。

厦门市水土保持因子西北部较高，东南部较低；2010～2015 年厦门市水土保持因子平均值由 0.45 上升为 0.47。

5.10.4.2　减少泥沙淤积和养分保持核算方法

生态系统因保持土壤而减少泥沙淤积的体积按照 24% 的比例估算，计算公式为

$$Q_{\mathrm{ds}} = (Q_{\mathrm{sr}} \times 24\%) / \rho$$

式中，Q_{ds} 为生态系统减少泥沙淤积量（m³/a）；Q_{sr} 为厦门市土壤保持量（t/a）；ρ 为土壤容重（t/m³），取值为 0.82 t/m³。

生态系统防止土壤流失的同时，减少了土壤养分流失，计算公式为

$$Q_{\mathrm{dn}} = Q_{\mathrm{sr}} \times C_{\mathrm{sn}}$$

式中，Q_{dn} 为生态系统减少养分流失量（t/a）；C_{sn} 为土壤养分含量，包括有机质、氮、磷和钾（%），取值分别为 2.26%、0.1%、0.04% 和 1.5%，数据来源于中国 1∶100 万土壤类型图。

5.10.5　土壤保持服务核算结果

5.10.5.1　土壤保持量核算结果

（1）土壤保持能力时空动态变化

厦门市 2010 年潜在侵蚀量为 399.64 万 t，实际侵蚀量为 0.33 万 t，土壤保持总量为 399.31 万 t；2015 年潜在侵蚀量为 441.70 万 t，实际侵蚀量为 0.27 万 t，土壤保持总量为

441.43 万 t；相比于 2010 年，2015 年土壤保持量增加了 42.12 万 t。厦门市单位面积土壤保持量同安区、集美区外围较高，近海地区较低。2010 年和 2015 年单位面积土壤保持量为 2348.97 t/km^2 和 2596.72 t/km^2；相比于 2010 年，2015 年单位面积土壤保持能力增加了 247.67 t/km^2。

（2）不同地区土壤保持量

厦门市各区土壤保持量存在很大差异。就土壤保持量而言，2015 年土壤保持量最高的是同安区，为 292.79 万 t；其次为集美区，量为 72.69 万 t；翔安区和海沧区分别为 43.82 万 t 和 29.25 万 t；思明区和湖里区最低，仅为 2.29 万 t 和 0.59 万 t（表 5-45）。

表 5-45　厦门市各区土壤保持量

地区	土壤保持量/万 t			单位面积土壤保持量/（t/km^2）		
	2010 年	2015 年	2015 年相对于 2010 年变化量	2010 年	2015 年	2015 年相对于 2010 年变化量
厦门市	399.31	441.43	42.12	2348.12	2595.79	247.67
思明区	1.89	2.29	0.40	224.68	272.02	47.34
湖里区	0.44	0.59	0.15	59.62	79.68	20.06
集美区	74.26	72.69	−1.57	2707.10	2650.08	−57.02
海沧区	29.80	29.25	−0.55	1595.38	1565.57	−29.81
同安区	248.78	292.79	44.01	3716.68	4374.16	657.48
翔安区	44.14	43.82	−0.32	1071.13	1063.44	−7.69

从纵向时间对比分析，相比于 2010 年，2015 年同安区单位面积土壤保持量增加了 657.48 t/km^2；思明区、湖里区单位面积土壤保持量略微上升，分别增加了 47.34 t/km^2 和 20.06 t/km^2；翔安区、海沧区、集美区单位面积土壤保持量略微下降，分别减少了 7.69 t/km^2、29.81 t/km^2 和 57.02 t/km^2（图 5-61）。

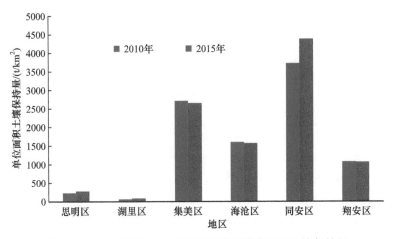

图 5-61　2010 年和 2015 年厦门市各区单位面积土壤保持量

（3）不同生态系统类型土壤保持量

厦门市不同生态系统类型土壤保持量存在很大差异。以 2015 年进行分析，土壤保持量最高的是森林，为 340.92 万 t；其次为农田，为 74.35 万 t；城市绿地、湿地、灌木林地和草地相对较低，分别为 10.40 万 t、9.50 万 t、4.94 万 t 和 1.33 万 t。就单位面积土壤保持量而言，灌木林地单位面积土壤保持量最高，为 9584.66 t/km²，森林单位面积土壤保持量次之，为 8055.75 t/km²，草地、农田单位面积土壤保持量分别为 3228.53 t/km² 和 2175.69 t/km²，城市绿地和湿地单位面积土壤保持量最低，分别为 457.55 t/km² 和 427.80 t/km²（表 5-46）。

表 5-46　厦门市不同生态系统类型土壤保持量

生态系统类型	土壤保持量/万 t			单位面积土壤保持量/（t/km²）		
	2010 年	2015 年	2015 年相对于 2010 年变化量	2010 年	2015 年	2015 年相对于 2010 年变化量
森林	304.18	340.92	36.72	7187.65	8055.75	868.10
阔叶林	34.72	39.02	4.30	5639.72	6334.72	695.00
针叶林	189.30	213.33	24.03	7052.10	7947.38	895.28
针阔混交林	77.09	84.90	7.81	8672.08	9550.46	878.38
稀疏林	3.07	3.67	0.60	7122.81	8573.32	1450.51
灌木林地	3.81	4.94	1.13	7384.38	9584.66	2200.28
灌木林地	3.81	4.94	1.13	7384.38	9584.66	2200.28
草地	1.28	1.33	0.05	4947.66	3228.53	−1719.13
草地	1.28	1.33	0.05	4947.66	3228.53	−1719.13
湿地	9.97	9.50	−0.47	425.84	427.80	1.96
滩涂	3.95	3.32	−0.63	266.15	226.72	−39.43
水域及水利设施用地	6.02	6.18	0.16	702.08	815.86	113.78
农田	70.49	74.35	3.86	1891.02	2175.69	284.67
耕地	23.91	22.10	−1.81	1047.14	1092.77	45.63
园地	46.58	52.25	5.67	3225.31	3745.79	520.48
城镇	9.57	10.40	0.83	572.44	457.55	−114.89
城市绿地	9.57	10.40	0.83	572.44	457.55	−114.89

从纵向时间对比分析，相比于 2010 年，2015 年森林土壤保持量增加了 36.72 万 t，农田、灌木林地、城市绿地和草地土壤保持量分别增加了 3.86 万 t，1.13 万 t、0.83 万 t 和 0.04 万 t；湿地土壤保持量减少了 0.47 万 t。就单位面积土壤保持量而言，灌木林地、森林、农田和湿地分别增加了 2200.28 t/km²、868.10 t/km²、284.67 t/km² 和 1.96 t/km²，草地和城市绿地分别减少了 1719.13 t/km² 和 114.89 t/km²，这主要是由降水量及其空间分布变化引起的（图 5-62）。

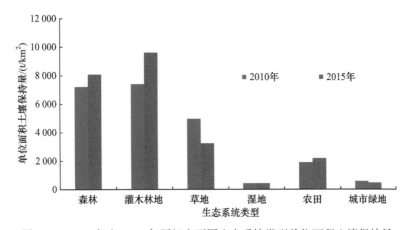

图 5-62　2010 年和 2015 年厦门市不同生态系统类型单位面积土壤保持量

5.10.5.2　减少泥沙淤积和养分保持核算结果

自然生态系统通过其土壤保持能力，在保持土壤的过程中，发挥了减少泥沙淤积和养分保持的服务功能。本研究在土壤保持量评估的基础上，分别计算了减少泥沙淤积和养分保持量。

（1）不同地区减少泥沙淤积和养分保持量

以 2015 年进行分析，厦门市减少泥沙淤积量为 129.20 万 m^3，相比于 2010 年，增加了 12.34 万 m^3。从各区来看，同安区减少泥沙淤积量最高，为 85.69 万 m^3，相比于 2010 年呈现明显增加的趋势；集美区、翔安区和海沧区减少泥沙淤积量分别为 21.28 万 m^3、12.83 万 m^3 和 8.56 万 m^3，相比于 2010 年略微降低；思明区和湖里区减少泥沙淤积量分别为 0.67 万 m^3 和 0.17 万 m^3，相比于 2010 年略微上升（表 5-47）。

表 5-47　厦门市各区减少泥沙淤积量　　　　　（单位：万 m^3）

地区	减少泥沙淤积量		
	2010 年	2015 年	2015 年相对于 2010 年变化量
厦门市	116.86	129.20	12.34
思明区	0.55	0.67	0.12
湖里区	0.13	0.17	0.04
集美区	21.73	21.28	−0.45
海沧区	8.72	8.56	−0.16
同安区	72.81	85.69	12.88
翔安区	12.92	12.83	−0.09

2015 年厦门市土壤有机质和总氮保持量分别为 99 762.59 万 t 和 4414.27 t，相比于 2010 年，分别增加了 9518.44t 和 421.17 t。从各区来看，同安区有机质和总氮保持量最高，为 66 170.46 t 和 2927.90 t，相比于 2010 年呈现明显增加的趋势；集美区、翔安区和海沧区土壤有机质和总氮保持量分别为 16 428.57t、9904.05t、6609.90 t 和 726.93 t、438.23 t、

292.47 t，相比于 2010 年略微降低；思明区和湖里区土壤有机质和总氮保持量最小，相比于 2010 年略微上升（表 5-48）。

表5-48　厦门市各区土壤有机质和总氮保持量 （单位：t）

地区	有机质			总氮		
	2010 年	2015 年	2015 年相对于 2010 年变化量	2010 年	2015 年	2015 年相对于 2010 年变化量
厦门市	90 244.15	99 762.59	9 518.44	3 993.10	4 414.27	421.17
思明区	426.51	516.39	89.88	18.87	22.85	3.98
湖里区	99.69	133.22	33.53	4.41	5.89	1.48
集美区	16 782.07	16 428.57	−353.50	742.57	726.93	−15.64
海沧区	6 735.76	6 609.90	−125.86	298.04	292.47	−5.57
同安区	56 224.41	66 170.46	9 946.05	2 487.81	2 927.90	440.09
翔安区	9 975.71	9 904.05	−71.66	441.40	438.23	−3.17

2015 年厦门市土壤总磷和总钾保持量分别为 1765.71 t 和 66 214.10 t，相比于 2010 年，分别增加了 168.47 t 和 6317.55 t。从各区来看，同安区总磷和总钾保持量最高，为 1171.16 t 和 43918.45 t，相比于 2010 年呈现明显增加的趋势；集美区、翔安区和海沧区土壤总磷和总钾保持量分别为 290.77 t、175.29 t、116.99 t 和 10 903.92 t、6573.48 t、4387.10 t，相比于 2010 年略微降低；思明区和湖里区土壤总磷和总钾保持量最小，相比于 2010 年略微上升（表 5-49）。

表5-49　厦门市各区土壤总磷和总钾保持量 （单位：t）

地区	总磷			总钾		
	2010 年	2015 年	2015 年相对于 2010 年变化量	2010 年	2015 年	2015 年相对于 2010 年变化量
厦门市	1 597.24	1 765.71	168.47	59 896.55	66 214.10	6 317.55
思明区	7.55	9.14	1.59	283.08	342.73	59.65
湖里区	1.76	2.36	0.59	66.16	88.42	22.26
集美区	297.03	290.77	−6.26	11 138.54	10 903.92	−234.62
海沧区	119.22	116.99	−2.23	4 470.64	4 387.10	−83.54
同安区	995.12	1 171.16	176.04	37 317.09	43 918.45	6 601.36
翔安区	176.56	175.29	−1.27	6 621.04	6 573.48	−47.56

（2）不同生态系统类型减少泥沙淤积和养分保持量

从各生态系统类型来看，2015 年森林减少泥沙淤积量最高，为 99.78 万 m³，其中针叶林达到 62.44 万 m³；农田减少泥沙淤积量其次，为 21.76 万 m³；城市绿地、湿地、灌木林地和草地减少泥沙淤积量相对较低，分别为 3.04 万 m³、2.78 万 m³、1.44 万 m³ 和

0.39 万 m³，其中，相比于 2010 年，湿地泥沙淤积量减少了 0.14 万 m³，其他生态系统类型均有所增加（表 5-50）。

表 5-50 厦门市各生态系统类型减少泥沙淤积量   （单位：万 m³）

生态系统类型	减少泥沙淤积量		
	2010 年	2015 年	2015 年相对于 2010 年变化量
森林	89.03	99.78	10.75
阔叶林	10.16	11.42	1.26
针叶林	55.41	62.44	7.03
针阔混交林	22.56	24.85	2.29
稀疏林	0.90	1.07	0.17
灌木林地	1.12	1.44	0.33
灌木林地	1.12	1.44	0.33
草地	0.38	0.39	0.01
草地	0.38	0.39	0.01
湿地	2.92	2.78	−0.14
滩涂	1.16	0.97	−0.18
水域及水利设施用地	1.76	1.81	0.05
农田	20.63	21.76	1.13
耕地	7.00	6.47	−0.53
园地	13.63	15.29	1.66
城镇	2.80	3.04	0.24
城市绿地	2.80	3.04	0.24

2015 年厦门市森林有机质和总氮保持量为 77 047.15 t 和 3409.17 t；其次为农田，有机质和总氮保持量为 16 802.28 t 和 743.46 t；城市绿地、湿地、灌木林地和草地相对较低，有机质和总氮保持量分别为 2351.11 t、2146.52 t、1115.74 t、299.79 t 和 104.03 t、94.98 t、49.37 t、13.27 t（表 5-51）。

表 5-51 厦门市各生态系统类型土壤有机质和总氮保持量   （单位：t）

生态系统类型	有机质			总氮		
	2010 年	2015 年	2015 年相对于 2010 年变化量	2010 年	2015 年	2015 年相对于 2010 年变化量
森林	68 745.96	77 047.15	8 301.19	3 041.86	3 409.17	367.31
阔叶林	7 846.96	8 817.78	970.82	347.21	390.17	42.96
针叶林	42 782.15	48 212.80	5 430.65	1 893.02	2 133.31	240.29
针阔混交林	17 423.38	19 188.00	1 764.62	770.95	849.03	78.08
稀疏林	693.47	828.57	135.10	30.68	36.66	5.98
灌木林地	861.67	1 115.74	254.07	38.13	49.37	11.24
灌木林地	861.67	1 115.74	254.07	38.13	49.37	11.24

续表

生态系统类型	有机质			总氮		
	2010 年	2015 年	2015 年相对于2010 年变化量	2010 年	2015 年	2015 年相对于2010 年变化量
草地	290.20	299.79	9.59	12.84	13.27	0.43
草地	290.20	299.79	9.59	12.84	13.27	0.43
湿地	2 252.48	2 146.52	−105.96	99.67	94.98	−4.69
滩涂	892.11	749.32	−142.79	39.47	33.16	−6.31
水域及水利设施用地	1 360.37	1 397.20	36.83	60.19	61.82	1.63
农田	15 930.73	16 802.28	871.55	704.90	743.46	38.56
耕地	5 403.83	4 994.40	−409.43	239.11	220.99	−18.12
园地	10 526.90	11 807.88	1 280.98	465.79	522.47	56.68
城镇	2 163.10	2 351.11	188.01	95.71	104.03	8.32
城市绿地	2 163.10	2 351.11	188.01	95.71	104.03	8.32

2015 年厦门市森林全磷和全钾保持量为 1363.66 t 和 51 137.48 t；其次为农田，全磷和总钾保持实物量为 297.39 t 和 11 151.96 t；城市绿地、湿地、灌木林地和草地相对较低，总磷和总钾保持量分别为 41.61 t、37.99 t、19.75 t、5.31 t 和 1560.47 t、1424.68 t、740.53 t、198.98t（表 5-52）。

表 5-52　厦门市各生态系统类型土壤总磷和总钾保持量　　　　（单位：t）

生态系统类型	总磷			总钾		
	2010 年	2015 年	2015 年相对于2010 年变化量	2010 年	2015 年	2015 年相对于2010 年变化量
森林	1 216.74	1 363.66	146.92	45 627.85	51 137.48	5 509.63
阔叶林	138.88	156.07	17.19	5 208.16	5 852.51	644.35
针叶林	757.21	853.32	96.11	28 395.23	31 999.64	3 604.41
针阔混交林	308.38	339.61	31.23	11 564.19	12 735.40	1 171.21
稀疏林	12.27	14.66	2.39	460.27	549.93	89.66
灌木林地	15.25	19.75	4.50	571.90	740.53	168.63
灌木林地	15.25	19.75	4.50	571.90	740.53	168.63
草地	5.14	5.31	0.17	192.61	198.98	6.37
草地	5.14	5.31	0.17	192.61	198.98	6.37
湿地	39.87	37.99	−1.88	1 495.01	1 424.68	−70.33
滩涂	15.79	13.26	−2.53	592.11	497.33	−94.78
水域及水利设施用地	24.08	24.73	0.65	902.90	927.34	24.44
农田	281.96	297.39	15.43	10 573.49	11 151.96	578.47
耕地	95.64	88.40	−7.24	3 586.61	3 314.87	−271.74
园地	186.32	208.99	22.67	6 986.88	7 837.09	850.21
城镇	38.29	41.61	3.32	1 435.69	1 560.47	124.78
城市绿地	38.29	41.61	3.32	1 435.69	1 560.47	124.78

5.11 物种保育更新服务核算

5.11.1 物种保育更新服务概念内涵

物种保育更新服务可以理解为生态系统在当前生境条件下维持物种多样性及种群更新的能力，可以从生境质量、物种的珍稀濒危状况以及物种更新率三个方面开展评估。

5.11.2 物种保育更新服务研究进展

生物多样性是地球生命支持系统的核心和物质基础，是维持生态系统稳定性的基本条件，是人类文明的重要组成部分。当前，生物多样性评估既是一个热点问题，也是一个难点问题，还没有形成一个统一的、普遍接受的评估方法。大多数生态系统服务研究针对生物多样性维持进行评估，其相近表述还包括残遗种保护区、遗传多样性维护、栖息地和基因库保护、生物多样性保育、生物多样性等。例如，《森林生态系统服务功能评估规范》的指标类别包括生物多样性保护，具体评估指标为物种保育；《荒漠生态系统服务评估规范》的指标类别包括生物多样性保育，具体评估指标同样为物种保育。在评估方法上，多采用生境质量、Shannon-Wiener 指数等进行物质量核算，多采用机会成本法、支付意愿法、效益转移法等进行价值量评估。

尽管当前对生物多样性评估还没有形成统一的认识，但普遍认为生物多样性维持属于支持服务，是产生其他服务的基础，如果参与核算则可能存在重复计算的问题。但是，为了突出生态系统为物种提供栖息地和维持基因库的作用，有研究认为可以将支持服务作为某些难于定量化评估的替代指标进行评估。因此，本研究将物种保育更新服务列入生态系统价值核算指标体系，在物种保育评估的基础上，考虑了物种的更新率，以体现其流量特征。

5.11.3 核算对象与数据来源

5.11.3.1 核算对象与范围

本研究核算对象主要为近百年来在厦门市陆域出现的野生动物物种和维管束植物物种。野生动物包括野生哺乳类、爬行类、两栖类、淡水鱼类等，不包括人工饲养或圈养的动物，如鱼塘中的养殖鱼类、养殖场和动物园的动物等；野生植物只限于野生维管束植物，即野生蕨类、被子和裸子植物，不包括野生苔藓类、真菌类、藻类及人工栽培或驯化植物（如人工林、农田、果园、菜地、植物园、种植园等里的植物）。生物形成的复杂性和种类的多样性造成无法核实具体某个物种的数目，但是关于物种名录的整理工作已经在世界及全球范围内引起广泛的重视，可以保证核算结果的可靠性。另外，物种保育的核算处于实验阶段，本研究注重核算的可重复、可比较及可参考性目标，在考虑物种数量的基础上，又考虑了物种的特有性、受威胁程度及受保护程度等。

陆域物种调查范围以厦门市自然分布的陆地生态系统和淡水生态系统为主，不包括人工生态系统（如人工植物园、种植园或牧场、农田、菜地、果园）。

5.11.3.2 *数据来源与处理*

本研究的调查方式以现有资料收集为主、补充调查为辅。收集的资料包括各历史时期公开发表的期刊、专著等资料及各标本馆标本采集记录数据等，结合文献资料进行种类和分布区的确认。

（1）野生动植物名录

野生维管束植物名录来自中国科学院生物多样性委员会主编的《中国生物物种名录》。引用的信息包括中国范围内蕨类植物、裸子植物和被子植物的学名、中文名称、分类、是否中国特有种等基础信息。福建省在本省生物物种调查中对名录进行了一点增补。

（2）野生动植物分布数据采集

野生动植物分布数据主要依据前人完成，以及中华人民共和国成立后专业人员在福建省开展的生态系统和生物资源的考察与调查成果。主要有以下数据采集途径：①《中国植物志》《中国动物志》《福建植物志》《福建鱼类志》以及各历史时期公开发表的期刊、专著，专业人员或专业机构的内部调查资料，其他公开发表文献中的物种分布信息等，但限于篇幅，参考资料没有列在参考文献中；②各研究机构和大学的植物标本馆及动物标本馆馆藏标本采集信息，部分信息在线查询中国数字植物标本馆（http://www.cvh.an.cn）；③通过专家实地调查，收集厦门市各区物种，采集物种标本，了解外来入侵物种分布情况、特有物种分布情况、生态系统类型分布等数据。

（3）物种的特有性、受威胁程度及受保护程度

1）物种特有性。物种特有性是指是否为中国特有种。中国特有种指仅分布于中国境内，或者主要分布于中国境内，但鲜见于临近地区的物种，用于表征物种的特殊价值。

2）物种受威胁程度。物种受威胁程度是指所有由物种自身的原因或受到人类活动或自然灾害的影响而有灭绝危险的野生动植物，本研究是指《IUCN物种红色名录濒危等级和标准》中收录的属于极危、濒危、易危和近危的物种，以及CITES附录中的物种。

极危：野外状态下1个生物分类单元面临即将灭绝概率很高时，列为极危。

濒危：1个生物分类单元虽未达到极危的标准，但在可预见的不久将来，其野生状态下灭绝的概率高，列为濒危。

易危：1个生物分类单元虽未达到极危或濒危的标准，但在未来一段时间，其野生状态下灭绝的概率较高，列为易危。

近危：1个生物分类单元虽未达到极危、濒危或易危的标准，但在未来一段时间，接近符合或可能符合受威胁等级，列为近危。

CITES附录：旨在禁止一切濒临灭绝野生动植物的贸易，附录Ⅰ列出了已经或可能受到贸易影响而濒临灭绝的物种，附录Ⅱ列出了若干控制贸易或可能因贸易而濒危或灭绝的物种，附录Ⅲ是2000年提出的一些物种。农业部①通知附录Ⅰ按照国家一级保护执行、附录Ⅱ和附录Ⅲ按照国家二级保护执行。2000年联合国生物多样性公约第11届缔约国大会通过了3个附录的修正案。

---

① 现为农业农村部。

3）重点保护物种。《中华人民共和国野生动物保护法》第九条将国家重点保护野生动物划分为国家一级保护动物和国家二级保护动物两种，并对其保护措施进行了相关规定。1989 年，经国务院批准并颁布了《国家重点保护野生动物名录》。1993 年，福建省人民政府颁布了《福建省重点保护野生动物名录》《福建省一般保护野生动物名录》福建省常见的国家重点保护野生动物名录。

5.11.4 物种保育更新服务核算方法

5.11.4.1 核算原则

（1）充分体现生态保护成效

物种保育更新与其生境质量戚戚相关，生境的维持主要依靠各类生态保护工程，目前不同级别的措施也正在推动生物多样性的保护工作，提出的核算方法能够将基准年和评估年的生态保护成效凸显，从而有利于管理决策与保护政策的制定。

（2）核算结果可重复、可比较

充分体现可重复性和可比较性特征，不仅在本区域适用，而且在其他区域也适用；既对生态保护管理部门管理有益，也可被普通民众检验修正；所有核算参数以实测数据为根本，一些难以确定的参数采用经验值进行弥补；同时注重与国家及各行业的规范标准的协调和衔接，避免重复工作，评估参数及方法采用成熟可靠的技术手段进行调查与分析评价。

（3）充分反映物种濒危程度

既充分体现物种濒危等级状况，也充分体现每一个指标的科学性和规范性；目前国内外都对濒临灭绝的物种提出相应的濒危等级划分，主要依靠野生种群数量、分布范围及栖息环境状况等来判定物种濒危程度，现阶段主要濒危程度有 IUCN 等级、国家保护等级及特有种等级等几个主要反映物种濒危程度的类别。

（4）充分体现陆地海洋统一

陆地生物与海洋生物存在形态、分布及栖息环境差异，陆地采样调查和海洋生物调查方法也是不同的，而且当前阶段物种种群数量较难通过几次实地调查全面评估，因此，评估方法选取从区域历史调查记录的野生动植物、保护等级及生境质量三个方面综合核算，重点以历史调查记录的野生动植物为主。

5.11.4.2 核算方法

生态系统可视为能量系统，系统各组分的关系和结构功能通过能量等级阶层得以体现，不同等级组分的能量具有不同的能质，但均始于太阳能。本研究利用能值理论，同时考虑物种特有、濒危、保护等级，以及物种更新率进行物种保育更新服务评估。在此基础上，选取生境质量作为物种保育更新服务年际变化的调整系数。

物种保育更新服务的计算公式为

$$U_{总} = r_m \cdot \delta \cdot \left(N + 0.1 \sum_{i=1}^{m} A_i \times N_{1i} + 0.1 \sum_{j=1}^{n} B_j \times N_{2j} + 0.1 \sum_{k=1}^{z} C_k \times N_{3k} \right) \cdot \tau \cdot \theta$$

式中，$U_{总}$ 为物种保育更新服务的能值量；r_m 为物种更新率，植物取值为 0.01，动物取值为 0.1；δ 为生境质量调整系数（即评估年生境质量与基准年生境质量的比值，生境质量利用 InVEST 模型进行计算）；N 为研究区物种数量；A_i 为中国特有种不同等级指数；N_{1i} 为中国特有种不同等级的物种数量；B_j 为 IUCN 不同濒危等级指数；N_{2j} 为 IUCN 不同濒危等级的物种数量；C_k 为不同保护等级指数；N_{3k} 为不同保护等级的物种数量；θ 为行政区面积占地球表面积的比例；τ 为单个物种的能值转换率；i 为中国特有种不同等级；j 为 IUCN 不同濒危等级；k 为不同保护等级；m 为中国特有种等级个数；n 为 IUCN 濒危等级个数；z 为保护等级个数。当同一物种属于多个等级时，只取最高级值。

（1）物种更新率

物种更新率指评估年相对基准年物种增加的比例，在实际核算过程中这一数值难以定量化评估。在动物生态学中，种群内禀增长率是常用的种群增长参数指标。种群内禀增长率是指在给定的物理和生物条件下，具有稳定的年龄组配的种群的最大瞬时增长率，是在实验状态下，种群最大的增长能力；可以作为一个理论模型，与自然界中的实际增长率进行比较。本研究在种群内禀增长率的基础上，经过与有关专家的多次讨论，确定了厦门市植物物种更新率为 0.01，动物物种更新率为 0.1。

（2）生境质量调整系数

生境质量指环境为个体或种群的生存提供适宜的生产条件的能力。生境质量由两个因素决定：①自身作为生境的适宜情况，即生境适宜度，取值范围介于 0～1，1 表示该生境具有最高适宜度，相反，非生境取值为 0；②生境退化度。生境质量计算公式为

$$Q_{xj} = H_j \left(1 - \frac{D_{xj}^z}{D_{xj}^z + k^z} \right)$$

式中，H_j 为土地利用类型 j 的生境适宜度；D_{xj} 为土地利用类型 j 中栅格 x 的生境退化度；k 为半饱和常数，即退化度最大值的一半；z 为模型默认参数。

人类活动对生境产生的影响通过生境退化度来体现，即威胁源引起的生境退化的程度。本研究将城镇用地、农村居民点、主要交通干道和耕地定义为生境的威胁源。生境退化度由 5 个因素决定：不同威胁源权重（ω_r）、威胁源强度（r_y）、威胁源对生境产生的影响（i_{rxy}）、生境抗干扰水平（β_x）以及每种生境对不同威胁源的相对敏感程度（S_{jr}）。5 个因素的取值介于 0～1。生境退化度的计算公式为

$$D_{xj} = \sum_{r=1}^{r} \sum_{y=1}^{y_r} \left(\frac{\omega_r}{\sum_{r=1}^{R} \omega_r} \right) r_y i_{rxy} \beta_x S_{jr}$$

$$i_{rxy} = 1 - \left(\frac{d_{xy}}{d_{rmax}} \right)$$

式中，r 为生境的威胁源；y 为威胁源 r 中的栅格；d_{xy} 为栅格 x（生境）与栅格 y（威胁源）的距离；d_{rmax} 为威胁源 r 的影响范围。

模型中涉及的主要参数包括威胁源影响范围及其权重、生境适宜度及其对不同威胁

源的相对敏感程度，参数值均来源于模型推荐的参考值，具体见表 5-53 和表 5-54。

表 5-53　威胁源的影响范围及其权重

威胁源	最大影响距离/km	权重	威胁源类型
城镇	10	0.7	指数型
道路	2	0.4	线性
裸地	6	0.5	指数型
旱地	5	1	指数型
矿区	4	0.8	指数型

表 5-54　生境适宜度及其对不同威胁源的相对敏感程度

土地编码	名称	生境	旱地	道路	城镇	裸地
1	林地	1	0.6	0.3	0.2	0.2
2	灌木	0.8	0.5	0.4	0.2	0.5
3	草地	0.6	0.8	0.4	0.4	0.4
4	河流	1	0	0.5	0.8	0.8
5	水田	0	1	0.4	0.6	0.4
6	旱地	0.2	0	0.6	0.4	0.4
7	城镇	0	0	1	0	1
8	道路	0	0	0	1	1
9	裸地	0.7	0.5	0	0.4	0
10	疏林地	0.8	0.5	0.4	0.3	0.4
11	稀疏灌木	0.8	0.5	0.4	0.4	0.4

（3）物种不同濒危、特有、保护等级的赋值方法

参考王兵和宋庆丰（2012）的赋值方法，本研究对不同等级濒危、特有、保护物种的赋值方法见表 5-55。

表 5-55　物种不同濒危、特有、保护等级及其赋值

等级指数	IUCN 濒危等级	国家保护等级	CITES 附录等级	地方重点保护等级	特有种等级界定标准
4	极危	国家一级保护	附录Ⅰ		仅限于范围不大的山峰或特殊的自然地理环境下分布
3	濒危	国家二级保护	附录Ⅱ	福建省重点保护野生动植物	仅限于某些较大的自然地理环境下分布的类群，如仅分布于较大的海岛（岛屿）、高原、若干个山脉等
2	易危		附录Ⅲ		仅限于某个大陆分布的分类群
1	近危				至少在两个大陆都有分布的分类群
0	无危、未评估及数据缺失				世界广泛的分类群

1）IUCN 濒危物种等级赋值标准：极危 4 分、濒危 3 分、易危 2 分、近危 1 分；

2）国家重点保护野生物种等级赋值标准：国家一级保护 4 分、国家二级保护 3 分；

3）CITES 附录濒危物种等级赋值标准：CITES 附录 I 4 分、CITES 附录 II 3 分、CITES 附录 III 2 分；

4）地方重点保护物种等级赋值标准：3 分；

5）中国特有物种等级赋值标准：仅限于中国境内分布的分类群 2 分（厦门市只有此类特有种）。

（4）物种能值转换率

据估计，在 2×10^9 年的地质进化历史中有 1.5×10^9 个物种形成，应用 Odum 等 1996 年计算的地球生物圈年能值基准值，可计算出地球单个物种的能值大小，计算公式为

$$\tau = \frac{E_t}{m/a}\cdot\theta$$

式中，τ 为每个物种的能值转换率；E_t 为地球生物圈年能值基准值；m 为历史中物种形成数量；a 为地质年代的时间；θ 为研究区面积占地球表面积的比值。

结果表明，厦门市陆地物种的能值转换率为 1.44×10^{20} sej/种（sej 指太阳能焦耳）。

5.11.5 物种保育更新服务核算结果

5.11.5.1 各类保护等级物种数目筛选结果

（1）动物物种

厦门市（包括集美区、海沧区、翔安区、同安区）陆域生态系统野生脊椎动物有 4 纲 17 目 48 科 91 属 112 种。其中，国家一级保护野生动物的有 4 种，国家二级保护野生动物有 6 种；属于福建省重点保护野生动物的有 2 种；属于中国特有种的有 14 种；属于《IUCN 物种红色名录濒危等级和标准》的极危 1 种、濒危 3 种、易危 13 种和近危 8 种；属于 CITES 附录 I 的有 2 种（表 5-56）。

表 5-56 动物物种不同等级数据汇总 （单位：种）

各类等级名称	保护级别	个数
国家保护等级	一级	4
国家保护等级	二级	6
中国特有种	是	14
IUCN 等级	极危	1
IUCN 等级	濒危	3
IUCN 等级	易危	13
IUCN 等级	近危	8
CITES 附录等级	附录 I	2
福建省重点保护		2

（2）植物物种

厦门市（包括集美区、海沧区、翔安区、同安区）陆域生态系统已定名的维管束植物有 9 纲 62 目 190 科 679 属 1119 种。其中，国家一级保护野生植物 1 种，国家二级保护野生植物 13 种；属于中国特有种的有 174 种；属于《IUCN 物种红色名录濒危等级和标准》的极危 3 种、濒危 2 种、易危 4 种和近危 4 种；属于 CITES 附录Ⅱ的有 27 种（表 5-57）。

表 5-57　植物物种不同等级数据汇总

各类等级名称	保护级别	个数
国家保护等级	一级	1
国家保护等级	二级	13
中国特有种	是	174
IUCN 等级	极危	3
IUCN 等级	濒危	2
IUCN 等级	易危	4
IUCN 等级	近危	4
CITES 附录等级	附录Ⅱ	27

5.11.5.2　生境质量

利用 InVEST 模型估算的 2010 年和 2015 年厦门市陆地生态系统生境质量分别为 0.48 和 0.51，生境质量调整系数为 1.04（表 5-58）。其中，同安区生境质量最大，2010 年和 2015 年分别为 0.53 和 0.54，其次是海沧区，分别为 0.51 和 0.53，湖里区最小，分别为 0.22 和 0.31。

表 5-58　2010 年和 2015 年厦门市各区陆地生态系统生境质量

地区	2010 年	2015 年
厦门市	0.48	0.51
思明区	0.42	0.48
湖里区	0.22	0.31
集美区	0.49	0.51
海沧区	0.51	0.53
同安区	0.53	0.54
翔安区	0.46	0.48

5.11.5.3　物种保育更新服务能值量

2015 年厦门市陆地物种能值量为 3.46×10^{21} sej，其中，植物物种能值量为 1.68×10^{21} sej，动物物种能值量为 1.78×10^{21} sej（表 5-59 和表 5-60）。从物种保护、濒危、特有等级来看，属于国家一级保护物种能值量为 2.36×10^{19} sej，国家二级保护物种能值量为 3.15×10^{19} sej；

属于《IUCN 物种红色名录濒危等级和标准》的极危物种能值量为 $7.47×10^{18}$ sej、濒危物种能值量为 $1.38×10^{19}$ sej、易危物种能值量为 $3.85×10^{19}$ sej 和近危物种能值量为 $1.21×10^{19}$ sej；属于 CITES 附录 I 物种能值量为 $1.15×10^{19}$ sej，附录 II 物种能值量为 $1.16×10^{19}$ sej；属于中国特有种能值量为 $9.02×10^{19}$ sej，属于福建省重点保护物种能值量为 $5.74×10^{18}$ sej。

表 5-59　2015 年厦门市陆地植物物种能值量

物种	各类等级名称	保护级别	能值量/sej
陆地植物	国家保护等级	一级	$5.74×10^{17}$
	国家保护等级	二级	$5.60×10^{18}$
	中国特有种	是	$5.00×10^{19}$
	IUCN 等级	极危	$1.72×10^{18}$
	IUCN 等级	濒危	$8.62×10^{17}$
	IUCN 等级	易危	$1.15×10^{18}$
	IUCN 等级	近危	$5.74×10^{17}$
	CITES 附录等级	附录 II	$1.16×10^{19}$
	其他物种	—	$1.61×10^{21}$
	总计	—	$1.68×10^{21}$

表 5-60　2015 年厦门市陆地动物物种能值量

物种	各类等级名称	保护级别	能值量/sej
陆地动物	国家保护等级	一级	$2.30×10^{19}$
	国家保护等级	二级	$2.59×10^{19}$
	中国特有种	是	$4.02×10^{19}$
	IUCN 等级	极危	$5.74×10^{18}$
	IUCN 等级	濒危	$1.29×10^{19}$
	IUCN 等级	易危	$3.73×10^{19}$
	IUCN 等级	近危	$1.15×10^{19}$
	CITES 附录等级	附录 I	$1.15×10^{19}$
	福建省重点保护	—	$5.74×10^{18}$
	其他物种	—	$1.61×10^{21}$
	总计	—	$1.78×10^{21}$

如果以 2010 年为基准年，以 2015 年和 2010 年生境质量的比值作为调节系数，那么，2015 年，厦门市陆地物种能值量为 $3.61×10^{21}$ sej，其中植物物种能值量为 $1.75×10^{21}$ sej，动物物种能值量为 $1.86×10^{21}$ sej。属于国家保护物种能值量为 $5.73×10^{19}$ sej，属于福建省重点保护物种能值量为 $5.98×10^{18}$ sej，属于《IUCN 物种红色名录濒危等级和标准》物种能值量为 $7.48×10^{19}$ sej，属于 CITES 附录物种能值量为 $2.41×10^{19}$ sej，属于中国特有

种能值量为 9.40×10^{19} sej。

5.12 休憩服务核算

5.12.1 休憩服务概念内涵

生态系统休憩服务主要体现在满足游客游憩休闲的需要，能够提供游憩休闲活动所需的优美自然环境、旅游服务及基础设施，是整合生态系统自然属性与人文建设的服务。生态系统休憩资源为人类提供的休憩服务，主要反映人类与生态系统的关系，生态系统休憩资源为人类提供休闲和娱乐场所而产生价值，包括旅游观光价值和日常休憩价值。

休憩服务的旅游观光价值是指休憩资源为人类提供旅游观光服务所体现的价值，主要通过直接价值和隐性价值来体现。直接价值是游客在旅游观光过程中的消费支出，包括交通费用、景点门票、食宿购物以及娱乐项目费用等支出，这一部分价值是地区生产总值的重要来源；隐性价值是游客实际支付的产品和服务价值与消费者愿意和能够支付的产品服务价值之差以及游客游览和旅行时间的机会成本。旅游观光价值大小与休憩资源品质、交通便利程度等因素相关，主要通过人流量来衡量其价值量。

休憩服务的日常休憩价值是指休憩资源为人类提供日常休闲服务所体现的价值，是人类对审美观念、精神文化、居住环境等的需求，主要通过生态系统为人类提供景观观赏、日常休闲等间接价值来体现，是独立于使用价值之外的价值。日常休憩价值大小与人类对该休憩资源的热爱和依赖程度密切关联，难以直接核算其价值大小，可以通过休憩资源对周边房价的影响来反映人们对该休憩资源的热爱与依赖程度，从而衡量其价值量。

5.12.2 休憩服务研究进展

随着人民生活水平的提高和对优美自然环境需求的不断增加，自然生态系统休憩价值越来越受到业内学者的重视。通过对自然生态系统休憩价值的评估，不仅可以发掘旅游市场的潜力、提高景区的知名度、加速景区的发展，并且对景区和自然生态系统资源的开发管理及资源的保护提供科学依据。

5.12.2.1 基础研究进展

自然生态系统休憩资源的价值评估建立在一定的理论基础上。自然生态系统休憩资源概念界定不同，选择的评估方法也有所差异。黄羊山和王建萍在 1995 年提出生态旅游区概念，认为其与生态旅游地基本相同，是生态旅游要素中的空间概念，包括五种功能单元；杨桂华和王跃华（2000）认为生态旅游区是旅游地域系统，由一系列生态旅游景点构成，主题和功能定位明确，具备生态美特征；林媚珍（1999）认为生态旅游区应该具备四个特征，具备特殊功能、具备旅游接待基础设施、其生态旅游资源可以吸引游客、具备可到达的交通途径。

环境与资源经济学是游憩价值评估的重要理论。环境与资源评估中价值的经济学概念是以新古典福利经济学为基础的。福利经济学的基本前提是经济活动的目的是增加社会中个人的福利，且每个人能够绝对正确地判断自己的福利状况。福利经济学中经济价值与福利变化在使用上可以互相替代。衡量偏好构成福利经济学的理论核心，并且出现价值=效用=支付意愿=偏好的等式（张茵和蔡运龙，2004）。通过消费者真实或假想的购买决策来衡量物品价值，购买决策反映消费者偏好，由此测度游憩价值。经济学家为了进行环境经济部分或全体的价值评估构建了框架，总经济价值（total economic value, TEV）的概念提供了一个环境资源评估的框架（Rodelio and Subade, 2007）。Pearce 和 Moran（2001）认为，TEV 指某种环境资源被转作他用或严重毁损时所损失的价值，可通过使用价值和非使用价值相加，或两者直接作为整体度量得到。通过这个框架可清晰地认识旅游地资源环境提供给人类的福利，从而度量其价值。

5.12.2.2 研究方法研究进展

（1）旅行费用法

旅行费用法（TCM）属于揭示偏好法中的一种，其主要思路就是建立一条需求曲线，得出游客的旅游费用和每年旅游次数的关系，并用此曲线得出消费者剩余。1947 年，美国学者 Hotelling 首次提出 TCM 概念，到 1959 年，美国学者 Clawson 再次明确提出，因此 TCM 又名为 Clawson 法（Clawson and Knetsch, 1996），他最大的贡献就是将消费者剩余这一概念引入无价格商品的价值评估中。董天等（2017）比较了分区旅行费用模型和旅行费用区间模型，表明旅行费用区间模型对于追加费用和旅游人数的拟合度更高，建议在针对同一出发地旅行费用差异较大的样本进行景观价值评估时，采用旅行费用区间模型的评估结果能更符合实际，更能准确地评估旅游资源的使用价值。

（2）条件价值法

条件价值法（CVM）属于揭示偏好的评估方法，主要通过询问来推出人们对公共物品的支付意愿，从而确定其价值，一般是评价旅游资源的效益价值，不仅可以评价物品的使用价值，还可评价其非使用价值。最早可以追溯到 Ciriacy-Wantrup（1947）对此进行的相关论证，而首次用于实践的是 Davis（1963）。到 20 世纪末，据统计，40 多个国家的 CVM 研究案例已超过 2000 例，而且不管是实证研究还是理论研究都越来越完善，应用的范围也越来越广泛。董雪旺等（2012）比较了 TCM 与 CVM 两种方法，对九寨沟旅游资源游憩价值进行评估，认为 TCM 为一种评估旅游资源价值的有效手段。

（3）享乐定价法

所谓享乐模型是基于商品价格取决于商品各方面属性给予消费者的满足这一效用论的观点而建立起来的价格模型（Seenprachawong, 2003）。根据对刊物的检索，享乐定价法（HPM）应用最广泛的是房地产，因此，这种方法也适应于对周边的森林公园进行游憩价值评估，但其也存在一定的局限性，要求大量的数据，专业的统计知识，计算结果随函数形式的选择和估算程序的不同而变化明显，以及未能估算环境的非使用价值，因此通常低估了总体的环境价值。

5.12.3 核算数据及数据来源

5.12.3.1 旅游观光服务核算数据及来源

旅游观光服务价值核算参数主要包括 7 个指标，数据分别来自调查问卷、《中国统计年鉴》、厦门市旅游局和厦门市市政园林局，具体见表 5-61。

表 5-61　厦门市旅游观光服务价值核算指标参数与数据来源

核算数据	数据来源
厦门市旅游总收入	厦门市旅游局
景区人流量	厦门市旅游局、厦门市市政园林局
客源地人口	中国统计年鉴
工资收入	中国统计年鉴
门票费用	厦门市旅游局
出游交通费用	问卷调查统计
出游住宿、购物、用餐支出	问卷调查统计
出游停留天数	问卷调查统计

其中，问卷调查分两次进行，分别是 8 月 12～18 日、9 月 22 日～10 月 13 日，共计问卷 1800 份，有效问卷 1743 份，共涉及 15 个 3A 级以上景区、48 个公园，有效率达 96.83%。

5.12.3.2　日常休憩服务核算数据及来源

在厦门市共选取 523 个住宅小区作为研究样本，选取小区品质、公共服务系统、自然生态系统三大类因子，通过对所选取的 17 个变量进行自相关分析，最终选取 12 个变量进行模型构建。所需数据来源见表 5-62，主要来自厦门市教育局网站、百度地图、厦门市国土局、安居客网站等。Hedonic 模型变量中的时间成本取值，来自百度开发平台提供的实时交通数据。

表 5-62　模型变量及数据情况表　　　　　　　（单位：份）

影响因素	因子分组	变量	样本数据量	数据来源	备注
小区品质	结构特征	房龄	523	安居客	时间成本数据为实时交通数据，均来自百度开发平台，共 94 101 条数据
		容积率			
		绿化率			
	区位条件	到市中心的时间成本	6	百度地图	
公共服务系统	学校	到最近公立小学的时间成本	306	厦门市教育局网站、百度地图	
		到最近公立幼儿园的时间成本	341	厦门市教育局网站、百度地图	
		到最近公立初中的时间成本	82	厦门市教育局网站、百度地图	
	医疗	到最近综合性医院的时间成本	46	卫生部网站、百度地图	
	商业	到最近商业综合体的时间成本	147	百度地图	
	公共交通	500m 范围内的公交线路数量	1066	百度地图	
自然生态系统	海洋景观	与最近海岸的距离	202	厦门市国土局	
	绿地景观	到最近公园入口的时间成本		厦门市市政园林局网站、百度地图	

5.12.4　厦门市休憩资源分布分析

厦门市为滨海休闲旅游城市，北部靠山，南部向海，山海休憩资源充足，主要自然生态休憩资源类型有亚热带风光、海滨沙滩、自然景区等。截至 2015 年，3A 级以上景区 21 个，以北部山地为主体的山海通廊 10 条，面积大于 200 km² 的绿地 64 处，公园绿地 56 处（以厦门市市政园林局网站为准），以及沿海海岸滩涂及周边步道等休憩资源。2015 年厦门市公园绿地面积达到 188.61 km²，人均公园绿地面积为 11.46 m²。其优越的休憩资源吸引了大量国内外游客来此旅游观光，也为本地居民提供了舒适、宜人的生活环境，为本地居民提供日常休憩服务。

2010～2015 年厦门市国内外游客量从 3026 万人次增长到 6036 万人次，增长了 99.5%，旅游总收入从 389 亿元增长到 832 亿元，增长了 113.9%。2015 年，厦门市旅游收入占厦门市 GDP 的 24.0%。

厦门市各区的休憩资源丰富，但分布不均。思明区南部面海，休憩资源比较丰富，既有著名的风景名胜区，也有优质的海滨沙滩。世界文化遗产鼓浪屿、厦门市园林植物园、南普陀、胡里山炮台等著名的旅游观光资源均位于思明区。本研究休憩资源服务价值核算包括思明区城市公园 16 处，如白鹭洲公园、环筼筜湖带状公园等（表 5-63）。

表 5-63　思明区休憩资源

分类	具体名称
重要的旅游景点（3A 级以上）	鼓浪屿（5A 级）
	园林植物园（4A 级）
	胡里山炮台（4A 级）
主要为城市公园、市级综合公园、区级公园等	白鹭洲公园
	环筼筜湖带状公园
	南湖公园
	松柏公园
	不争公园
	海湾公园
	金榜公园
	狐尾山公园
	鸿山公园
	中山公园
	莲花公园
	海滨公园
	环岛路带状公园
	东浦公园
	演武公园
	汇丰公园
城市绿道	环岛南路绿道
具有休憩功能的沙滩	厦门岛东安海岸（包括厦大白城、胡里山、曾厝垵、白石、溪头社）
	厦门鼓浪屿（港仔后浴场沙滩、大德记浴场沙滩、皓月园浴场沙滩）

湖里区位于厦门岛北部，东南部向海。包含3A级以上景区、城市公园、沙滩等休憩资源。3A级以上景点有惠和石文化园，列入核算的城市公园12处，如黄厝—会展中心的优质沙滩等（表5-64）。

表5-64　湖里区休憩资源

分类	具体名称
重要的旅游景点（3A级以上）	惠和石文化园（3A级）
城市公园	仙岳公园
	湖里公园
	五缘湾湿地公园
	五缘湾感恩公园
	江头公园
	金尚公园
	祥园
	高林公园
	忠仑公园
	火炬公园
	灯塔公园
	新丰公园
具有休憩功能的沙滩等	黄厝—会展中心海岸

集美区是距离厦门岛最近的区，休憩资源相对丰富，3A级以上景点两处，分别是集美鳌园和厦门国际园林博览苑，城市公园9处（表5-65）。

表5-65　集美区休憩资源

分类	具体名称
重要的旅游景点（3A级以上）	集美鳌园（4A级）
	厦门国际园林博览苑（4A级）
城市公园	南堤公园
	日东公园
	敬贤公园
	杏东公园
	洪厝公园
	内茂公园
	风景湖公园
	侨英古榕公园
	乐海公园

海沧区位于厦门岛西侧,既有海洋型休憩资源,也有山地型休憩资源,综合性较强,休憩资源丰富,3A 级以上休憩资源 4 处,分别是天竺山国家森林公园、清礁济慈祖宫、日月谷温泉、海沧大桥旅游区(表 5-66)。列入核算的城市公园 4 处。

表 5-66 海沧区、同安区、翔安区休憩资源

分类	具体名称	所在区
重要的旅游景点 (3A 级以上)	海沧大桥旅游区(4A 级)	海沧区
	日月谷温泉(4A 级)	海沧区
	天竺山国家森林公园(4A 级)	海沧区
	青礁慈济祖宫(4A 级)	海沧区
	翠丰温泉(4A 级)	同安区
	北辰山(4A 级)	同安区
	金光湖(3A 级)	同安区
	小嶝休闲渔村(3A 级)	翔安区
	大嶝小镇(3A 级)	翔安区
郊野公园、生态园林	莲花山郊野公园	同安区
城市公园	海沧湾公园	海沧区
	海沧市民公园	海沧区
	青礁公园(东宫)	海沧区
	大屏山公园	海沧区
	大轮山公园	同安区
	苏颂公园	同安区
	双溪公园	同安区
	银湖公园	同安区
	梅山公园	同安区
	劳动公园	翔安区
	宋坂公园	翔安区
滨海沙滩岸线	海沧内湖滨水休闲区岸线	海沧区
	同安环东海域岸线	同安区
	翔安东坑湾岸线	翔安区
	大嶝岛环岛岸线	翔安区

同安区是厦门市最大的区,山地资源丰富。同安区有省级以上风景名胜区 1 处,国家森林公园 1 处,分别是北辰山省级风景名胜区、莲花山国家森林公园(表 5-66)。3A级以上景区 3 处,列入核算的城市公园 5 处,供居民日常休憩沙滩 1 段。

翔安区位于厦门市东北部,山地、海洋资源丰富。3A 级以上休憩资源两处,城市公园两处,供游憩者休闲游憩的沙滩两段(表 5-66)。

5.12.5 休憩服务核算方法

5.12.5.1 旅游观光服务核算方法

通过文献搜集、现场考察以及问卷调查，采用旅行费用法，计算厦门市休憩资源旅游观光服务价值。旅行费用法符合研究需求，适合厦门市休憩资源的特点，可以准确估算旅游观光服务价值。旅行费用法是一种非市场化的方法，其目的是使用相关市场的消费行为对休闲场所的景观价值进行评估。旅行费用法利用旅行费用、旅行频率、离景点的距离的关系来评估景点的使用价值，该方法已经被广泛接受，并已用来评估非市场价值。常用的有两种：一种是个人旅行费用法，主要变量为一个景点的单个游客每年旅行次数；另一种是分区旅行费用法，主要变量为一个特定区域或区域旅行的人口数量。

结合厦门市的实际情况，外地游客较多，选取分区旅行费用法更合适。消费者支出由机会成本和实际消费两部分构成，实际消费包括交通成本、餐饮费和景点门票消费。消费者剩余指消费者实际支付的产品和服务价值与消费者意愿和能够支付的产品服务价值之差。通过泊松回归或者负二项式回归等模型，得到消费者剩余。

分区旅行费用法的计算公式为

$$UV = CC + CS$$
$$TC = TIM \times IN$$
$$SC = TR + OC + PC + EC$$

式中，UV 为使用价值；CC 为消费者支出；CS 为消费者剩余；TC 为直接花费；TIM 为旅行时间；IN 为收入；TR 为交通费用（包括邮费、过路费、停车费、飞机票、火车票、公交费等）；OC 为餐饮住宿费；PC 为购物费；EC 为租船等费用。

针对厦门市的特点，采用分区旅行费用法的步骤如下。

1）对厦门市游客进行抽样调查，获得游客的社会经济特征、游憩花费、游憩时间等。

2）根据调查问卷来划定旅游小区，明确消费者经济水平。

3）计算每个区域到厦门的旅游人次来计算旅游率，即

$$Q_i = \frac{V_i}{P_i}$$

式中，Q_i 为旅游率；V_i 为根据抽样调查的结果推算出 i 区域中到评价地点的总旅游人次；P_i 为 i 区域的人口总数。

4）根据调查样本，利用不同区域的旅行费用、旅游率等其他社会经济变量进行回归，建立模型。

$$消费支出 = 交通费 + 景区门票 + 购物费用 + 食宿费用$$
$$时间成本 = 旅行时间 \times 客源地平均工资$$

5）消费者剩余

对游憩需求曲线进行定积分，得到消费者需求函数：

$$CS = \int_0^{} P(m)f(x)\mathrm{d}x$$

式中，CS 为消费者剩余；$P(m)$ 为景区旅游率为零时的追加消费支出；$f(x)$ 为消费支出与旅游率的函数关系式；x 为消费支出。

6）计算休憩资源旅游观光服务价值，公式见分区旅行费用法。

5.12.5.2 日常休憩服务核算方法

房价贡献法是采用 Hedonic 模型构建计算房地产贡献率，然后通过地区房价估算日常休憩服务价值的方法。该方法自创建以来，已成为环境商品与服务宜人性评价的景点评价方法，广泛应用于居住区周围空气质量、水环境质量、风景园林等的美学价值等非市场环境商品与服务宜人性评价。该方法通常选取具有代表性的财产——房屋作为主体，估算由于某个或某些自然环境、资源造成的房屋的价格的差别，并以此来表示自然环境、资源的价值。本模型选用市场上的真实交易数据，比较全面地考虑各类影响因子。

厦门市休憩资源的日常休憩服务价值主要通过其提供给周边居民的宜人性，即房地产贡献率来体现。主要步骤如下。

1）以小区平均价格为研究对象，提取影响小区价格的主要影响因素，通过构建 Hedonic 模型，分析厦门市小区房价的构成特征，换算各影响因子对房价的贡献率。通过自然生态系统对房价的贡献率，结合研究区域内年度房屋总价值，核算出自然生态系统提供给当地居民的日常休憩服务价值。

Hedonic 模型的计算公式为

$$P=P(Z_1, Z_2, Z_3, \cdots, Z_n)$$

式中，P 为小区房屋价格；Z 为价格影响因子（如小区品质、公共服务系统、自然生态系统等）。大多数应用 Hedonic 模型进行自然生态系统实证研究，主要采用线性、双对数或半对数三种模型。本研究通过对比分析这三种模型的拟合度以及自变量符号的正确性，最终选择拟合度最优的半对数模型。

2）模型构建。选取一定数量住宅小区作为研究样本，选取指标，通过相关性分析筛选指标，最后建立房价贡献率核算模型（表 5-67）。距离取值采用成本加权距离方法在 ArcGIS 软件中进行计算；数量取值采用缓冲区方式提取。

表 5-67　模型表达形式

模型形式	表达式
线性模型	$P=a_0+a_1 Z_1+a_2 Z_2+a_3 Z_3+\cdots+a_n Z_n+\xi$
半对数模型	$\ln(P)=\ln(a_0+a_1 Z_1+a_2 Z_2+a_3 Z_3+\cdots+a_n Z_n+\xi)$

5.12.6 休憩服务核算结果

5.12.6.1 旅游观光服务核算结果

（1）时间成本核算结果

时间成本是指时间的机会成本，包括旅行时间和游览时间。本研究采用问卷调查法调查游客客源地、游客停留天数，结合游客客源地的年平均工资来计算各客源地的时间成本。单位时间的时间成本采用工资率的1/3来计算；工作时间按照250 d/a、8 h/d来计算。

通过问卷调查划分客源地，客源地划分以省级行政区为划分单位，划分为31个区域（不包括港澳台地区、西藏自治区无样本出现）。分析得到23.75%游客来自福建省，其中包括厦门市本地游客。近年来，随着高铁和机场等交通越来越便利，周边客源，如广东、江西，其他如长三角地区、长江中下游地区、山东半岛、西南地区、中西部地区客源均比较多，东北和西北相对较少。其中广东、浙江客源分别占到总数的11.64%、9.64%。厦门市作为海上花园城市，吸引了来自世界各地的游客，海外游客占比约为0.10%（图5-63）。游客在厦门市平均停留时间为3.5天，其中新疆游客平均停留时间最长，为5天。

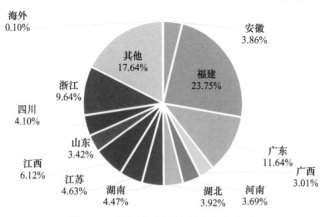

图5-63　厦门市客源地游客人次占比

根据问卷调查统计，厦门市各区休憩资源游客人次占比最多的是思明区，其次是湖里区和翔安区（表5-68）。

表5-68　厦门市各区人流量占比　（单位：%）

指标	思明区	湖里区	集美区	同安区	海沧区	翔安区
2015年人流量占比	75.75	6.25	4.45	2.06	5.38	6.11

结合2015年各省（自治区、直辖市）平均工资收入，计算得出2015年厦门市各区旅游时间成本，其结果见表5-69，2015年厦门市旅游总时间成本为16.26亿元，其中思明区时间成本最大为12.33亿元，其次是湖里区，为1.02亿元。根据2010年全国平均工资，计算得出2010年厦门市的时间成本为3.71亿元。2015年厦门市各客源地中，北京市的时间成本最高，为445.56元/人次，其次是新疆维吾尔自治区和青海省，分别为400.78元/人次和325.81元/人次（表5-70）。

表5-69　厦门市各区时间成本　（单位：亿元）

指标	思明区	湖里区	集美区	同安区	海沧区	翔安区	合计
2015年时间成本	12.33	1.02	0.72	0.33	0.87	0.99	16.26

注：陆地和海洋休憩服务功能核算方法及数据来源相同，在实物量核算中没有将其分开，因此表中时间成本为陆地和海洋之和。

表 5-70　2015 年厦门市客源地出游率与旅游观光价值量贡献

地区	样本量 /人次	时间成本 /（元/人次）	旅行费用 /（元/人次）	出游率 /‰	消费者剩余价值/万元
安徽	89	211.37	3 049.99	1.79	21 734.62
北京	22	445.56	6 385.00	1.27	5 373.59
福建	515	142.92	1 390.01	18.18	12 5814.20
甘肃	28	188.24	2 672.67	1.48	6 748.48
广东	314	208.33	2 436.45	3.86	76 660.14
广西	67	197.80	2 253.53	1.33	16 250.73
贵州	25	238.80	3 254.48	0.55	6 015.72
海南	8	230.40	3 395.00	1.03	1 952.48
河北	47	169.74	3 448.37	0.49	11 566.58
河南	88	161.43	3 505.89	0.84	21 533.68
黑龙江	13	130.35	5 803.33	0.36	3 175.30
湖北	97	173.97	3 215.25	1.71	23 755.63
湖南	111	157.07	2 770.55	1.68	27 090.47
吉林	10	274.98	3 371.67	0.56	2 442.54
江苏	114	242.72	3 473.96	1.46	27 726.68
江西	152	203.73	2 288.91	3.31	37 008.33
辽宁	27	186.07	3 828.87	1.52	6 547.55
内蒙古	8	152.36	4 800.00	0.25	1 954.03
宁夏	11	161.01	4 493.33	3.59	2 596.16
青海	13	325.81	2 850.13	2.27	3 175.30
山东	78	239.99	3 723.49	0.88	18 937.56
山西	19	310.82	2 313.20	0.59	4 640.83
陕西	52	219.98	3 682.94	1.63	12 693.27
上海	40	242.61	3 821.68	2.07	9 833.15
四川	103	265.12	4 495.72	1.36	25 193.50
台湾	6	18.87	6 560.00	0.30	1 441.87
云南	60	266.32	3 616.58	1.34	14 718.23
浙江	238	216.67	2 534.04	4.91	58 124.48
重庆	26	282.53	2 985.25	0.83	6 350.61
新疆	1	400.78	2 350.00	0.17	244.25
天津	14	320.36	5 154.67	0.46	3 304.00

（2）旅行费用核算结果

本研究通过调查问卷统计不同客源地游客旅行费用，旅行费用是游客旅行的实际花费，包括交通、食宿、门票、旅游纪念品、娱乐活动等所有费用。

问卷调查统计结果显示，35～60 岁年龄段游客人数最多，占比达到 41%；其次是 18～35 岁年龄段游客，占比达到 38%（图 5-64）。厦门市游客平均消费支出为 3545.97 元/

人，其中鼓浪屿游客消费支出平均值最大，为 4750.55 元/人。旅行费用支出最大客源地为台湾省，为 6560.00 元/人；其次是北京市与黑龙江省，分别为 6385.00 元/人、5803.33 元/人（表 5-70）。

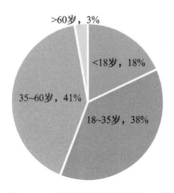

图 5-64　厦门市旅客年龄段占比

假设厦门市 2015 年旅游总收入为厦门市 2015 年消费支出总额，根据厦门市各区游客人数占比，计算各区的消费支出，其结果见表 5-71，思明区消费支出最大，达到 631.07 亿元；其次是湖里区，为 52.01 亿元；最低的是同安区，为 16.70 亿元。

表 5-71　厦门市各区消费支出　　　　　　　　（单位：亿元）

指标	思明区	湖里区	集美区	同安区	海沧区	翔安区	合计
消费支出	631.07	52.01	37.01	16.70	44.75	50.82	832.36

注：陆地和海洋休憩服务功能核算方法及数据来源相同，在实物量核算中没有将其分开，因此表中消费支出为陆地和海洋之和。

（3）消费者剩余价值核算结果

通过问卷调查法统计不同客源地游客人数、旅行消费支出，以空间距离（省级单元）对样本进行分区，结合人口数量，计算出游率。其中出游率最高的省份为福建，达到 18.18‰；其次是浙江和广东，分别达到 4.91‰、3.86‰。

通过对分区后出游率与消费支出进行回归分析，建立休憩需求曲线：

$$F(x) = -28.25x + 181\,114.93, \quad R^2 = 0.863$$

通过对休憩需求曲线 $F(x)$ 进行积分，当景区旅游率为零时的追加消费支出为 10 850 元/人（问卷调查所得最大消费支出）时，得出 2015 年厦门市人均消费者剩余价值为 96.84 元。按照 2015 年厦门市总人流量 6035.85 万人计算，得出 2015 年厦门市消费者剩余价值为 58.44 亿元。由于无法获得 2010 年问卷调查结果，2010 年厦门市休憩资源消费者剩余价值采用 2015 年休憩需求曲线估算，按照 2010 年厦门市总人流量 3026 万人计算，得出 2010 年厦门市消费者剩余价值为 26.69 亿元。见表 5-70，2015 年厦门市各客源地中，消费者剩余价值最大的为福建，为 125 814.20 万元，其次是广东和浙江，分别为 76 660.14 万元、58 124.48 万元。

根据调查问卷厦门市各区休憩资源游客占比，计算 2015 年厦门市各区消费者剩余价值，其结果见表 5-72，消费者剩余价值最高的为思明区，达到 44.31 亿元；其次是湖里区，为 3.65 亿元。

表 5-72 厦门市各区消费者剩余价值 （单位：亿元）

指标	思明区	湖里区	集美区	同安区	海沧区	翔安区	合计
2015 年消费者剩余	44.31	3.65	2.60	1.17	3.14	3.57	58.44

注：陆地和海洋休憩服务功能核算方法及数据来源相同，在实物量核算中没有将其分开，因此表中消费者剩余价值为陆地和海洋之和。

5.12.6.2 日常休憩服务核算结果

对选取的 523 个住宅小区研究样本及 12 个变量进行模型构建。厦门市四个区（思明区、湖里区、集美区、海沧区）的模型拟合相关系数 R^2 均高于 0.76，因而认为所建立的价格模型具有较好的拟合度。

依据构建的模型，通过厦门市各区样本的平均房价，计算出各变量对房价构成的贡献率，其结果见表 5-73。房价贡献率最高的为小区绿化率，为 43.93%；房价贡献率最低的是小区到最近公立初中的时间成本，为 0.77%；自然生态系统对房价贡献率为 6.45%，其中海洋景观贡献率为 4.93%，绿地景观贡献率为 1.52%。

表 5-73 各指标贡献率值 （单位：%）

影响因素	因子分组	变量	贡献作用	平均贡献率
小区品质	结构特征	房龄	房龄越高房价越低	20.37
		容积率	容积率越高房价越低	7.13
		绿化率	绿化率越高房价越高	43.93
	区位条件	到市中心的时间成本	到市中心的时间成本越低房价越高	25.07
公共服务系统	学校	到最近公立小学的时间成本	到最近公立小学的时间成本越高房价越高	20.98
		到最近公立幼儿园的时间成本	到最近公立幼儿园的时间成本越低房价越高	3.79
		到最近公立初中的时间成本	到最近公立初中的时间成本越低房价越高	0.77
	医疗	到最近综合性医院的时间成本	到最近综合性医院的时间成本越低房价越高	9.39
	商业	到最近商业综合体的时间成本	到最近商业综合体的时间成本越高房价越高	6.86
	公共交通	500 m 范围内的公交线路数量	500 m 范围内的公交线路数量越多房价越高	17.18
自然生态系统	海洋景观	与最近海岸的距离	与最近海岸的距离越近房价越高	4.93
	绿地景观	到最近公园入口的时间成本	到最近公园入口的时间成本越低房价越高	1.52

根据 2010 年和 2015 年厦门市的城镇人口、城镇居民人均住房建筑面积以及当年的房屋成交均价,估算出厦门市 2010 年和 2015 年房屋总值分别为 5443.01 亿元和 12 639.47 亿元(表 5-74)。

表 5-74　厦门市休憩资源的日常休憩服务功能核算

类别	2010 年	2015 年
城镇人口/万人	145.07	168.18
城镇居民人均住房建筑面积/(m²/人)	32.17	36.60
城镇住宅建筑面积总量/万 m²	4 666.90	6 155.39
房屋成交均价/(元/m²)	11 663.00	20 534.00
房屋总值估算/亿元	5 443.01	12 639.47

注:人口数据、城镇居民人均住房建筑面积来源于厦门市统计局、国家统计局;房屋成交均价来源于克而瑞信息集团《2015 年厦门房地产市场研究报告》。

5.13　小结

厦门市陆地生态系统共核算了 12 项服务,核算结果见表 5-75。其中,除清新空气服务有所降低外,其余生态系统服务均有不同程度提高。相比 2010 年,2015 年林产品供给、旅行人流量增幅最高,分别提高了 121.55%、99.47%;干净水源、温度调节、径流调节、雨洪减排、土壤保持 5 项生态系统服务均有较为明显的增加,增长率均在 10%以上。

表 5-75　2010 年和 2015 年厦门市陆地生态系统服务量和变化量

生态系统类型	核算科目	核算指标	单位	2010 年	2015 年	变化率/%
陆地生态系统	农林牧渔产品	农产品	万 t	62.48	67.64	8.26
		林产品	m³	8 637	19 135	121.55
		牧产品	万 t	7.71	4.91	−36.32
		渔产品	万 t	1.29	1.24	−3.88
	干净水源	干净水源量	亿 m³	7.66	9.52	24.3
	清新空气	PM$_{2.5}$ 浓度	mg/m³	0.031	0.034	9.68
		暴露人口*	万	353	496	40.51
		健康效应系数*	—	0.000 801	0.000 466	−42.45
	空气负离子	负离子个数	10²² 个	1 321.65	1 366.51	3.39
	温度调节	降温服务量	10⁶kW·h	1 847.27	2 241.91	21.36
		26℃以上时长*	h	2 429	—	—
	生态系统固碳	NEP	万 t C/a	35.07	36.50	4.07
		GPP*	万 t C/a	166.45	174.16	4.63
		R_e*	万 t C/a	117.85	124.45	5.60

续表

生态系统类型	核算科目	核算指标	单位	2010 年	2015 年	变化率/%
陆地生态系统	生态系统固碳	农产品利用碳消耗	万 t C/a	13.46	13.12	−2.53
	径流调节	径流调节量	亿 m³	5.01	5.77	15.17
		降雨总量*	mm	1 565.9	1 622.1	3.59
		潜在径流量*	亿 m³	16.14	16.94	4.96
		实际径流量*	亿 m³	11.13	11.17	0.36
	洪水调蓄	洪水调蓄量	亿 m³	2.26	2.44	7.96
		潜在径流量*	亿 m³	3.34	3.65	9.28
		实际径流量*	亿 m³	1.08	1.21	12.04
	雨洪减排	雨洪减排量	mm	262.28	335.77	28.02
		潜在径流量*	mm	334.89	463.19	38.31
		实际径流量*	mm	72.61	127.42	75.49
	土壤保持	土壤保持总量	万 t	399.31	441.43	10.55
		潜在土壤侵蚀量*	万 t	399.64	441.7	10.52
		实际土壤侵蚀量*	万 t	0.33	0.27	−18.18
	物种保育更新	生境质量指数	—	0.450	0.4732	5.16
		物种能值	sej	—	3.46×10^{21}	—
	休憩服务	旅行人流量	万人	3 026	6036	99.47
		房价贡献率	%	见表 5-73		

注：—代表无单位或没有核算此项数据。*代表各核算科目模型或计算公式中的分量指标。其他核算指标为各核算科目的实物量表征指标。

厦门市近岸海域生态系统服务核算

6.1 清洁海洋服务核算

6.1.1 清洁海洋服务概念内涵

清洁海洋服务是指近岸海域生态系统对人类产生的各种排海污染物的降解、吸收和转换服务，使海水水质维持一定的水平。清洁海洋服务可以用近岸海域海水环境质量的状况来表征，通常用各类海水水质面积或监测站位比例来评价。

6.1.2 清洁海洋服务研究进展

随着海洋环境科学的发展和对海洋环境保护的重视，国内外许多政府和学者对海洋环境质量评价进行了大量的研究，提出了诸多有关海洋环境质量评价方法和模式。

国际上，海洋环境质量评价从单一的污染评价发展到海洋生态环境质量综合评价。欧盟的"生态状况评价综合方法"选择物理化学质量要素、生物学质量要素和水文形态学质量要素来评价河口和沿岸海域的生态状况，但并未给出确定类型专属参考基准的具体的、统一的方法。美国的"沿岸海域状况综合评价方法"选择水清澈度、溶解氧、滨海湿地损失、富营养化状况、底栖指数、沉积物污染和鱼组织污染7类指标来评价沿岸水域的质量状况。

我国海洋环境质量评价主要从海水水质评价、沉积物质量评价和生物质量评价三个方面进行，通常采用单因子评价、综合指数评价等方法。近年来，越来越多的研究者将模糊综合分析模型、灰色关联法、神经网络模型结合层次分析法、德尔菲法、三维海洋数值模拟等应用在海洋环境质量评价与预测方面。

蓝锦毅等（2006）根据广西近岸海域海洋沉积物环境质量现状调查，采用单因子评价方法对广西近岸海域海洋沉积物进行了评价分析；付会等（2007）将灰色关联法应用到青岛某海域的环境质量评价中，并与模糊综合分析法相比较，探讨两种方法在海洋环境质量评价中的优劣性；杨晗熠（2008）围绕如何对港口区进行评价，引入分析、模糊综合评判等研究方法，提出了修正AHP-模糊综合评判的方法，并以此为理论基础建立港口评价模型；孙才志等（2012）根据系统结构决定系统功能的原理，从结构视角出发，利用环渤海地区沿海城市的相关数据，对其沿海城市海洋功能进行了测度与评价，建立了环渤海地区基于AHP-NRCA模型的海洋功能评价模式；冯文静等（2016）采用三维海洋数值模型研究了长江口及邻近海域的水、沙、盐、水质等特点。

鉴于数值模拟方法可以考虑方程中几乎所有的项及近似真实的地形和海岸线，使其结果比经过简化而抽象化以后的解析更为逼真。本研究主要污染物源强的响应系数场的模拟与计算采用海洋三维数值模拟。

6.1.3 核算对象与数据来源

6.1.3.1 核算范围与对象

本研究的核算范围为厦门市各区管控的近岸海域，核算对象为厦门市各区的各类海水水质面积，能够直观地反映近岸海域环境质量状况。基于《海水水质标准》的分类，将Ⅱ类水质标准的污染物浓度限值作为核算参考值。

按照《厦门市海洋功能区划（2013—2020年）》《厦门市近岸海域环境功能区划》，本研究划定了厦门市管辖的近岸海域范围，其中近岸海域外边界综合考虑了《厦门市海洋功能区划（2013—2020年）》《厦门市近岸海域环境功能区划》《厦门市海洋环境公报》等，各区的边界主要是参考《厦门市海洋功能区划（2013—2020年）》划定。厦门市近岸海域面积为355 km²，其中翔安区为121.7 km²，同安区为26.87 km²，集美区为27.7 km²，海沧区为48.38 km²，湖里区为38.2 km²，思明区为92.16 km²。

6.1.3.2 数据来源与处理

本研究所用数据为2010年和2015年近岸海域监测点位年均数据。

（1）数据来源

近岸海域水环境质量数据来源于厦门市环境监测中心站2010年和2015年的近岸海域水质监测数据。

（2）数据处理

近岸海域水质监测数据每年监测3～4次（一般为丰、平、枯三期），本研究采用监测点位的污染物年均浓度值进行评价。

主要污染物浓度的核算参考值：化学需氧量为3 mg/L，无机氮为0.3 mg/L，活性磷酸盐为0.03 mg/L。厦门市各区主要污染物浓度与核算参考值比较见表6-1，其中正值表示该污染物浓度低于Ⅱ类水质的浓度限值，负值表示该污染物浓度高于Ⅱ类水质的浓度限值。需要说明的是，《地表水环境质量标准》《海水水质标准》的监测指标与分析方法略有不同，在海水水质监测中的化学需氧量一般为COD_{Mn}；地表水水质监测中的化学需氧量一般为COD_{Cr}；地表水水质监测中的高锰酸盐指数指标近似COD_{Mn}。根据经验公式，COD_{Mn}与COD_{Cr}的比例关系按照1：2.5处理。

表6-1 2010年和2015年厦门市各区主要污染物浓度与核算参考值比较（单位：mg/L）

地区	化学需氧量		无机氮		活性磷酸盐	
	2010年	2015年	2010年	2015年	2010年	2015年
翔安区	2.342	2.297	−0.006	−0.002	0.006	0.007
同安区	2.139	2.147	−0.678	−0.637	−0.054	−0.048
集美区	1.937	1.975	−0.537	−0.710	−0.040	−0.048
海沧区	1.986	1.968	−0.461	−0.677	−0.014	−0.022
湖里区	2.128	1.956	−0.425	−0.512	−0.010	−0.038
思明区	2.055	2.002	−0.325	−0.299	−0.010	−0.009

6.1.4 厦门市近岸海域环境质量分析

6.1.4.1 海水水质

2015 年，厦门市近岸海域主要污染指标仍为无机氮与活性磷酸盐，33 个监测点位中，Ⅰ类点位为 3 个，占比为 9.1%，Ⅱ类点位为 0，Ⅲ类点位为 4 个，占比为 12.1%，Ⅳ类点位为 2 个，占比为 6.1%，劣Ⅳ类点位为 24 个，占比为 72.7%。厦门市近岸海域同比无机氮浓度有所下降，活性磷酸盐浓度有所上升（图 6-1）。海域其他无机污染物化学需氧量、溶解氧、石油类、重金属等指标基本符合Ⅰ类和Ⅱ类海水水质标准，有机物（六六六、滴滴涕、马拉硫磷、甲基对硫磷、苯并芘）指标均未检出。

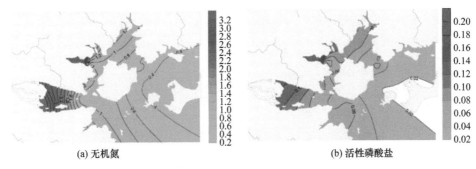

(a) 无机氮   (b) 活性磷酸盐

图 6-1   2015 年厦门市近岸海域无机氮和活性磷酸盐浓度空间分布
图中单位均为 mg/L

除大嶝海域和东部海域外，各海域均存在水体富营养化问题，富营养化程度依次为西海域（中度富营养化）>河口区（中度富营养化）>同安湾（中度富营养化）>南部海域（轻度富营养化）。

2015 年，大嶝海域和东部海域无机氮浓度基本符合Ⅰ类和Ⅱ类海水水质标准；其他海域则处于Ⅳ类或劣Ⅳ类水平（图 6-2）。与 2014 年相比，河口区、东部海域和大嶝海域无机氮浓度稍有下降，其他海域则略有增加。

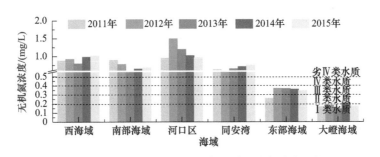

图 6-2   2011～2015 年厦门市各海域无机氮浓度变化

2015 年，厦门市近岸海域水体中无机氮浓度总体呈较为平稳的波动变化趋势，浓度最低值一般出现在 4 月，最高值一般出现在 12 月（图 6-3）。全年大嶝海域、东部海域、同安湾和南部海域符合Ⅰ类或Ⅱ类海水水质标准的月份分别有 7 个、2 个、1 个和 1 个；而河口区和西海域基本处于Ⅳ类或劣Ⅳ类水平。

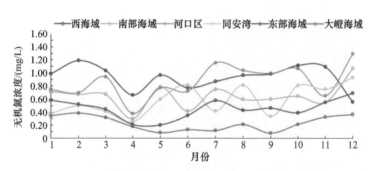

图 6-3　2015 年厦门市各海域无机氮浓度月变化

2015 年，东部海域和大嶝海域活性磷酸盐浓度符合Ⅱ～Ⅲ类海水水质标准，南部海域活性磷酸盐浓度符合Ⅳ类海水水质标准，西海域、河口区和同安湾海域活性磷酸盐浓度超过Ⅳ类海水水质标准（图 6-4）。与 2014 年相比，各海域活性磷酸盐浓度均有不同程度下降。

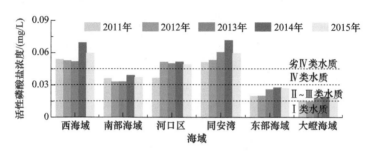

图 6-4　2011～2015 年厦门市各海域活性磷酸盐浓度变化

2015 年，厦门市近岸海域水体中活性磷酸盐浓度总体呈较为平稳的波动趋势，浓度最低值一般出现在 6 月，最高值一般出现在 12 月（图 6-5）。全年大嶝海域、东部海域、同安湾、南部海域、河口区和西部海域符合Ⅰ类或Ⅱ类海水水质标准的月份分别有 12 个、8 个、6 个、4 个、2 个和 1 个。

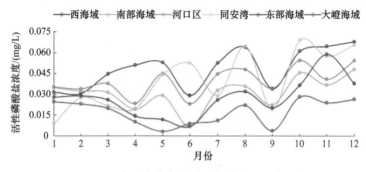

图 6-5　2015 年厦门市各海域活性磷酸盐浓度月变化

2015 年，厦门市各海域重金属（铜、铅、锌、镉、铬、汞）及砷、油类、硫化物、六六六和滴滴涕浓度均符合Ⅰ类海水水质标准；与 2014 年相比，各监测因子浓度变化不大。

6.1.4.2 海洋沉积物

2015 年，厦门市各海域表层沉积物质量状况总体良好，大部分海域表层沉积物中有机碳、硫化物、重金属（铜、铅、锌、镉、铬、汞）及砷、石油类、六六六、滴滴涕和多氯联苯浓度均符合 I 海洋沉积物质量标准，部分海域的硫化物、有机碳、铜、铅、锌等因子超过 I 海洋沉积物质量标准。

6.1.5 清洁海洋服务核算方法

6.1.5.1 核算模型

本研究主要污染物强源响应系数场的模拟与计算主要采用海洋三维数值模拟。该模型是一个三维非线性的斜压原始方程模式，使用垂向 sigma 坐标、水平正交网格，并且在数值计算算法、并行运行效率、数值积分步长和模式耦合方面做出了优化的模型，模型使用的控制方程为

$$\frac{\partial u}{\partial x} + \frac{\partial v}{\partial y} + \frac{\partial w}{\partial z} = 0$$

$$\rho = \rho(T, S, P)$$

$$\frac{\partial \varphi}{\partial z} = \frac{-\rho g}{\rho_0}$$

$$\frac{\partial u}{\partial t} + \vec{v} \cdot \nabla u - fv = -\frac{\partial \varphi}{\partial x} + F_u + D_u$$

$$\frac{\partial v}{\partial t} + \vec{v} \cdot \nabla v - fu = -\frac{\partial \varphi}{\partial y} + F_v + D_v$$

$$\frac{\partial T}{\partial t} + \vec{v} \cdot \nabla T = F_T + D_T$$

$$\frac{\partial S}{\partial t} + \vec{v} \cdot \nabla S = F_S + D_S$$

上述 7 个方程分别为连续方程、状态方程、静力平衡方程、动量方程、动量方程、热传导方程和盐扩散方程。式中，$\vec{v} = (u, v, w)$ 为流速向量；ρ 为水的局地密度；T 为温度；S 为盐度；ρ_0 为水的参考密度；f 为科氏参数；g 为重力加速度；φ 为动力压力；(D_u, D_v, D_T, D_S) 为耗散项；(F_u, F_v, F_T, F_S) 为强迫项。

模型初始条件。为了方便，流速和水位的初值一般取为 0，即

$$u(x, y, z, 0) = 0$$

$$v(x, y, z, 0) = 0$$

$$w(x, y, z, 0) = 0$$

$$\zeta(x, y, z, 0) = 0$$

初始温度、盐度取平均值，或取自实测资料，即模型边界条件。

$$S(x, y, s, 0) = S(x, y, s)$$

$$T(x,y,s,0) = T(x,y,s)$$

海表面 $z = \varsigma(x,y,t)$ 处的动力学边界条件为

$$v\frac{\partial u}{\partial z} = \tau_s^x(x,y,t)$$

$$v\frac{\partial v}{\partial z} = \tau_s^y(x,y,t)$$

开边界处采用强迫水位,东边界的分潮调和常数来自全球逆潮模型(global inverse tide model, GITM),考虑8个分潮(太阴主要半日分潮,以符号 M_2 表示,周期为12.4206 h,相对振幅为 100;太阳主要半日分潮,以符号 S_2 表示,周期为 12.0000 h,相对振幅为 46.5;太阴主要椭率半日分潮,以符号 N_2 表示,周期为12.6583h,相对振幅为19.1;太阴-太阳赤纬半日分潮,以符号 K_2 表示,周期为 11.9672h,相对振幅为12.7;太阴-太阳赤纬全日分潮,以符号 K_1 表示,周期为 23.9345 h,相对振幅为54.4;太阴赤纬全日分潮,以符号 O_1 表示,周期为 25.8193 h,相对振幅为41.5;太阳赤纬全日分潮,以符号 P_1 表示,周期为 24.0659h,相对振幅为19.3;太阴主要椭率全日分潮,以符号 Q_1 表示,周期为 26.8684h,相对振幅为7.9)。底摩擦系数为0.0012。径流边界条件为九龙江等10条入海河流和18个入海排污口。

湍流闭合模式。由于运动方程式的求解需要在解析度有限的空间与时间网格上进行,那些无法直接在网格上计算的运动过程,如分子的扩散和黏性、三维湍流以及内波破碎等,需要以参数化的方式将它们考虑进来,其中

$$\overline{u'w'} = -K_M\frac{\partial U}{\partial z}, \quad \overline{v'w'} = -K_M\frac{\partial V}{\partial z}, \quad \overline{w'\rho'} = -K_H\frac{\partial \rho}{\partial z}$$

涡度黏性系数 K_M 和涡度扩散系数 K_H 由下式计算,即

$$K_M = S_M k^{1/2}l + K_{MB}$$

$$K_H = S_H k^{1/2}l + K_{HB}$$

式中,k 为湍流动能;l 为混合长度;S_M 和 S_H 为稳定函数;K_{MB}、K_{HB} 为背景涡度系数和扩散系数。k、l 采用湍封闭方程进行求解。

湍封闭方程由湍动能方程和混合长度方程组成。虽然人们对湍动能方程已经有了一致的认识,但对计算湍流混合长度的第二个方程的选取一直存在不同的见解。在本研究中,使用了经典的 Mellor-Yamada 湍封闭方案。

污染物输运扩散方程为

$$\frac{\partial(SD)}{\partial t} + \frac{1}{h_1 h_2}\left[\frac{\partial(h_2 U_1 DS)}{\partial \xi_1} + \frac{\partial(h_1 U_2 DS)}{\partial \xi_2}\right] + \frac{\partial(\omega S)}{\partial \sigma}$$

$$= \frac{1}{h_1 h_2}\left[\frac{\partial}{\partial \xi_1}\left(\frac{h_2}{h_1}A_H D\frac{\partial S}{\partial \xi_1}\right) + \frac{\partial}{\partial \xi_2}\left(\frac{h_1}{h_2}A_H D\frac{\partial S}{\partial \xi_2}\right)\right]$$

$$+ \frac{1}{D}\frac{\partial}{\partial \sigma}\left(K_H\frac{\partial S}{\partial \sigma}\right) + DQ$$

式中,S 为污染物浓度;Q 为单位时间内污染源排入海域单位水体中的量;A_H、K_H 分别为水平方向和垂向扩散系数,由动力模型求得。

在流速和湍流扩散系数已知的条件下，在入海污染源共同作用下形成的平衡浓度场可视为各污染源单独影响浓度场的线性叠加，则各污染源所形成的单独浓度场 $C_i(x, y, z)$ 满足：

$$C_i(x, y, z) = \alpha_i(x, y, z) \cdot Q_i$$

式中，Q_i 为第 i 个污染源源强；$C_i(x, y, z)$ 为第 i 个污染源 Q_i 形成的浓度场；$\alpha_i(x, y, z)$ 为响应系数场，定义为 $Q_i = 1$ 时的浓度场。$\alpha_i(x, y, z)$ 表征了海区内水质对某个点源的响应关系，可直接给出污染源与水质控制点浓度之间的定量关系，即为响应系数场。

根据厦门市近岸海域污染物浓度分布、核算参考值、模型模拟出的响应系数场，估算厦门市各区近岸海域污染物总量。计算公式为

$$P_i = \sum_{i=1}^{N} \frac{\Delta q_i}{e}$$

式中，P_i 为维护参考水质要求的第 i 项污染物量；Δq_i 为第 i 项污染物量监测浓度与核算参考值的差；e 为污染物的响应系数；N 为考虑的污染物数量。

6.1.5.2 模型配置

本研究数值模型模拟区域为厦门市海域，计算海区所覆盖的范围为 23.9°～24.7°N，117.6°～118.8°E，水平分辨率为 0.25′（约 420 m），网格数为 270×200 个，垂向分 20 层，因分辨率的影响，每个网格实际包含 100 个计算网格（图 6-6）。以往的研究表明，厦门市近岸海域潮流流速远远大于环流，因此模型考虑了潮和风场的强迫作用，湍混合方案为经典的 Mellor-Yamada 湍封闭方案，底摩擦系数为 0.0012。地形数据采用 ETOPO1（分辨率为 1′的全球地形起伏模型，其包含陆地地形和海洋水深数据）；开边界处采用强迫水位，东边界的分潮调和常数来自 GITM；根据多个模型实验，本研究底摩擦系数为 0.0012；径流边界条件为九龙江等 10 条入海河流和 18 个入海排污口（表 6-2）。

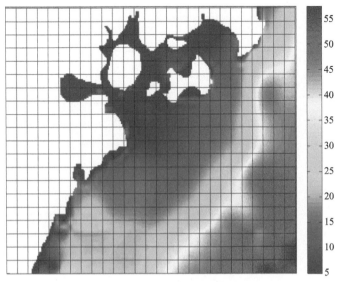

图 6-6 模拟区域地形和计算的网格

表 6-2　厦门市近岸海域主要入海污染源统计　　　（单位：mg/L）

污染源	高锰酸盐指数	氨氮	总磷	总氮
九龙江	2.66	0.90	0.18	3.52
后溪	6.45	1.32	0.36	3.62
东西溪合流段	8.68	13.72	1.75	14.76
九溪	8.48	8.20	1.40	11.78
瑶山溪	9.64	15.61	1.75	19.45
深青溪	10.92	4.58	0.77	8.86
龙东溪	9.99	16.62	2.46	21.58
过芸溪	5.89	3.66	0.35	5.54
官浔溪	11.38	21.57	2.05	27.00
埭头溪	9.02	22.15	3.38	29.07
集美污水处理厂旁排污口	61.20	15.00	1.81	15.60
翁厝涵洞排污口	28.80	13.40	1.19	13.80
湖里 5 号军用码头排污口	14.40	4.10	0.37	6.15
筼筜湖排污口	23.20	0.12	0.19	1.83
厦大白城排污口	56.40	37.90	3.34	39.40
筼筜污水处理厂	10.80	0.33	0.56	9.93
前埔污水处理厂	9.60	0.30	0.38	10.40
海沧污水处理厂	15.60	0.10	0.53	11.30
集美污水处理厂	10.00	0.23	0.76	12.10
杏林污水处理厂	15.60	0.29	0.88	10.90
同安污水处理厂	10.40	0.96	0.40	5.77
翔安污水处理厂	8.40	0.17	0.77	9.42
杏林月美湖排污口 1#（西边）	48.80	6.80	0.77	8.76
海沧南部 1# 排洪渠	29.20	3.51	0.19	8.82
港仔后污水站	7.60	0.07	0.18	4.69
黄家渡污水站	—	1.46	0.06	2.53
汇景园污水站	—	2.48	0.16	9.23
殿前港区排污口	72.00	39.20	2.66	40.30

6.1.5.3　精度验证

图 6-7 给出了厦门海洋站、黄河油码头和海沧三个潮位站的潮位验证曲线。潮位过程的计算与实测结果对比表明，潮位振幅最大误差为 5.10 cm，位相最大误差为 10 min，

计算潮位和实测潮位符合良好，整个过程的相对误差在10%以内，可以基本反映厦门湾的潮位变化过程。

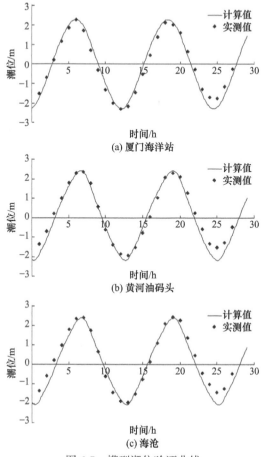

图 6-7 模型潮位验证曲线

图 6-8 给出厦门市近岸海域夏季和冬季的表层流场。厦门外海的夏季流场在金门岛南部海域呈现逆时针的涡旋，在厦门外海南部海域呈现顺时针涡旋；冬季流场主要呈现东北—西南走向。

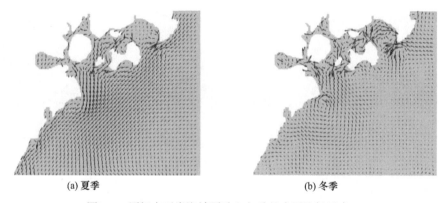

图 6-8 厦门市近岸海域夏季和冬季的表层流场示意

6.1.6 清洁海洋服务核算结果

6.1.6.1 厦门市各海区水质对点源的响应系数结果

响应系数场是在质量守恒原理基础上建立起来的水质与污染源的定量关系，是总量控制和环境容量研究的基础。由于响应系数场在时间上随潮汐运动呈周期性变动，且不同的季节呈现出不同的特征，本研究选取年均值进行统计分析。经过模拟计算，厦门市各区每年排放万吨污染物的响应系数分别如下：翔安为0.223、同安区为0.645、集美区为1.266、海沧区为0.979、湖里区为1.045、思明区为0.707（表6-3）。

表6-3　厦门市各区每年排放万吨污染物的响应系数

指标	翔安区	同安区	集美区	海沧区	湖里区	思明区
响应系数	0.223	0.645	1.266	0.979	1.045	0.707

6.1.6.2 厦门市近岸海域主要污染物浓度分布

2010年和2015年模型模拟的厦门市近岸海域主要污染物浓度（总氮、总磷和化学需氧量）的分布如图6-9所示。

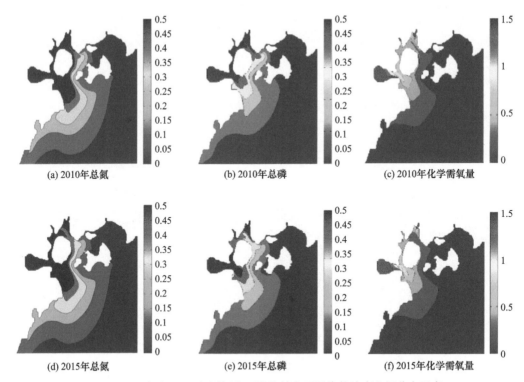

(a) 2010年总氮　　　　(b) 2010年总磷　　　　(c) 2010年化学需氧量

(d) 2015年总氮　　　　(e) 2015年总磷　　　　(f) 2015年化学需氧量

图6-9　2010年和2015年厦门市近岸海域主要污染物浓度空间分布示意
图中单位均为 mg/L

总氮、总磷和化学需氧量的浓度分布均呈现湾顶高、湾口低的形态，污染物高浓度值主要集中在九龙江口和其他河口区，厦门市外海污染物浓度相对较低。以总氮为例，在九龙江河口区,总氮由河口向外扩散,其浓度依次减小,河口内浓度在 2.0 mg/L 以上。同时,九龙江北部区域浓度明显小于南部区域浓度,少部分总氮在海门岛和玉枕洲附近富集,这与该区域的地形有很大关系。西海域污染源较多,本身自净能力较差,使西海域顶部的总氮浓度达到 0.9 mg/L,西海域中部和鼓浪屿附近的总氮浓度在 0.4 mg/L 以上。在同安湾,由于同安湾顶水浅,流速小,污染物不易迁移,使该处的总氮浓度相对较高,达到 0.7 mg/L,而湾口浓度相对较小,为 0.2～0.3 mg/L。在厦门岛东侧潮流速度较大,水交换能力较好,水体扩散能力较强,因而这一海域的总氮浓度相对较低,平均为 0.25 mg/L。其他污染物总磷和化学需氧量的分布与总氮类似,只是浓度值有所不同。总体上,厦门市近岸海域主要污染物为总氮。

6.1.6.3　厦门市各行政区主要污染物总量

根据厦门市近岸海域污染物浓度分布、核算参考值、模型模拟出的响应系数场,估算出厦门市各区近岸海域污染物总量（表 6-4）。

表 6-4　2010 年和 2015 年厦门市各区主要污染物总量　　　　（单位：t）

地区	化学需氧量		总氮		总磷	
	2010 年	2015 年	2010 年	2015 年	2010 年	2015 年
翔安区	105 215.9	115 737.5	−290.146	−78.331	248.964	329.456
同安区	33 136.11	33 268.92	−10 498.6	−9 876.64	−830.063	−743.736
集美区	15 295.27	15 591.85	−4 239.69	−4 451.67	−319.235	−378.739
海沧区	20 293.03	21 307.68	−4 709.31	−6 912.08	−144.051	−226.87
湖里区	20 375.77	22 413.35	−4 069.08	−4 901.28	−93.338	−362.06
思明区	29 054.46	31 959.9	−4 589.12	−4 228.36	−143.698	−127.233

6.1.6.4　厦门市近岸海域各类海水水质面积

2010 年和 2015 年厦门市近岸海域水质类别空间分布图如图 6-10 所示。2010 年和

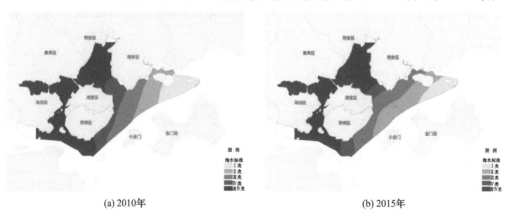

(a) 2010年　　　　　　　　　　　　　　(b) 2015年

图 6-10　2010 年和 2015 年厦门市近岸海域水质类别空间分布

2015 年大嶝海域基本符合Ⅰ类和Ⅱ类海水水质标准；东部海域基本符合Ⅱ类和Ⅲ类海水水质标准；南部海域基本符合Ⅳ类和Ⅲ类海水水质标准；同安湾、西海域、河口区海域基本符合劣Ⅳ类海水水质标准。2015 年较 2010 年，大嶝海域的优良（Ⅰ类、Ⅱ类）水质面积保持稳定，但Ⅰ类水质面积有所减少；东部海域的Ⅱ类和Ⅲ类水质分布空间明显增大；南部海域的劣Ⅳ类水质面积减少，同安湾的劣Ⅳ类水质面积略有增长。

2010 年和 2015 年同安区、集美区和海沧区水质均最差，达到了劣Ⅳ类水质；翔安区、湖里区和思明区越靠近内陆水质越差；相比于 2010 年，2015 年翔安区、湖里和思明区的Ⅱ类和Ⅲ类水质分布空间明显增大。

2010 年和 2015 年厦门市各区近岸海域各类水质面积见表 6-5。

表 6-5　2010 年和 2015 年厦门市各区近岸海域各类水质面积　　（单位：km²）

地区	Ⅰ类		Ⅱ类		Ⅲ类		Ⅳ类		劣Ⅳ类	
	2010 年	2015 年	2010 年	2015 年	2010 年	2015 年	2010 年	2015 年	2010 年	2015 年
厦门市	33.14	28.63	42.86	58.35	50.77	66.71	44.74	22.82	183.50	178.50
翔安区	33.14	27.36	39.96	35.32	18.09	29.69	10.32	4.84	20.19	24.49
同安区									26.87	26.87
集美区									27.70	27.70
海沧区									48.38	48.38
湖里区		1.27	0.02		5.22	9.17	13.88	5.08	19.08	22.68
思明区			2.88	23.03	27.46	27.85	20.54	12.90	41.28	28.38

2010 年，厦门市Ⅰ类、Ⅱ类、Ⅲ类、Ⅳ类、劣Ⅳ类海水面积分别为 33.14 km²、42.86 km²、50.77 km²、44.74 km²、183.50 km²，分别占 9.3%、12.1%、14.3%、12.6%、51.7%。其中，优良水体（Ⅰ类、Ⅱ类）面积为 76.00 km²，占比为 21.4%，Ⅳ类与劣Ⅳ类水体面积为 228.24 km²，占比为 64.3%。

2015 年，厦门市Ⅰ类、Ⅱ类、Ⅲ类、Ⅳ类、劣Ⅳ类海水面积分别为 28.63 km²、58.35 km²、66.71 km²、22.82 km²、178.50 km²，分别占 8.1%、16.4%、18.8%、6.4%和 50.3%。其中，优良水体（Ⅰ类、Ⅱ类）面积为 86.98 km²，比 2010 年增长了 14.4%，Ⅳ类与劣Ⅳ类水体面积为 201.32 km²，比 2010 年减少了 11.8%。

6.2　海洋生态系统固碳服务核算

6.2.1　海洋生态系统固碳服务概念内涵

海洋生态系统固碳是将海洋作为一个特定载体吸收大气中的 CO_2，并将其固化的过程和机制，包括浮游植物通过光合作用将海水中的 CO_2 固定为有机碳，以及大型藻类和贝类等生物通过光合作用和大量滤食浮游植物，直接或间接地从海水中吸收大量碳元素。

海洋生态系统固碳服务功能可以用生物固碳量来表征。

6.2.2　海洋生态系统固碳服务研究进展

海洋中的碳主要以碳酸盐离子的形式存在,如溶解无机碳(dissolved inorganic carbon, DIC)、溶解有机碳(dissolved organic carbon, DOC)、颗粒性有机碳(particulate organic carbon, POC)以及生物有机碳(biological organic carbon, BOC)。海洋碳循环中最重要的两个过程是物理泵(physical pump)和生物泵(biological pump)。物理泵指发生在海-气界面的 CO_2 气体交换过程和将 CO_2 从海洋表面向深海输送的物理过程,生物泵指浮游生物通过光合作用吸收 CO_2 并向深海和海底沉积输送的过程(石洪华等,2014)。

6.2.2.1　海-气界面 CO_2 气体交换通量估算方法研究

大气中的 CO_2 进入海洋后,在海-气界面通常存在一个 CO_2 浓度梯度,在大气和洋流的综合作用下,界面上进行着大量 CO_2 交换(石洪华等,2014)。CO_2 从大气中溶入海水的过程称为溶解度泵,其固碳能力估算常采用测算海-气界面 CO_2 通量的方法而获得。海-气界面 CO_2 的源和汇主要是由表层海水 CO_2 分压(PCO$_2$)的分布变化引起的,间接受到海水温度、生物活动和海水运动等因素的影响。

海-气界面 CO_2 气体交换通量指的是单位时间、单位面积上 CO_2 在大气和海洋界面的净交换量。该气体交换通量是评估海洋在全球变化中作用的前提和基础。估算海-气界面 CO_2 气体交换通量方法一般分为两类:一类为包括放射性同位素 [14]C 示踪法、碳的稳定同位素比例法、通过测量大气 O_2 的镜像法等基于物质守恒定律在全球尺度上估算海-气界面 CO_2 气体交换通量的方法;另一类分别测量海水和海水表层大气中的 CO_2 分压,结合海-气界面 CO_2 气体交换速率来实测海-气界面 CO_2 气体交换通量。表层海水 CO_2 分压的测量手段包括船载走航测定的水汽平衡的非色散红外法、浮标原位时间序列观测的化学传感器法及大时间空间尺度观测的遥感法。测量不同海域的海水和海水表层大气中的 CO_2 分压需要建立海-气界面 CO_2 通量的立体观测平台,该观测平台包括岸基、船基、航空、卫星和浮标等系统,主要技术包括走航大气和海水观测技术、浮标海-气界面 CO_2 通量观测技术、极区海-气界面 CO_2 通量观测技术和遥感海-气界面 CO_2 通量观测和评估技术等。

海洋的溶解度泵只是实现了 CO_2 从大气碳库向海洋碳库的迁移,存在很强的时空异质性。进入海洋的 CO_2 被浮游植物和光合细菌通过光合作用固定转变为有机碳,从而进入海洋生态系统,碳在海洋生态系统食物网中经过层层摄食最终以生物碎屑的形式输送到海底,从而实现了碳封存,封存的碳在几万年甚至上百万年内不会再进入地球化学循环,这一过程被称为生物泵。生物泵在海洋碳循环中最复杂,浮游植物和光合细菌通过光合作用固定无机碳,每年约有 45Gt 的碳被固定转化为有机碳。固定的碳被浮游动物所摄食,成为次级生产力,然后部分被更高营养级生物摄食,部分通过呼吸和死亡分解再次变成无机碳返回环境,部分被垂直输送到海底,其生产力则占海洋初级生产力的 95% 以上,其中每年约有 35Gt 的有机碳通过生物异养呼吸变成溶解无机碳,这部分碳占海洋表面光合作用所固定碳的 80% 左右。真光层异养细菌是这个过程的主要贡献者,据估计,

50%~90%的呼吸作用是由异养细菌来完成的，甚至在某些海区，细菌的呼吸作用要强于该地区的初级生产力。未被呼吸作用氧化的有机碳以生物碎屑和排泄物（如颗粒性有机碳）以及溶解有机碳的形式向弱光层、深海无光层输送，每年约有 10 Gt 有机碳进入深海，但其中绝大部分经过再矿化成为溶解无机碳，最终能够进入洋底沉积物的不足 5%。

6.2.2.2 海洋浮游植物与渔业碳汇计量

目前对于海洋碳循环的基本认识主要基于海洋对大气 CO_2 的调节能力，分为物理泵和生物泵两个主要过程。物理泵是一个生物地球化学概念，是将溶解无机碳通过物理化学过程从海洋表层传输到海洋体系中的过程，又称溶解泵（solubility pump）。通过光合作用将无机碳固定为有机物，之后在食物网内以生物为介质通过转化、物理混合、输送及重力沉降等一系列过程，将碳从海洋真光层传输到海洋体系中的过程合并称为生物泵。

浮游植物通过光合作用将海水中 CO_2 固定为有机碳，称为海洋生态系统的碳汇（marine ecosystem carbon sink）过程。进入生态系统的有机碳，再经过浮游植物死亡沉降和以浮游动物为主的各营养级消费者摄食后粪球打包沉降作用，或各种海洋生物死亡后的有机碎屑沉降，汇总为从海洋表层向真光层以下深层海洋的有机碳输出，该过程称为有机碳的生物泵，或软组织泵（soft tissue pump），是生物泵的主要部分，即海洋生物碳汇的主要途径。在没有人为干预的海洋生态系统中，浮游植物所产生的生态系统碳汇只有其中很少部分（1/1000~1/100）会最终通过生物泵到达大洋深处，且被长久封存。浮游植物形成的海洋生态系统碳汇大部分会经过各级消费者和分解者——海洋细菌（真菌）的分解和再矿化作用，释放为水体中的 CO_2，再次进入食物链循环系统。

海洋浮游植物处于海洋生态系统营养阶层的底层，而渔业生物往往处于食物链的高层或顶层。通过全程食物网关系，浮游植物和渔业生物成为海洋碳循环与生物碳汇的重要组成部分。大部分海洋浮游植物生产的有机碳经过长短不一的食物链进入顶级海洋生物，这些有机碳在食物网流动的过程中会逐渐损失，因此海洋生物碳汇最大量的部分处于浮游植物一端，到渔业生物会根据食物链的长短和各营养级之间的生态转换效率，最终归结到不同量级的渔业碳汇中。不同渔业生态系统中浮游植物群落以及渔业食物链组成结构不同，最终的渔业碳汇量值是不同的，但最初的浮游植物生物碳汇量对整个渔业碳汇量值具有重要影响。对于渔业生物来说，生态系统中的颗粒性有机碳是其食物的主要来源，因此与颗粒性有机碳生产相关的浮游植物碳固定过程及其计量方法就显得尤为重要。

6.2.3 核算对象与数据来源

6.2.3.1 核算对象与范围

本研究根据已有研究方法确定核算对象为浮游藻类、大型藻类、滤食性贝类三种生物的固碳量。

6.2.3.2 数据来源与处理

碳/叶绿素 a 比值（C：Chl-a）来自经验数据。通常 C：Chl-a 介于 1~300，常见近岸水体中介于20~80,一般浮游植物生长迅速的水体该值偏小,如在水华区、河口区等,而在开阔大洋该比值则较高,近海环境相对稳定的水体中该值偏高。根据已有工作经验,一般来说近岸水体稳定在40~50,超过200 m等深线的开阔海中,本研究选用80。

一般大型藻类和各种贝类的含碳量(干重)来自已有研究成果。一般大型藻类的含碳量介于20%~35%,海带的含碳量约为31.2%,江蓠的含碳量为20.6%~28.4%,取为24.5%,其他种类海藻(紫菜等)则采用多种海藻含碳量的平均值(27.39%)。滤食性贝类的软体组织含碳量介于42.21%~45.98%,而贝壳的含碳量介于11.44%~12.01%;不同种类间含碳量有细微差别,同一物种在营养状况不同的海区则没有显著变化。

海水真光层是指海洋浮游植物进行光合作用的水层,根据文献报道,南海真光层最大值为89.5 m,最小值为54.4 m,厦门市海域基本属于近岸海域,因此其真光层按南海真光层最小值计算。

大型藻类及各种贝类产量选取2011~2015年的平均值,数据分别来自《中国渔业统计年鉴》和《厦门经济特区统计年鉴》。

6.2.4 海洋生态系统固碳服务核算方法

采用海洋浮游植物与渔业碳汇计量方法核算海洋生态系统固碳服务,具体如下:

$$C_{海洋}=C_{浮游藻类}+C_{大型藻类}+C_{滤食性贝类}$$

式中,$C_{海洋}$为海洋碳汇量(t/a);$C_{浮游藻类}$、$C_{大型藻类}$、$C_{滤食性贝类}$分别为对应种类的碳汇量。

6.2.4.1 浮游植物的固碳能力

采用叶绿素a估算法评估浮游植物的碳汇能力。根据C∶Chl-a转换关系,可以直接将水体中实测的叶绿素a浓度转换为浮游植物碳含量。这是一个无量纲的值,因此直接可以将叶绿素a浓度单位用于碳含量单位。

$$C_{浮游藻类}=\alpha \times \text{CHL} \times S \times d$$

式中,α为厦门市近岸海域碳与叶绿素a的比值;CHL为厦门年均叶绿素a浓度值(μg/L);S为厦门市近岸海域面积;d为近岸海域真光层高度。

6.2.4.2 大型藻类的固碳能力

大型藻类通过光合作用将海水中的溶解性无机碳转化为有机碳。伴随着藻类的收获,大量的碳能够直接从海水中移出,大型藻类的固碳能力按以下公式估算:

$$C_{浮游藻类}=Y_{大型藻类} \times \text{Ra}_{大型藻类}$$

式中,$Y_{大型藻类}$为厦门市年均大型藻类捕获量(t/a);$\text{Ra}_{大型藻类}$为厦门市近岸海域大型藻类含碳量(%)。

大型藻类的固碳能力受到多种因素的制约,如营养盐结构、养殖密度、温度、光照等,不同区域、不同物种之间亦存在差异,但是不同区域同种藻类含碳量并无明显差异。

6.2.4.3 滤食性贝类的固碳能力

滤食性贝类通过摄食活动直接吸收海水中的碳酸氢根（HCO_3^-），大量去除海水中的 POC，并通过形成碳酸钙质地的贝壳汇集大量的碳，其反应方程式为

$$Ca^{2+}+2HCO_3^-===CaCO_3+CO_2+H_2O$$

通过反应方程式可以看出，每形成 1mol $CaCO_3$，就可以固定 1 mol 碳。贝壳主要成分为 $CaCO_3$，因此可以通过计算贝壳的质量以及贝壳的含碳量来估算其固碳量。

伴随着滤食性贝类的收获，大量的碳能够直接从海水中移出，其碳汇贡献基于不同种类的产量及其含碳量，估算公式为

$$C_{滤食性贝类} = Y_{软体组织} \times Ra_{软体组织} + \beta \times Y_{贝类} \times Ra_{贝壳}$$

式中，$Y_{软体组织}$ 为厦门市年均滤食性贝类软体组织产量（t/a）；$Ra_{软体组织}$ 为厦门市近岸海域滤食性贝类软体组织含碳量（%）；β 为滤食性贝类贝壳所占比例；$Y_{贝类}$ 为厦门市年均滤食性贝类总产量（t/a）；$Ra_{贝壳}$ 为厦门市近岸海域滤食性贝类的贝壳含碳量（%）。

6.2.5 海洋生态系统固碳服务核算结果

厦门市海洋生态系统通过浮游藻类、大型藻类和滤食性贝类固定的 CO_2 量分别为 1.03 万 t/a、0.03 万 t/a、0.09 万 t/a，相当于减排 CO_2 量分别为 3.39 万 t/a、0.12 万 t/a、0.29 万 t/a。厦门市海洋生态系统总固碳量为 1.15 万 t/a，相当于减排 CO_2 量 3.80 万 t/a（表 6-6）。

表 6-6 厦门市海洋生态系统固碳服务功能 （单位：万 t/a）

生物	固碳量	相当于减排 CO_2 量
浮游植物	1.03	3.39
大型藻类	0.03	0.12
滤食性贝类	0.09	0.29
总计	1.15	3.80

在海洋生态系统固碳服务中，浮游植物的固碳量最大，占海洋生态系统总固碳量的 89.6%，其次是滤食性贝类，占 7.8%，固碳量最小的是大型藻类，只占 2.6%（图 6-11）。

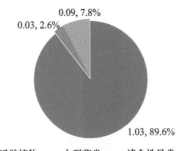

图 6-11 厦门市海洋生态系统固碳服务各生物所占比例

目前，海洋藻类和滤食性贝类都采用收获量进行计算，而在自然环境中实际现存量远远大于人类收获量，因此计算结果低估了海洋实际固碳能力。

6.3 海洋物种保育更新服务核算

6.3.1 海洋物种保育更新服务概念内涵

海洋物种保育更新服务可以理解为海洋生态系统在当前生境条件下维持物种多样性及种群更新的能力，可以从生境质量、物种的珍稀濒危状况以及物种更新率三个方面开展评估。

6.3.2 海洋物种保育更新服务研究进展

中国海洋生物多样性研究是从中国科学院水生生物研究所青岛海洋生物研究室1950年成立以后开始大规模系统进行的。经过半个多世纪的努力，迄今已有千篇论文和约200部专著出版（刘瑞玉，2011）。其中，1997~2000年开展的中国海专属经济区大陆架环境和资源调查，出版了专著报告多卷；2003年经国务院批准立项，国家海洋局实施了"我国近海海洋综合调查与评价"（908专项），涉及海洋生物的调查；2004年参加的"国际海洋生物普查计划"取得了显著进展。海洋生物多样性的研究以生物多样性维持为主，未涉及物种保育更新的研究，并且主要集中在对价值量的评估上，较少涉及对物质量的核算。

6.3.3 核算对象与数据来源

6.3.3.1 核算对象与范围

海洋物种核算对象为厦门湾近百年所记录的海洋植物物种和动物物种。为了避免与陆地植物物种重复，维管束植物中蕨类植物门、裸子植物门、被子植物门不列入计算，动物物种中原核生物界、原生生物界、真菌界不列入计算，厦门市鸟类多生活在海边，因此全部纳入海洋动物物种中。

海洋生物物种的调查统计范围为整个厦门自然海湾（大厦门湾）。大厦门湾是较典型的中亚热带河口海湾：湾口北至围头角，南至镇海角，自然生态系统包括湾口高盐水、湾中低盐水、九龙江口咸淡水甚至淡水。周边包括厦门市、龙海市和金门岛，以及南安市、晋江市和石狮市小部分水源。

6.3.3.2 数据来源与处理

（1）海洋生物名录

厦门湾海洋生物名录来源于黄宗国（2006）的《厦门湾物种多样性》。本研究是《中国海洋生物种类与分布》（黄宗国，2008）的继续和深入，由15个单位63位专家参与，总结了自达尔文时代以来在厦门湾所记录的物种。为了避免陆地和海洋重复计算，本研究仅将《厦门湾物种多样性》中厦门湾海洋生物物种中植物界和动物界厦门湾物种纳入核算范畴，同时结合厦门湾受保护的物种及其濒危等级物种调查结果，进行物种保育更新服务能值计算。

（2）海洋生物数据的采集和选择

本研究采用文献调研和实地调查相结合的方法获取生物数据。文献资料主要来自源于《厦门湾物种多样性》。实地调查数据主要来源于 908 专项、厦门湾调查结果和福建省水产研究所 2016 年厦门湾海洋生物调查数据。

6.3.4 海洋物种保育更新服务核算方法

参考 5.11.4 节物种保育更新的核算方法。与陆地物种保育更新服务不同之处是海洋生境质量利用丰度/生物量曲线进行计算，本研究现有数据无法进行这一核算，故暂未针对海洋物种保育更新服务进行生境质量调整；海洋物种能值转换率为 1.24×10^{19} sej/种。

6.3.5 海洋物种保育更新服务核算结果

6.3.5.1 厦门市海洋物种现状

厦门市海洋生物参与核算的物种数为 3901 种，其中海洋植物物种为 181 种，动物物种为 3720 种。海洋植物均无物种保护、濒危和特有等级；海洋动物中属于国家一级保护的有 4 种，国家二级保护的有 28 种，属于福建省重点保护的有 33 种，属于中国特有种的有 2 种，属于《IUCN 物种红色名录濒危等级和标准》的极危物种有 5 种、易危物种有 3 种和近危物种有 8 种；属于 CITES 附录 I 的物种有 9 种，附录 II 的物种有 1 种（表 6-7）。

表 6-7 厦门市海洋动物物种不同等级数据汇总

各类等级名称	保护级别	物种数目
国家保护等级	一级	4
国家保护等级	二级	28
中国特有种	是	2
IUCN 等级	极危	5
IUCN 等级	易危	3
IUCN 等级	近危	8
CITES 附录等级	附录 I	9
CITES 附录等级	附录 II	1
福建省重点保护	—	33

6.3.5.2 海洋物种保育更新服务能值量

2015 年厦门市海洋物种能值量为 4.66×10^{21} sej，其中，海洋植物物种能值量为 2.24×10^{19} sej，海洋动物物种能值量为 4.63×10^{21} sej（表 6-8）。从物种保护、濒危、特有等级来

看，属于国家一级保护物种能值量为 $1.98×10^{18}$ sej，国家二级保护物种能值量为 $1.04×10^{19}$ sej；属于《IUCN 物种红色名录濒危等级和标准》的极危物种能值量为 $2.47×10^{18}$ sej、易危物种能值量为 $7.42×10^{17}$ sej 和近危物种能值量为 $9.9×10^{17}$ sej；属于 CITES 附录 I 物种能值量为 $4.45×10^{18}$ sej，附录 II 物种能值量为 $3.71×10^{17}$ sej；属于中国特有种能值量为 $4.95×10^{17}$ sej，属于福建省重点保护物种能值量为 $8.17×10^{18}$ sej。

表 6-8　厦门市海洋生物物种能值量

各类等级名称	保护级别	能值量/sej
国家保护等级	一级	$1.98 × 10^{18}$
国家保护等级	二级	$1.04 × 10^{19}$
中国特有种	是	$4.95 × 10^{17}$
IUCN 等级	极危	$2.47 × 10^{18}$
IUCN 等级	易危	$7.42 × 10^{17}$
IUCN 等级	近危	$9.9 × 10^{17}$
CITES 附录等级	附录 I	$4.45 × 10^{18}$
CITES 附录等级	附录 II	$3.71 × 10^{17}$
福建省重点保护	—	$8.17 × 10^{18}$
其他物种	—	$4.63 × 10^{21}$
总计	—	$4.66 × 10^{21}$

6.4　海洋休憩服务核算

海洋休憩服务功能核算方法和数据来源相同，在实物量核算中没有将其分开。按照海洋型休憩资源占比得出 2015 年海洋休憩服务实物量。其中，时间成本为 10.16 亿元，旅行费用为 520.35 亿元，消费者剩余价值为 36.54 亿元，海洋对房价贡献率为 4.93%。

6.5　小结

厦门市海洋生态系统共核算了 4 项服务功能。其中，清洁海洋服务功能有所提高，2015 年优良水体（I 类、II 类）面积为 $86.98\,km^2$，比 2010 年增加了 $14.08\,km^2$；厦门市近岸海域固碳量为 1.15 万 t/a，相当于减排 CO_2 量 3.80 万 t/a；所有保护等级海洋生物物种的能值量为 $4.97 × 10^{28}$ sej；海洋休憩服务中海洋对房价贡献率为 4.93%。

厦门市生态系统价值核算与分析

7.1 定价依据

生态系统价值的评估方法多种多样，不同的方法其理论基础各异，评估的生态系统服务类型也有一定的差别，总体来看，生态系统价值的评估方法主要包括直接市场法、替代市场法和能值分析法。

直接市场法以费用来表示自然生态环境资源的经济价值，但是仅仅通过费用支出来估计生态资产的价值本身在理论上就存在缺陷。

替代市场法与创建市场技术类似，适合于没有费用支出但有市场价格的生态服务功能的价值评估。理论上是合理的方法，但是由于生态系统服务功能种类繁多，而且往往很难度量，实际评价时仍有许多困难。

能值分析法把生态环境系统与人类社会经济系统有机地联系和统一起来，定量分析自然与人类经济活动的真实价值，有助于调整生态环境与经济发展关系；对自然资源的科学评估与合理利用、经济发展方针的制定以及地球未来的预测，均具指导意义。该法将环境资源、商品、劳务和科技等不同类别与各种形式的能量经转换为同一标准的能值后，均可加以比较研究。

能值方法与技术的采用不是取代货币对经济行为的度量功能，而是弥补货币价值方法的不足。对那些非市场的自然物品和服务的价值进行度量尤其适用。能值分析可以为国际、国家和地方的政策分析和生态经济决策提供技术工具支撑，但是却难以用来研究人类或生物是社会组织、制度、行为、心理意识的组成部分，因此，到目前为止仍然局限于在经济或生态经济系统内应用。

本研究生态系统价值核算的定价依据遵循以下原则：具有明确市场价格的服务功能，直接采用市场价格进行核算；没有明确市场价格的服务功能，优先采用已发布的规范、技术导则等推荐的单价进行核算，其次采用替代成本法进行核算；对于部分没有明确市场价格，也不能采用代替成本法进行核算的服务功能，则采用能值法进行核算。根据以上原则，本研究确定了生态系统价值核算的定价标准，见表7-1。

表 7-1 生态系统价值核算定价标准

生态系统类型	生态系统服务功能	表征指标	定价依据	2015 年单价
陆地生态系统	农林牧渔产品	产品价值量	《厦门经济特区年鉴 2016》《福建统计年鉴 2016》	当年价
	干净水源	水资源价值量	《关于水资源费征收标准有关问题的通知》	1.6 元/m³
		化学需氧量治理成本	《关于生态环境损害鉴定评估虚拟治理成本法运用有关问题的复函》	1 920 元/t

生态系统类型	生态系统服务功能	表征指标	定价依据	2015 年单价
陆地生态系统	干净水源	氨氮治理成本	《关于生态环境损害鉴定评估虚拟治理成本法运用有关问题的复函》	2 400 元/t
		总磷治理成本		7 667 元/t
	清新空气	人均人力资本	《厦门经济特区年鉴 2016》	983 978 元
	空气负离子供给	负离子生产费用	《森林生态系统服务功能评估规范》	6.85×10^{-18} 元/个
	温度调节	空调制冷价格	2015 年电网企业全国平均销售电价	0.643 33 元/kW·h
	生态系统固碳	碳税价格		1 412.55 元/t
	径流调节	水库建设单位库容成本	《森林生态系统服务功能评估规范》	7.19 元/m³
	洪水调蓄			
	雨洪减排			
	土壤保持	挖取单位面积土方成本	《森林生态系统服务功能评估规范》《中国价格统计年鉴 2016》	17.39 元/m³
		尿素价格		1250 元/t
		过磷酸钙价格		2 286.22 元/t
		钾肥价格		653.21 元/t
		有机肥价格		2 390.74 元/t
	物种保育更新	能值货币比率	《中国价格统计年鉴 2016》《生态经济系统能值分析》	6.05×10^{11} sej/元
	休憩服务	旅行费用与游憩费用支出	—	当年价
海洋生态系统	清洁海洋	化学需氧量治理成本	《厦门经济特区年鉴 2016》《中国价格统计年鉴 2016》《中国海洋统计年鉴 2016》	1 920 元/t
		氨氮治理成本		2 400 元/t
		总磷治理成本		7 667 元/t
	生态系统固碳	碳税价格	《森林生态系统服务功能评估规范》	1 412.55 元/t
	物种保育更新	能值货币比率	《中国价格统计年鉴 2016》《生态经济系统能值分析》	6.05×10^{11} sej/元
	休憩服务	旅行费用与游憩费用支出	—	当年价

7.2 厦门市生态系统价值及分析

7.2.1 厦门市生态系统价值总量分析

2015 年，厦门市生态系统流量价值为 1210.64 亿元，见表 7-2，相当于当年 GDP 的 34.93%。陆地及海洋生态系统中,休憩服务的价值量均最高,分别为 343.22 亿元及 577.64

185

亿元,占总价值的 28.35%及 47.71%;陆地生态系统中,空气负离子供给的价值量最低,为 0.76 亿元,占总价值的 0.06%,海洋生态系统中,生态系统固碳的价值量最低,为 0.16 亿元,占总价值的 0.01%。与 2010 年相比,2015 年生态系统价值增加了 76.73%。其中,休憩服务(陆地和海洋)和雨洪减排服务的增长率最大,分别增长了 119.17%和 74.29%,这主要是由于厦门市生态保护成效显著,城市绿地面积大幅度增长。

表 7-2　　2010 年和 2015 年厦门市生态系统价值核算结果表

核算科目		价值量/亿元		2015 年各服务占比/%
		2010 年	2015 年	
陆地生态系统	休憩服务	156.68	343.22	28.35
	物种保育更新	55.19	59.58	4.92
	径流调节	36.02	41.50	3.43
	农林牧渔产品	18.66	20.73	1.71
	清新空气	16.19	19.03	1.57
	洪水调蓄	16.25	17.54	1.45
	干净水源	12.22	14.82	1.22
	温度调节	11.88	14.42	1.19
	生态系统固碳	4.95	5.16	0.43
	雨洪减排	3.15	5.49	0.45
	土壤保持	4.79	5.30	0.44
	空气负离子供给	0.73	0.76	0.06
	小计	336.71	547.55	
海洋生态系统	休憩服务	263.46	577.64	47.71
	物种保育更新	76.93	76.93	6.35
	清洁海洋	7.78	8.36	0.69
	生态系统固碳	0.14	0.16	0.01
	小计	348.31	663.09	
生态系统总价值		685.02	1210.64	

　　2015 年,厦门市海洋生态系统价值量为 663.09 亿元,约占总流量价值的 54.77%;陆地生态系统价值量 547.55 亿元,约占总流量价值的 45.23%。海洋生态系统单位面积价值量为 1.87 亿元/km²,约为陆地生态系统单位面积价值量的 5.8 倍,如图 7-1 所示。

　　此外,将厦门市核算结果与国内其他研究团队的研究结果从地均 GEP、人均 GEP 等几方面进行了对比(表 7-3)。从地均 GEP 来看,我国不同地区计算的地均 GEP 介于 0.01 万～13.61 万元/km²,厦门市地均 GEP 为 0.32 万元/km²,与上述范围相符。从人均 GEP 来看,不同地区的差别较大,这是不同地区的人口数量差异较大所引起的。尽管如此,厦门市人均 GEP 与全国人均 GEP 结果相近。通过对比,说明本研究计算的 GEP 可信度较高。

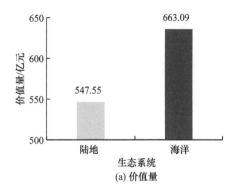

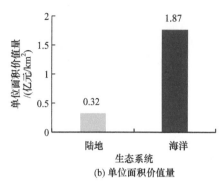

图 7-1　厦门市陆地和海洋生态系统价值量及单位面积价值量

表 7-3　近年相关研究结果对比

核算地区	核算年份	核算团队	GEP/亿元	地均 GEP/（万元/km²）	人均 GEP/（元/人）
贵州省	2010	中国科学院生态环境研究中心	20 013.46	0.11	5.75
阿尔山市	2014	中国科学院生态环境研究中心	539.88	0.07	112.48
三江源区	2011	中国环境科学研究院	4 920.7	0.01	37.84
盐田区	2013	深圳市环境科学研究院	1 015.4	13.61	47.47
厦门市	2015	中国环境科学研究院	547.55	0.32	1.42
全国	2010	中国科学院地理科学与资源研究所	381 034.22	0.04	2.84

7.2.2　厦门市生态系统价值空间特征

从行政区划来看陆地生态系统价值，思明区生态系统价值最大，为 277.31 亿元，占总流量价值的 50.65%，湖里区生态系统价值最小，为 32.41 亿元，占总流量价值的 5.92%。各区生态系统价值从大到小依次为思明区、同安区、翔安区、集美区、海沧区、湖里区，如图 7-2 所示。

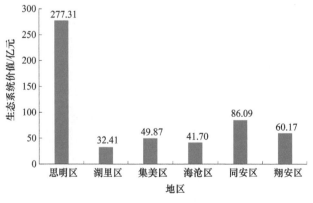

图 7-2　2015 年厦门市各区生态系统价值

从陆地生态系统类型来看，厦门市湿地生态系统单位面积价值最大，为 0.81 亿元/km²；其次是阔叶林，为 0.73 亿元/km²；耕地最小，仅为 0.16 亿元/km²，各生态系统类型单位面积价值从大到小依次为湿地、阔叶林、针阔混交林、针叶林、稀疏林、灌木林地、城市绿地、园地、耕地（图 7-3）。

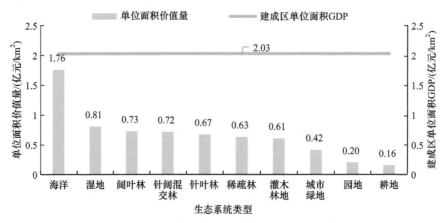

图 7-3　2015 年厦门市各生态系统类型单位面积价值量

在此基础上，将厦门市陆地各生态系统类型单位面积生态系统价值与建成区 GDP 进行对比，如图 7-3 所示。可以看出，厦门市陆地各生态系统类型单位面积生态系统价值均小于其建成区单位面积 GDP，侧面说明厦门市生态系统价值与经济发展相比还存在不协调的情况，应进一步加强生态保护建设。

7.2.3　厦门市生态系统价值时间变化

与 2010 年相比，2015 年生态系统价值量增加了 76.73%（图 7-4）。其中休憩服务（陆地和海洋）和雨洪减排服务的价值量变化率较大，分别增长了 119.17% 和 74.29%（图 7-5），这是厦门市生态保护成效显著，城市绿地面积大幅度增长所影响的（表 7-4）。

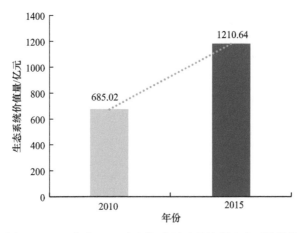

图 7-4　2010 年和 2015 年厦门市陆地及海洋生态系统价值

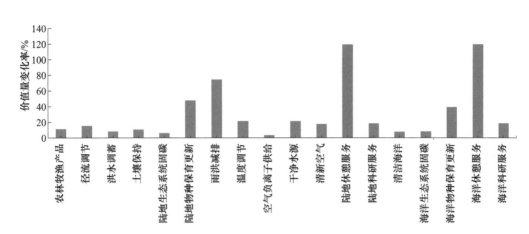

图 7-5　厦门市各生态系统服务价值量变化率

表 7-4　　2010 年和 2015 年厦门市城市绿地面积及增长情况

生态系统类型	2010 年/km²	2015 年/km²	增长量/km²	增长率/%
草本绿地	16.72	24.86	8.14	48.68
灌木绿地	20.02	20.23	0.21	1.05
乔木绿地	130.46	182.26	51.8	39.71
总计	167.20	227.35	60.15	35.97

7

厦门市生态系统价值核算与分析

厦门市生态系统价值标准物质当量及综合核算模型构建

8.1 构建生态系统服务标准物质当量

8.1.1 生态系统服务物质量及其估算方法

　　厦门市生态系统服务价值核算工作核算了干净水源、清新空气、温度调节、生态系统固碳、径流调节、洪水调蓄、土壤保持等12种陆地生态系统服务和清洁海洋、生态系统固碳等4种海洋生态系统服务，各种服务的表征指标差异大，计算方法差别大，计算得到的实物量量级和单位都不相同；统一的描述和综合核算具有一定困难（表8-1）。

表 8-1　厦门市生态系统服务的评估方法和实物量

生态系统类型	功能类别	核算科目	核算指标	物质量		单位
				2015 年	2010 年	
陆地生态系统	生态系统产品	农林牧渔产品	农产品产量	9.688 3	13.09	亿元
			林产品产量	19 135	8 637	m³
			牧产品产量	7.159 6	5.859 5	亿元
			淡水渔产品产量	1.24	1.29	10^{10}g
		干净水源	水环境质量	9.52	7.66	亿 m³
		清新空气	大气环境质量	19.03	20.87	亿元
	人居环境调节	空气负离子供给	空气负离子供给量	0.76	0.73	亿元
		温度调节	节约用电量	22.42	18.47	10^{15}J
		生态系统固碳	生态系统固碳量	60.39	57.02	10^6gC/a
	生态水文调节	径流调节	径流调节量	5.77	5.01	亿 m³
		洪水调蓄	洪水调蓄量	2.44	2.26	亿 m³
		雨洪减排	雨洪减排量	0.763 437	0.043 85	亿 m³
	土壤侵蚀控制	土壤保持	减少泥沙淤积量	441.43	399.31	10^{10}g
			有机物	9.22	8.34	10^{10}g
			氮	0.89	0.81	10^{10}g
			磷	1.36	1.23	10^{10}g
			钾	13.59	12.29	10^{10}g
	物种保育更新	物种保育更新	生境质量	$3.46×10^{21}$	$3.67×10^{21}$	sej
	精神文化服务	休憩服务	旅游观光	343.22	156.68	亿元

生态系统类型	功能类别	核算科目	核算指标	物质量		单位
				2015 年	2010 年	
海洋生态系统	生态系统产品	清洁海洋	海洋环境质量	8.363	7.782	亿元
	气候状况调节	生态系统固碳	生态系统固碳	6.64	6.64	10^{10}gC/a
	物种保育更新	物种保育更新	生境质量	4.66×10^{21}	4.66×10^{21}	sej
	精神文化服务	休憩服务	旅游观光	577.64	263.46	亿元

8.1.2 生态系统服务能值量估算

在生态系统服务物质量估算基础上,利用能值转换率对其能值量进行估算,计算公式为

$$ESS_i = \sum_{i,j}(ES_{ij} \times Tr_i)$$

式中,EES_i 为第 i 种生态系统服务的能值(sej/a);ES_{ij} 为第 i 种生态系统服务第 j 个像元的物质量(g/a);Tr_i 为第 i 种生态系统服务的能值转换率(sej/g)。

根据生态系统服务能值量计算公式、能值转换率(表 8-2)及各生态系统服务实物量,计算得到厦门市生态系统服务能值量,见表 8-3。

表 8-2　厦门市生态系统服务能值转换率

生态系统类型	功能类别	核算科目	核算指标	能值转换率	单位	参考文献
陆地生态系统	生态系统产品	农林牧渔产品	农产品产量	7.17×10^{11}	sej/元	Odum(1996)
			林产品产量	3.28×10^{14}	sej/m³	Odum(1996)
			牧产品产量	7.17×10^{11}	sej/元	Odum(1996)
			淡水渔产品产量	2.40×10^{7}	sej/g	Odum(1996)
		干净水源	水环境质量	2.38×10^{11}	sej/m³	Odum(1996)
		清新空气	大气环境质量	7.17×10^{11}	sej/元	Odum(1996)
	人居环境调节	空气负离子供给	空气负离子供给量	7.17×10^{11}	sej/元	Odum(1996)
		温度调节	节约用电量	2.13×10^{11}	sej/(kW·h)	Damien Arbault (2013)
		生态系统固碳	生态系统固碳量	1.39×10^{8}	sej/gC	李海涛等(2005)
	生态水文调节	径流调节	径流调节量	2.38×10^{11}	sej/m³	Odum(1996)
		洪水调蓄	洪水调蓄量	2.38×10^{11}	sej/m³	Odum(1996)
		雨洪减排	雨洪减排量	2.38×10^{11}	sej/m³	Odum(1996)

生态系统生产价值核算与业务化体系研究——以厦门市为例

续表

生态系统类型	功能类别	核算科目	核算指标	能值转换率	单位	参考文献
陆地生态系统	土壤侵蚀控制	土壤保持	减少泥沙淤积量	3.23×10^6	sej/g	Odum（1996）
			有机物	1.62×10^8	sej/g	以 9.44×10^{24} 为全球基准值
			氮	4.60×10^9	sej/g	Odum（1996）
			磷	1.78×10^{10}	sej/g	Odum（1996）
			钾	1.74×10^9	sej/g	Odum（1996）
	物种保育更新	物种保育更新	—	—	sej/sej	基于能值法
	精神文化服务	休憩服务	旅游观光	7.17×10^{11}	sej/元	Odum（1996）
海洋生态系统	气候状况调节 生态系统产品	清洁海洋	海洋环境质量	7.17×10^{11}	sej/元	Odum（1996）
		生态系统固碳	生态系统固碳	1.39×10^8	sej/gC	李海涛等（2005）
	物种保育更新	物种保育更新	—	—	sej/sej	基于能值法
	精神文化服务	休憩服务	旅游观光	7.17×10^{11}	sej/元	Odum（1996）

注：基于全球能值基准值为 9.44×10^{24} sej/a 的计算结果；水源涵养服务中产水量能值转换率的计算过程：4.85×10^4sej/J$\times$4.92 J/g（Gibbs free energy）$\approx 2.39 \times 10^5$ sej/g；土壤保持服务中固土量能值转换率的计算过程：7.15×10^3sej/J $\times$ 5.4kcal/g $\times$4186 J/kcal$\times$ 2%（有机质含量）$\approx 3.23 \times 10^6$ sej/g。

表 8-3　厦门市生态系统服务能值量

生态系统类型	功能类别	核算科目	核算表征	服务能值量		单位面积能值量	
				2015 年/sej	2010 年/sej	2015 年/（sej/km²）	2010 年/（sej/km²）
陆地生态系统	生态系统产品	农林牧渔产品	农产品产量	6.95×10^{20}	9.39×10^{20}	4.09×10^{17}	5.52×10^{17}
			林产品产量	6.28×10^{18}	2.83×10^{18}	3.69×10^{15}	1.67×10^{15}
			牧产品产量	5.13×10^{20}	4.20×10^{20}	3.02×10^{17}	2.47×10^{17}
			淡水渔产品产量	2.98×10^{17}	3.10×10^{17}	1.75×10^{14}	1.82×10^{14}
		干净水源	水环境质量	2.20×10^{20}	1.79×10^{20}	1.30×10^{17}	1.05×10^{17}
		清新空气	大气环境质量	1.36×10^{21}	1.50×10^{21}	8.03×10^{17}	8.81×10^{17}
	人居环境调节	空气负离子供给	空气负离子供给量	5.45×10^{19}	5.23×10^{19}	3.21×10^{16}	3.08×10^{16}
		温度调节	节约用电量	4.78×10^{18}	3.93×10^{18}	2.81×10^{15}	2.32×10^{15}
		生态系统固碳	生态系统固碳量	5.07×10^{19}	4.87×10^{19}	2.98×10^{16}	2.87×10^{16}
	生态水文调节	径流调节	径流调节量	1.37×10^{20}	1.19×10^{20}	8.08×10^{16}	7.02×10^{16}
		洪水调蓄	洪水调蓄量	5.81×10^{19}	5.38×10^{19}	3.42×10^{16}	3.17×10^{16}
		雨洪减排	雨洪减排量	1.82×10^{19}	1.04×10^{18}	1.07×10^{16}	6.14×10^{14}

生态系统类型	功能类别	核算科目	核算表征	服务能值量		单位面积能值量	
				2015 年/sej	2010 年/sej	2015 年/(sej/km^2)	2010 年/(sej/km^2)
陆地生态系统	土壤侵蚀控制	土壤保持	减少泥沙淤积量	$1.43×10^{19}$	$1.29×10^{19}$	$8.39×10^{15}$	$7.59×10^{15}$
			有机物	$1.49×10^{19}$	$1.35×10^{19}$	$8.79×10^{15}$	$7.95×10^{15}$
			氮	$4.09×10^{19}$	$3.73×10^{19}$	$2.41×10^{16}$	$2.19×10^{16}$
			磷	$2.42×10^{20}$	$2.19×10^{20}$	$1.42×10^{17}$	$1.29×10^{17}$
			钾	$2.36×10^{20}$	$2.14×10^{20}$	$1.39×10^{17}$	$1.26×10^{17}$
	物种保育更新	物种保育更新	—	$3.46×10^{21}$	$3.67×10^{21}$	$2.04×10^{18}$	$2.16×10^{18}$
	精神文化服务	休憩服务	旅游观光	$2.46×10^{22}$	$1.12×10^{22}$	$1.45×10^{19}$	$6.61×10^{18}$
	小计			$3.17×10^{22}$	$1.87×10^{22}$	$1.86×10^{19}$	$1.10×10^{19}$
海洋生态系统	气候状况调节生态系统产品	清洁海洋	海洋环境质量	$6.00×10^{20}$	$5.58×10^{20}$	$1.54×10^{18}$	$1.43×10^{18}$
	生态系统固碳	生态系统固碳		$9.23×10^{18}$	$9.23×10^{18}$	$2.37×10^{16}$	$2.37×10^{16}$
	物种保育更新	物种保育更新	—	$4.66×10^{21}$	$4.66×10^{21}$	$1.19×10^{19}$	$1.19×10^{19}$
	精神文化服务	休憩服务	旅游观光	$4.14×10^{22}$	$1.89×10^{22}$	$1.06×10^{20}$	$4.84×10^{19}$
	小计			$4.67×10^{22}$	$2.41×10^{22}$	$1.20×10^{20}$	$6.18×10^{19}$

从表 8-3 中可知，厦门市海洋生态系统的年总能值量远远大于陆地生态系统，在海洋生态系统服务中以物种保育更新、休憩服务为主，在陆地生态系统服务中物种保育更新、休憩服务占据了绝对优势。从各种服务的年单位面积能值量来讲，海洋休憩服务良好，其次是海洋物种保育更新、陆地休憩服务、陆地物种保育更新等生态系统服务。其他生态系统服务能值量和单位面积能值量相对较小，所占份额相对较少；由此可见，厦门市生态系统服务能值主要受到海洋及陆地生态系统的物种保育更新、休憩服务的影响。厦门市生态系统服务能值量的高值区主要分布在海洋生态系统、厦门本岛及沿海地带的城市地区；其次是厦门市北部的森林地区；2010～2015 年，厦门市生态系统服务能值量有明显的增长趋势，增长较快的地区主要分布在湖里区、海沧区和集美区的沿海地带，以及翔安区的局部区域。

8.1.3　标准物质当量能值基准值估算

生态单元划分思路：①根据《1：100 万中国植被图集》的植被类型图可知，厦门市的典型自然生态系统为亚热带马尾松，从《1：100 万中国植被图集》的植被类型图中提取厦门市亚热带马尾松的空间分布数据。②根据崔林丽等提供的我国东部亚热带马尾松群落生产力平均数值，选取厦门市亚热带马尾松 NPP 大于 646.92 gC/（m^2·a）的区域。

③利用气温、降水、土壤类型 3 项指标进行生态单元的划分，其原则是使划分的每一生态单元内具有相似的植被生长条件和生产力水平。具体步骤：①将 2000～2010 年大于 10℃积温数据划分为 9 类、年累计降水量划分为 8 类，数据均来自于中国气象数据网（http://data.cma.cn/）；土壤类型数据划分为 11 类，见表 8-4。②将分类后的 3 个图层进行叠加计算，获取综合分类结果。③将面积小于 0.1 km² 的斑块融合到相邻斑块，由此获取最终的生态单元。

表 8-4 厦门市亚热带马尾松生态单元划分因子及类别

大于 10℃年积温/℃	年累计降水量/mm	土壤类型
<7350	<1325	滨海潮滩盐土
7350～7400	1325～1350	滨海盐土
7400～7450	1350～1375	赤红壤
7450～7500	1375～1400	红壤
7500～7550	1400～1425	红壤性土
7550～7600	1425～1450	黄红壤
7600～7650	1450～1475	渗育水稻土
7650～7700	>1475	水稻土
>7700		酸性石质土
		淹育水稻土
		盐渍水稻土

首先，借助像元二分法理论，利用 2000～2015 年厦门市针叶林生长季（129～273 天）的 MODIS16 天合成/250m NDVI 产品来估算植被覆盖度，计算公式为

$$VF = \frac{NDVI - NDVI_{soil}}{NDVI_v - NDVI_{soil}}$$

式中，VF 为植被覆盖度；$NDVI_{soil}$ 为纯裸土像元的 NDVI 值；$NDVI_v$ 为纯植被像元的 NDVI 值。该研究依据前人经验和研究区 NDVI 的实际统计结果，将 $NDVI_{soil}$ 和 $NDVI_v$ 的数值分别设定为 0.34 和 0.94。

其次，逐年获取 2000～2015 年厦门市生长季的最大植被覆盖度图层，再逐像元计算 2000～2015 年最大植被覆盖度的均方根误差（root-mean-square error，RMSE），计算公式为

$$RMSE = \sqrt{\frac{\sum_{i=1}^{n}(x_a - x)^2}{n}}$$

式中，x_a 为最大植被覆盖度；x 为 2000～2010 年最大植被覆盖度的平均值；a 为年；n 为样本统计年数。

最后，选取生态单元内植被覆盖度最大且其 RMSE 小于 5%的像元作为估算厦门市生态系统服务标准物质当量的地面参照点，计算得到 338 个参照点。

利用获取的 338 个参照点提取各生态系统服务的能值量，再分别取平均值后累加，

即为厦门市生态系统服务标准物质当量的能值基准值。根据统计得到厦门市生态系统标准物质当量的能值基准值为 $1.91\times10^{13}\,sej/(m^2\cdot a)$，相当于 $1.91\times10^{19}\,sej/(km^2\cdot a)$。

8.1.4 生态系统服务物质当量估算

厦门市生态系统服务物质当量为各项生态系统服务的能值量与标准物质当量能值基准值的比值：

$$D_i = EES_i / EES_s$$

式中，D_i 为第 i 种生态系统服务的物质当量；EES_s 为生态系统服务标准物质当量的能值基准值[$sej/(m^2\cdot a)$]。计算得到厦门市各生态系统服务物质当量，见表 8-5。

表 8-5 厦门市各生态系统服务物质当量 （单位：当量）

生态系统类型	功能类别	核算科目	表征指标	2010 年物质当量	2015 年物质当量
陆地生态系统	生态系统产品	农林牧渔产品	农产品产量	3.64×10^7	4.91×10^7
			林产品产量	3.29×10^5	1.48×10^5
			牧产品产量	2.69×10^7	2.20×10^7
			淡水渔产品产量	1.56×10^4	1.62×10^4
		干净水源	水环境质量	1.15×10^7	9.35×10^6
		清新空气	大气环境质量	7.14×10^7	7.83×10^7
	人居环境调节	空气负离子供给	空气负离子供给量	2.85×10^6	2.74×10^6
		温度调节	节约用电量	2.50×10^5	2.06×10^5
		生态系统固碳	生态系统固碳量	2.66×10^6	2.55×10^6
	生态水文调节	径流调节	径流调节量	7.19×10^6	6.24×10^6
		洪水调蓄	洪水调蓄量	3.04×10^6	2.82×10^6
		雨洪减排	雨洪减排量	9.51×10^5	5.46×10^4
	土壤侵蚀控制	土壤保持	减少泥沙淤积量	7.47×10^5	6.75×10^5
			有机物	7.82×10^5	7.07×10^5
			氮	2.14×10^6	1.95×10^6
			磷	1.27×10^7	1.15×10^7
			钾	1.24×10^7	1.12×10^7
	物种保育更新	物种保育更新	—	1.81×10^8	1.92×10^8
	精神文化服务	休憩服务	旅游观光	1.29×10^9	5.88×10^8
	小计			1.66×10^9	9.80×10^8
海洋生态系统	气候状况调节	清洁海洋	海洋环境质量	3.14×10^7	2.92×10^7
	生态系统产品	生态系统固碳	生态系统固碳	4.83×10^5	4.83×10^5
	物种保育更新	物种保育更新		2.44×10^8	2.44×10^8
	精神文化服务	休憩服务	旅游观光	2.17×10^9	9.89×10^8
	小计			2.44×10^9	1.26×10^9

从表 8-3 和表 8-5 中可知，厦门市陆地生态系统服务的 2010 年、2015 年能值量分别为 $1.87\times10^{22}\,sej$、$3.17\times10^{22}\,sej$，通过标准物质当量能值基准值估算的物质当量分别为

$9.80×10^8$ 当量、$1.66×10^9$ 当量，单位面积物质当量分别相当于 1/2 个、1 个标准物质当量能值基准值。厦门市海洋生态系统服务的 2010 年、2015 年能值量分别为 $2.41×10^{22}$ sej、$4.67×10^{22}$ sej，通过标准物质当量能值基准值估算的物质当量分别为 $1.26×10^9$ 当量、$2.44×10^9$ 当量。厦门市生态系统服务物质当量的高值区主要分布在海洋生态系统、思明区、湖里区等；其次是海沧区、集美区和翔安区；2010～2015 年，厦门市生态系统服务物质当量有明显的增长趋势，增长较快的地区主要分布在湖里区、翔安区，以及海沧区、集美区的沿海地带，同安区的城镇地区。

从陆地生态系统服务物质当量来看，思明区的生态系统服务物质当量最大，其次是同安区和翔安区。从海洋生态系统的角度来看，各区的物质当量从大到小依次为：翔安区>思明区>海沧区>湖里区>集美区>同安区，见表 8-6。

表 8-6 厦门市各区生态系统服务物质当量　　　　　　（单位：当量）

地区	陆地生态系统服务物质当量		海洋生态系统服务物质当量	
	2010 年	2015 年	2010 年	2015 年
思明区	1 992 489.79	4 270 234.81	$2.80×10^{12}$	$2.80×10^{12}$
湖里区	182 674.36	378 447.14	$1.16×10^{12}$	$1.16×10^{12}$
海沧区	246 928.75	417 800.9	$1.47×10^{12}$	$1.47×10^{12}$
集美区	280 554.32	430 454.92	$8.42×10^{11}$	$8.42×10^{11}$
同安区	538 781.68	624 228.42	$8.17×10^{11}$	$8.17×10^{11}$
翔安区	440 652.3	654 729.84	$3.70×10^{12}$	$3.70×10^{12}$

8.2 构建生态系统服务综合核算模型

8.2.1 生态系统服务均衡因子计算

为了均衡不同生态系统类型之间生态系统服务的差异，本研究构建了均衡因子，并采用研究区各生态系统类型单位面积主导生态系统服务的能值量与标准物质当量能值基准值的比值来表征：

$$J_i=\sum_i \text{EES}_i / \text{EES}_s$$

式中，J_i 为第 i 种生态系统类型的均衡因子；EES_i 为第 i 种生态系统类型单位面积生态系统服务的能值量[sej/（$m^2 \cdot a$）]；EES_s 为标准物质当量能值基准值[sej/（$m^2 \cdot a$）]。计算得到厦门市各生态系统均衡因子，见表 8-7。从表 8-7 可知，除海洋生态系统外，城市绿地、城镇等人工生态系统的均衡因子比较大，水体、耕地等生态系统的均衡因子较小，说明厦门市是以城市生态系统为主的城市，对城镇、城市绿地等生态系统的依赖较大。

表 8-7 厦门市各生态系统均衡因子

生态系统类型	2010 年均衡因子	2015 年均衡因子
阔叶林	0.99	1.08
针叶林	0.97	1.06
针阔混交林	0.96	1.06
稀疏林	0.72	0.79
灌丛	0.71	0.87
草地	0.86	0.87
滩涂	0.58	0.92
水体	0.31	0.40
耕地	0.29	0.42
园地	0.84	0.95
城镇	1.49	2.89
城市绿地	0.74	1.57
其他用地	0.38	0.54
海洋生态系统	6.27	3.24

8.2.2 生态系统服务调整因子计算

为了调整相同生态系统类型、不同生产力条件下的生态系统服务，本研究构建了调整因子。由于 NPP 可表征生态系统的生产能力，其形成和累积的过程在很大程度上可体现其提供的生态系统服务的差异，因此，调整因子的计算公式为

$$T_{in} = \mathrm{NPP}_{in} / \overline{\mathrm{NPP}_i}$$

式中，T_{in} 为第 i 种生态系统类型第 n 县（乡）的调整因子；NPP_{in} 为第 i 种生态系统类型第 n 县（乡）的平均 NPP[gC/（$m^2 \cdot a$）]；$\overline{\mathrm{NPP}_i}$ 为第 i 种生态系统类型的平均 NPP[gC/（$m^2 \cdot a$）]。计算得到厦门市各区各生态系统调整因子，见表 8-8。

表 8-8 厦门市各区各生态系统调整因子

生态系统类型	思明区	湖里区	海沧区	集美区	同安区	翔安区
阔叶林	—	—	1.12	0.96	1.05	0.86
针叶林	—	—	1.05	1.01	0.99	1.00
针阔混交林	—	—	1.11	1.02	1.02	0.85
稀疏林	—	—	1.00	0.91	1.03	0.93
灌丛	—	—	0.93	1.12	1.00	1.00

生态系统生产价值核算与业务化体系研究——以厦门市为例

续表

生态系统类型	思明区	湖里区	海沧区	集美区	同安区	翔安区
草地	—	—	1.06	0.68	1.10	0.87
滩涂	0.30	0.06	0.84	0.51	1.49	1.23
水体	0.75	0.10	0.79	2.37	1.92	0.78
耕地	1.28	0.29	0.72	0.77	1.24	0.81
园地	—	—	1.02	0.97	1.04	0.88
城镇	1.13	0.15	1.23	0.76	1.23	0.84
城市绿地	0.51	0.15	0.81	0.78	1.63	1.15
其他用地	0.57	0.16	0.49	0.80	1.30	0.86
海洋生态系统	1	1	1	1	1	1

注：—表示对应生态系统在对应区域内的面积为0，或者面积非常小，可不用纳入计算。

从表 8-8 可知，分区估算的厦门市生态系统服务调整因子具有较大差异，主要是由于受气象、土壤、地形、海拔等自然因素的影响，相同生态系统类型在各区可能具有不同的生长条件和优势种，进而导致其生产能力存在差异。其中，阔叶林、针叶林、针阔混交林等森林生态系统调整因子的最大值均出现在海沧区，分别为 1.12、1.05 和 1.11；灌丛调整因子的最大值均出现在集美区，为 1.12；草地、滩涂调整因子的最大值均出现在同安区，分别为 1.10 和 1.49；水体调整因子的最大值则出现在集美区，数值为 2.37；耕地调整因子的最大值出现在思明区，为 1.28；城镇调整因子的最大值出现在海沧区与同安区，为 1.23；城市绿地、其他用地调整因子的最大值均出现在同安区，分别为 1.63 和 1.30。从生态系统类型角度来看，水体的调整因子数值最大，表明水体的生产能力具有较大的空间异质性；其次是城市绿地、城镇，多在 1.00 附近波动，主要是由于这两种生态系统类型的分布区域相对集中。

8.2.3 综合核算模型构建及其验证

基于以上构建的均衡因子和调整因子，厦门市生态系统服务物质当量快速核算模型可表征为

$$D_i' = \sum_{i,n} S_{in} \times J_i \times T_{in}$$

式中，D_i' 为基于快速核算方法估算的第 i 种生态系统类型的物质当量；S_{in} 为第 n 县第 i 种生态系统类型的面积（m^2）。

结合表 8-7 和表 8-8，本研究构建了厦门市生态系统服务物质当量快速核算模型，由此计算了厦门市各区生态系统服务的单位面积物质当量。与基于直接评估法的估算结果相比，两者的相关系数为 0.7622，由此得到线性方程的斜率接近于 1，截距小于 1；表明该研究发展的厦门市生态系统服务物质当量快速核算模型具有较好的模拟效果（图 8-1）。

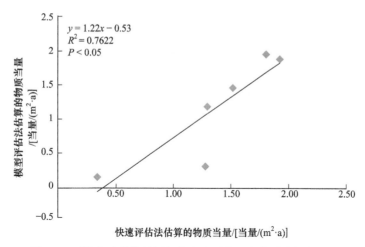

图 8-1　两种方法估算的厦门市生态系统服务物质当量的对比

厦门市生态系统价值统计核算模型

9.1 研究目标

坚持以形成可重复、可比较、可复制的生态系统价值核算业务化技术体系为核心，制定具有厦门特色的生态系统价值核算指标体系与框架，以常规业务监测数据、资源清查数据和科研实测数据等为基础，构建厦门市生态系统价值统计核算模型。

构建统计核算模型的目的主要包括以下几个方面。

（1）为县域范围内生态系统价值核算提供标准

针对目前我国生态系统价值核算缺乏规范性及统计基础薄弱、数据缺口较多、数据来源分散、口径不统一等问题，研究建立与 SEEA-EEA 原则相容同时又与我国国民经济核算体系协调一致的生态资源资产核算体系的基本框架，建立既符合 SEEA-EEA 原则又与我国经济发展和生态系统特征相适应、可在县级行政区域应用的生态系统价值统计核算技术，实现生态系统价值核算的可重复、可复制、可推广。

（2）提高生态系统价值核算的可操作性

针对生态系统价值核算多种多样的基础资料，只有针对性地制订出可行的方案，才能提高县域生态系统价值核算的可操作性，才能在充分利用现有资料的基础上，客观、准确地核算生态系统价值。

（3）保持县域生态系统价值核算数据的规范性

制定统一的核算方案，作为县域生态系统价值核算的统一标准，避免核算工作的随意性，有助于规范县域生态系统价值的核算，保持核算所用数据的规范性。

9.2 统计核算模型构建

9.2.1 农林牧渔产品（0101）

农林牧渔业总产量指核算期内农林牧渔业生产活动总产量。核算对象为厦门市范围内所有的产品，包括本市产生的及外地运输在厦门市范围内产生价值的产品的增值量。

9.2.2 干净水源（0102）

（1）核算对象

参考第一次全国水利普查设定的河流湖泊范围，确定厦门市干净水源的评估水体，并结合区域内的水资源分布和水质监测情况进行调整，确定流域面积大于（含）50 km² 的河流、中型（含）以上水库和县（区）级以上饮用水源。

（2）基础数据

干净水源服务基础数据来源见表 9-1。

表 9-1　干净水源基础数据来源

核算对象		数据名称	指标	时间尺度	数据来源
水环境质量	溪流水库	厦门市环境监测断面数据	Ⅰ～Ⅲ类水体：最差一项水体污染物浓度 超过Ⅲ类水体：最差前三项水体污染物浓度 铅、铬毒性指标优先考虑	季、月	厦门市环境保护局
水资源量	溪流水库	《厦门市水资源公报》	地表水资源量	季、月	厦门市水利局
水资源价值指标		《关于水资源费征收标准有关问题的通知》	水资源价	—	厦门市发展和改革委员会
水环境价值指标		污水处理厂处理成本数据	污染物超标当量的处理成本	—	厦门市市政园林局
污染物当量指标		《中华人民共和国环境保护税法》	污染物超标当量	—	—

（3）关键参数

在干净水源服务功能评估中，评估过程中的关键参数包括污染物超标当量及污染物超标当量的处理成本两项。

（4）评估模型

以控制单元为最小计算单元对评估水体进行分区评估，根据与域内跨镇（街）交界断面，并综合考虑水系分布情况和水质监测断面对区域进行控制单元的划分。

基于干净水源服务基础数据，采用以下评估模型对干净水源服务功能量进行核算：

$$G_w = \sum_i \sum_t (w_{R(i,t)} + w_{E(i,t)})$$

式中，G_w 为干净水源服务功能量（m^3）；$w_{R(i,t)}$ 为评估水体 i 控制单元 t 时段的地表水资源量（m^3）；$w_{E(i,t)}$ 为评估水体 i 控制单元 t 时段的水环境质量当量（m^3）。

评估模型如下：

$$w_E = \frac{D \times P}{P_{ws}}$$

式中，D 为评估水体的年度主要污染物超标当量（无量纲）；P 为污染物当量处理成本（元）；P_{ws} 为单位水资源的价格（元/m^3）。

$$D = \sum_{r=1} \frac{(C_0(r) - C(r)) \times w_R \times 10^{-3}}{L_r}$$

式中，$C(r)$ 为第 r 个水质指标的浓度值（mg/L）；$C_0(r)$ 为第 r 个水质指标地表水Ⅲ类标准限值（mg/L）；L_r 为第 r 个水质指标的污染当量值（kg），具体见《中华人民共和国环境保护税法》。

9.2.3 清新空气（0103）

（1）核算对象

本研究以厦门市范围内主要大气污染物年均浓度作为清新空气服务功能实物量，运用 WHO 公布的针对 PM$_{2.5}$ 污染物死亡率计算方法评估大气污染物造成的人体健康损害，从而利用人力资本法作为清新空气服务功能价值量进行评估。

（2）基础数据

清新空气服务基础数据如下：①厦门市公安局常住人口数据；②厦门市各监测点实测数据 PM$_{2.5}$ 浓度；③评估年 PM$_{2.5}$ 浓度基准。

（3）关键参数

在清新空气服务功能评估中，评估过程中的关键参数包括主要污染物浓度，厦门市常住人口数量，关键参数取值见表 9-2。

表 9-2　清新空气关键参数取值

关键参数	参数取值及来源
主要污染物浓度/（mg/m^3）	监测点实测数据
暴露人口数/人	常住人口数量

（4）评估模型

基于清新空气服务基础数据及关键参数，采用以下评估模型对厦门市清新空气服务进行核算：

$$G_a = P \times 0.0096 \times (C - C_0) \times M_0$$

式中，G_a 为 PM$_{2.5}$ 浓度变化导致的暴露人口变化量；P 为常住人口数量（人）；M_0 为全因死亡率（%）；C 为 PM$_{2.5}$ 的平均浓度（μg/m^3）；C_0 为 PM$_{2.5}$ 的基准浓度，以《环境空气质量标准》规定的二级浓度限制，取值为 35 μg/m^3；0.0096 为 PM$_{2.5}$ 引起的健康效应系数。

9.2.4 清洁海洋（0104）

（1）核算对象

清洁海洋服务是指海洋生态系统对人类产生的各种排海污染物的降解、吸收和转换，从而为人类提供清洁的海洋环境服务。清洁海洋服务的核算对象为厦门市近岸海域范围内的化学需氧量、氨氮、磷三项主要污染物的排放总量。

（2）基础数据

清洁海洋服务基础数据如下：近岸海域水环境质量数据。近岸海域水质监测数据监测频次为每年监测 3～4 次（一般为丰、平、枯三期）。

（3）关键参数

在清洁海洋服务功能评估中，评估过程中的关键参数包括主要海洋污染物数量、各区的污染物响应系数。基于以上关键参数，构建清洁海洋服务统计核算模型。关键参数取值见表 9-3。

表 9-3　清洁海洋关键参数取值　　　　　[单位：mg/（万 t·L）]

地区	K 值 （响应系数）
翔安区	0.223
同安区	0.645
集美区	1.266
海沧区	0.979
湖里区	1.045
思明区	0.707

（4）评估模型

清洁海洋的具体评估模型如下：

$$G_o = \sum_j \frac{q_{ij} - q_{i0}}{k_j}$$

式中，G_o 为维护参考水质要求的第 i 项污染物指标海洋环境负荷量（万 t）；q_{ij} 为第 j 个行政区内第 i 项污染物量监测浓度（mg/L）；q_{i0} 为《海水水质标准》规定的第 i 类污染物对应的 Ⅱ 类水质标准的浓度限值（mg/L）；k_j 为污染物在第 j 个行政区的响应系数[mg/（万 t·L）]。

9.2.5　空气负离子供给（0201）

（1）核算对象

空气负离子供给服务的核算对象为区域范围内由生态系统产生、提供的空气负离子总量。由于现阶段无法将生物生产产生的空气负离子和物理反应产生的空气负离子完全分离，核算对象定为区域产生的空气负离子总量。

（2）基础数据

空气负离子供给服务基础数据如下：①厦门市不同监测类型的全年空气负离子数据；②厦门市各生态系统类型面积；③厦门市各林地的树高。

（3）关键参数

根据对空气负离子浓度监测的结果可知，不同生态系统类型的夏季负离子浓度均约为春秋季负离子浓度的 2 倍，不同季节对空气负离子浓度有重大影响。因此，在空气负离子供给服务评估中，评估过程中的关键参数包括厦门市不同季节空气负离子浓度、植被高度、生态系统类型面积、负离子寿命。厦门市各生态系统类型提供的不同季节空气负离子浓度取值见表 9-4。

表 9-4　厦门市各生态系统类型提供的不同季节空气负离子浓度　　　（单位：个/cm³）

生态系统类型		空气负离子浓度	
		春秋季	夏季
森林	针叶林	2000	5545
	阔叶林	1755	3758
	针阔混交林	1865	3785

续表

生态系统类型		空气负离子浓度	
		春秋季	夏季
城市绿地	乔木绿地	1866	3732
	灌木绿地	1255	2510
	草本绿地	908	1816
湿地	水体	1216	2432

（4）评估模型

基于空气负离子供给服务基础数据及关键参数，采用以下评估模型对空气负离子供给服务进行核算：

$$G_i = 1.314 \times 10^{15} \times \sum_{i=1}^{4} (Q_{ij} - 600) \times A_i \times H_i / L$$

式中，G_i 为空气负离子服务量（个/a）；Q_{ij} 为生态系统类型 i 在第 j 季度的负离子平均浓度（个/cm^3）；A_i 为生态系统类型 i 的面积（hm^2）；H_i 为生态系统类型 i 的植被平均高度（m），其中森林、灌木、乔木绿地和灌木绿地分别为对应的树高，水体取值为 1 m；L 为负离子寿命（分钟），取值为 1 min；1.314×10^{15} 为单位换算系数。

9.2.6 温度调节（0202）

（1）核算对象

温度调节服务主要通过植被的蒸腾效应降低周围环境温度，达到降低夏季高温及缓解城市热岛问题的目的。因此，温度调节服务核算以厦门市范围内不同生态系统降温服务引起的能量吸收大小为功能量进行估算。

（2）基础数据

温度调节服务基础数据如下：①厦门市各生态系统类型面积；②厦门市各林地的郁闭度和草地覆盖度；③厦门市各气象站站点小时气温大于26℃累计时长。

（3）关键参数

在温度调节功能评估中，评估过程中的关键参数包括不同生态系统类型的理论降温幅度、生态系统类型面积、林地郁闭度和草地覆盖度，以及日平均温度大于26℃累计时长，基于以上关键参数，结合能量转换关系便可有效估算绿地温度调节服务大小。各生态系统类型的最大理论降温幅度见表9-5。

表 9-5　各生态系统类型最大降温幅度　　　　　　　（单位：℃）

生态系统类型		最大降温幅度
森林	阔叶林	2.34
	针叶林	2.34
	针阔混交林	2.34
	稀疏林	2.34

生态系统类型		最大降温幅度
灌木	灌木林地	1.60
草地	草地	0.85
园地	乔木园地	2.34
	灌木园地	1.30
	其他园地	0.85
城市绿地	乔木绿地	2.34
	灌木绿地	1.30
	草本绿地	0.85

（4）评估模型

基于温度调节服务基础数据及关键参数，采用以下统计评估模型对温度调节服务进行核算：

温度调节的核算对象为区域范围内生态系统吸收的能量。评估模型如下：

$$G_{\text{cooling}} = \sum_i \Delta T_i \times \rho_c \times \text{YBD}_i \times A_i \times H_h \times 10^6$$

式中，G_{cooling} 为生态系统吸收的热量（J/a）；ΔT_i 为第 i 种生态系统类型的最大理论降温幅度（℃/h）；ρ_c 为空气的容积热容量，取值为 1256J/（m·℃）；YBD_i 为第 i 种生态系统类型的郁闭度；A_i 为第 i 种生态系统类型的面积（km²）；H_h 为小时平均气温大于 26℃ 的年累计时长（h）。

9.2.7 陆地生态系统固碳（0203）

（1）核算对象

陆地生态系统固碳的核算对象为区域范围内陆地生态系统通过光合作用固定大气中的 CO_2 与通过呼吸作用向大气中释放 CO_2 总量的差值。基于农田和非农田生态系统分别构建固碳评估模型。

（2）基础数据

陆地生态系统固碳服务基础数据如下：①厦门市各生态系统类型及各林分面积；②厦门市林地蓄积量；③农作物产品产量及产品数量。

（3）关键参数

在生态系统固碳服务评估中，评估过程的关键参数及取值见表 9-6 和表 9-7。

表 9-6　厦门市各生态系统类型单位面积固碳量　（单位：tC/km²）

生态系统类型		单位面积固碳量
森林	针叶林	614.57
	阔叶林	655.17
	其他林地	533.70

生态系统生产价值核算与业务化体系研究——以厦门市为例

续表

生态系统类型		单位面积固碳量
灌木	灌木	570.09
草地	草地	184.43
湿地	内陆滩涂	409.06
园地	乔木园地	453.02
	灌木园地	368.49
城市绿地	乔木绿地	346.50
	灌木绿地	302.27
	草本绿地	−116.61

表 9-7　厦门市农产品利用碳消耗量核算相关参数

农产品类型	收获指数（HI）	含水量（C_w）	含碳系数（C_c）
稻谷	0.54	0.13	0.45
杂粮	0.31	0.13	0.45
甘薯	0.69	0.13	0.45
马铃薯	0.59	0.13	0.45
豆类	0.42	0.13	0.45
花生	0.48	0.09	0.45
油菜籽	0.26	0.09	0.45
芝麻	0.34	0.09	0.45
甘蔗	0.70	0.13	0.45
蔬菜（含菜用瓜）	0.49	0.82	0.45
瓜果（果用瓜：西瓜和草莓）	0.49	0.82	0.45
青饲料	1.00	0.82	0.45
食用菌	1.00	0.82	0.45
中草药材	1.00	0.82	0.45
水果	1.00	0.82	0.45
茶叶	1.00	0.08	0.45

（4）评估模型

在耕地和园地生态系统，应用净生态系统生产力（NEP）与农产品利用的碳消耗量（CCU_c）之差来表征生态系统固碳量，其中乔木园地去除水果利用的碳消耗量，灌木园地去除茶叶利用的碳消耗量，耕地去除其他农产品的碳消耗量。其他生态系统直接采用净生态系统生产力来表征生态系统固碳量。核算公式如下：

$$G_c = \begin{cases} NEP\text{-}CCU_c & 耕地和园地 \\ NEP & 其他 \end{cases}$$

NEP 的核算公式为

$$NEP = \sum_i A_i \times C_i$$

式中，G_c 为生态系统固碳量（tC/a）；A_i 为第 i 类生态系统的面积（km^2）；C_i 为第 i 类生态系统单位面积固碳量[tC/（km$^2 \cdot$ a）]。

农产品利用的碳消耗量 CCU_c 的核算公式为

$$CCU_{ci} = \sum_{i=1} \frac{Y_i \times (1 - C_{wi})}{HI_i} \times C_{ci}$$

式中，Y_i 为第 i 类农产品产量；C_{wi} 为第 i 类农产品的含水量；HI_i 为第 i 类农产品的收获指数；C_{ci} 为第 i 类农产品的含碳系数。

9.2.8 海洋生态系统固碳（0204）

（1）核算对象

海洋生态系统固碳服务是指将海洋作为一个特定载体，通过其内部相关生物吸收大气中的 CO_2，并将其固化的过程和机制。海洋生态系统固碳服务的核算对象为核算期内浮游植物、大型藻类及滤食性贝类的固碳量。

（2）基础数据

海洋生态系统固碳服务基础数据如下：①厦门市近岸海域面积；②厦门市年均大型藻类捕获量；③厦门市年均滤食性贝类软体组织产量；④厦门市年均滤食性贝类总产量。

（3）关键参数

在海洋生态系统固碳服务评估中，评估过程的关键参数及取值见表 9-8。

表 9-8　厦门市海洋生态系统固碳关键参数取值

关键参数	参数取值
a：近岸海域碳与叶绿素 a 的比值	80
CHL：年均叶绿素 a 的浓度值/（μg/L）	4.08
d：近岸海域真光层高度/m	71.9
Ra 大型藻类：大型藻类含碳量/%	31.20
β：滤食性贝类贝壳所占比例/%	66.22
Ra 贝类：滤食性贝类贝壳含碳量/%	11.73
Ra 软体组织：滤食性贝类的软体组织含碳量/%	44.09

（4）评估模型

海洋生态系统固碳服务不再重新构建统计核算模型，与 6.24 节的评估模型一致。

9.2.9 径流调节（0301）

（1）核算对象

径流调节服务是指生态系统对降水截留、吸收和拦蓄，使降水充分积蓄和重新分配。主要表现为减少地表径流、增加地下径流等。径流调节服务的核算对象为核算期内厦门市范围内生态系统对径流的调节量。

（2）基础数据

流域水文过程受气候、土壤、植被覆盖等多种因素影响，进行径流调节服务评估时，其评估指标主要包括气象因子、土地利用因子和土壤因子。主要基础数据包括：①年降水数据（各雨量站监测数据）；②林业小班数据（林业工作站森林资源二类调查数据）；③土地利用数据（可通过国土部门获取）。

（3）关键参数

在径流调节服务评估中，评估过程的关键参数包括年降水量、各生态系统类型面积及土层厚度，其中，森林及灌木林地、园地、乔木绿地和灌木绿地由于林冠截留对径流量的影响，还应考虑郁闭度。

（4）评估模型

径流调节服务统计核算模型如下：

$$G_r = \sum_i a_i \times \text{YBD}_i \times A_i \times P_i + b_i \times \text{TCHD}_i \times A_i$$

式中，G_r 为生态系统径流调节量（10^3 m³/a）；A_i 为区域内第 i 种生态系统类型的面积（km²）；P_i 为第 i 种生态系统类型的平均年降水量（mm）；YBD_i 为第 i 种生态系统类型的平均郁闭度，除森林和灌木林地外，其他生态系统类型不考虑此项，用 1 代替；TCHD_i 为第 i 种生态系统类型的平均土层厚度（mm），其中草地和草本绿地取 50mm；a_i、b_i 为第 i 种生态系统类型对应的系数，取值见表 9-9。

表 9-9　厦门市各生态系统类型径流调节系数

生态系统类型		a	b
森林	针叶林	0.361	5.408
	阔叶林		
	其他林地		
灌木	灌木	0.361	5.408
草地	草地	0.278	2.144
耕地	水田	0.225	2.480
	旱地		
	水浇地		
园地	乔木园地	0.282	3.121
	灌木园地		

生态系统类型		a	b
城市绿地	乔木绿地	0.361	5.408
	灌木绿地		
	草本绿地	0.278	2.144

9.2.10　洪水调蓄（0302）

（1）核算对象

洪水调蓄服务的核算对象为区域内非建成区大雨期（降水量达 25 mm 及以上）生态系统削减的洪峰量。数据来源于厦门市雨量监测站点的年降水量数据。

（2）基础数据

洪水调蓄服务基础数据如下：①各雨量站日降水量达 25 mm 及以上的年累计降水量；②厦门市非建成区生态系统类型面积。

（3）关键参数

在洪水调蓄服务评估中，评估过程的关键参数包括厦门市年大雨期降水总量（日降水量达 25 mm 及以上的累计降水量）及各生态系统类型的面积。基于以上两个关键指标，构建洪水调蓄服务统计核算模型。

（4）评估模型

洪水调蓄服务统计核算模型如下：

$$G_f = \sum_i a_i \times A_i \times P_i + b_i$$

式中，G_f 为生态系统类型 i 的洪水调蓄量（$10^3\,m^3$）；P 为 25 mm 及以上强度的年降水总量（mm）；A_i 为区域内第 i 种生态系统类型的面积（km^2）；P_i 为第 i 种生态系统类型的平均年降水量（mm）；a_i、b_i 为第 i 种生态系统类型对应的系数，取值见表 9-10。

表 9-10　厦门市各生态系统类型洪水调蓄系数

生态系统类型		a	b
森林	针叶林	0.397	146.451
	阔叶林	0.365	554.455
	其他林地	0.172	377.121
灌木	灌木	0.194	296.738
草地	草地	0.316	60.297
耕地	水田	0.291	152.355
	旱地	0.316	60.297
	水浇地	0	0
园地	乔木园地	0.376	−42.581
	灌木园地	0.376	−42.581

9.2.11 雨洪减排（0303）

（1）核算对象

雨洪减排与洪水调蓄的区别在于雨洪减排服务主要针对厦门市建成区城市绿地的洪水削减量，体现了厦门市城市绿地在减少城市内涝方面所发挥的作用。雨洪减排服务仍选取的降水场次进行核算。

（2）基础数据

雨洪减排服务基础数据如下：①各雨量站日降水量达 25 mm 及以上的年累计降水量；②厦门市非建成区生态系统类型面积。

（3）关键参数

在城市雨洪减排服务评估中，评估过程的关键参数包括厦门市年大雨总量（日降水量达 25 mm 及以上）及各城市绿地生态系统类型的面积。

（4）评估模型

城市雨洪减排服务统计核算模型如下：

$$G_{fc} = \sum_i a_i \times A_i \times P_i + b_i \times A_i$$

式中，A_i 为区域内第 i 种生态系统类型的面积（km^2）；P_i 为第 i 种生态系统类型的平均年降水量（mm）；a_i、b_i 为第 i 种生态系统类型对应的系数（表 9-11）。

表 9-11　各生态系统类型统计核算模型系数表

生态系统类型		a	b
城市绿地	乔木绿地	0.37	33.30
	灌木绿地	0.38	11.20
	草本绿地	0.32	46.68

9.2.12 土壤保持（0401）

（1）核算对象

土壤保持服务是指森林、草地等生态系统对土壤起到的覆盖保护及对养分、水分的调节过程，这里主要以极端退化裸地状态下土壤侵蚀量和实际侵蚀量差值为对象，评估厦门市自然生态系统土壤保持能力。

（2）基础数据

土壤侵蚀过程受气候、土壤、植被覆盖等多种因素影响，进行土壤保持业务化评估时，其评估指标主要包括气象因子、土地利用因子和地形因子。基础数据资料包括：①厦门市各气象站点月降水数据；②厦门市各林地的郁闭度；③厦门市各生态系统类型的面积。

（3）关键参数

在土壤保持服务功能评估中，评估过程的关键参数包括月均降水量、坡度、海拔及郁闭度。

（4）评估模型

土壤保持服务统计核算模型如下：

$$G_{sc} = \sum_m \sum_i (a_i \times P_{im} + b_i \times S_i + c_i \times H_i + d_i \times YBD_i) \times A_i$$

式中，G_{sc} 为生态系统土壤保持量（t/a）；P_{im} 为第 i 种生态系统类型的第 m 月降水量（mm）；S_i 为第 i 个生态系统类型的平均坡度（°）；H_i 为第 i 种生态系统类型的平均海拔（m）；YBD_i 为第 i 种生态系统类型的平均郁闭度；a_i、b_i、c_i、d_i 分别为第 i 种生态系统类型对应的系数，取值见 9-12。

表 9-12　厦门市生态系统类型土壤保持系数表

生态系统类型	a	b	c	d	相对误差/%
森林	0.21	31.47	−0.17	442.66	5.85
灌木林	0.19	12.10	−0.31	100.31	10.75
草地	0.27	45.89	−0.19	0	4.10
农田	0.40	27.48	0	0	13.02
城市绿地	0.23	29.68	−0.11	−24.37	8.65

9.2.13　物种保育更新（0501）

（1）核算对象

物种保育更新的核算对象为陆地物种及海洋物种的物种更新率，主要针对的是厦门市陆地及海洋的主要物种及其更新率。

（2）基础数据

物种保育更新服务基础数据如下：①厦门市范围内物种数据，包括物种数量，特有等级、濒危等级、国家保护等级的物种数量；②厦门市各类生态系统类型的面积林地蓄积量数据；③厦门近岸海域 COD 污染物浓度数据。

（3）关键参数

在物种保育服务评估中，评估过程的关键参数见表 9-13。

表 9-13　物种保育更新关键参数取值

类别	名称	等级	取值
保护物种	国家重点保护	国家一级	4
		国家二级	3
濒危物种	福建省重点保护	福建省重点保护	2
	CITES 附录等级	附录Ⅰ	4
		附录Ⅱ	3
		附录Ⅲ	2
	IUCN 濒危等级	极危	4
		濒危	3
		易危	2
		近危	1

续表

类别	名称	等级	取值
特有物种	特有种	仅限于范围不大的山峰或特殊的自然地理环境下分布	4
		仅限于某些较大的自然地理环境下分布的类群，如仅分布与较大的海岛（岛屿）、高原、若干个山脉等	3
		仅限于某个大陆分布的分类群	2
		至少在 2 个大陆都有分布的分类群	1

（4）评估模型

物种保育更新服务统计核算模型如下：

$$G_{sp}=r_m \times \delta \times (N+0.1\sum_{i=1} A_i \times N_1 \times n_1+0.1\sum_{j=1} B_j \times N_2 \times n_2+0.1\sum_{k=1} C_k \times N_3 \times n_3) \times \tau$$

式中，r_m 为物种更新率，植物取值为 0.01，动物取值为 0.1；δ 为生境质量调整系数；A_i 为不同特有等级指数；B_j 为不同濒危等级指数；C_k 为不同保护等级指数；N 为物种数量；N_1 为不同特有等级的物种数量；N_2 为不同濒危等级的物种数量；N_3 为不同保护等级的物种数量；n_1 为不同特有等级的种群数量（数据缺失时可不考虑此项）；n_2 为不同濒危等级的种群数量（数据缺失时可不考虑此项）；n_3 为不同保护等级的种群数量（数据缺失时可不考虑此项）；τ 为单个物种的能值转换率，其中，陆地物种取值为 1.44×10^{20} sej/种，海洋物种取值为 1.24×10^{19} sej/种；i 为不同特有等级；j 为不同濒危等级；k 为不同保护等级；m 为特有等级个数；n 为濒危等级个数；z 为国家保护等级个数；A_i、B_j、C_k 均为参数，各参数取值见表 9-13。如果某一个物种同属不同级别，则以其最大值计算，不进行累加计算。

生境质量调整系数的核算公式为

$$\delta = \frac{H_{评估年}}{H_{参考年}}$$

式中，$H_{评估年}$ 为评估年生境质量；$H_{参考年}$ 为 2015 年生境质量。

陆地生境质量（$H_{陆地}$）利用森林、灌木、园地、城市绿地蓄积量来表征，核算公式为

$$H_{陆地} = \sum_{i=1}^{n} A_i \times S_i \times W_i$$

式中，A_i 为第 i 种生态系统类型的面积（km^2）；S_i 为第 i 种生态系统类型的平均蓄积量（m^3/km^2）；W_i 为第 i 种生态系统类型的权重，各生态系统类型权重取值的见表 9-14；i 为生态系统类型；n 为生态系统类型的数量。

表 9-14 厦门市各类生态系统权重取值

生态系统类型		W
森林	针叶林	1.0
	阔叶林	
	其他林地	

生态系统类型		W
灌木	灌木	0.8
园地	乔木园地	0.8
	灌木园地	0.6
城市绿地	乔木绿地	0.8
	灌木绿地	0.6

海洋生境质量（$H_{海洋}$）利用 COD 的环境负荷量来表征，核算公式为

$$H_{海洋} = \sum_{j=1}^{m} \frac{q_j - q_r}{K_j}$$

式中，q_j 为各区 COD 浓度，利用各区内监测站点浓度的平均值（mg/L）计算；q_r 为核算参考值，采用《海水水质标准》规定的第二类水质标准的浓度限值(mg/L)，取值为 3.0 mg/L；K_j 为不同地区污染物的响应系数[mg/（万 t·L），取值见表 9-3；j 为厦门市各区；m 为区数量。q_j 来源于厦门市环境保护环境局的海洋环境监测数据。

9.2.14 休憩服务（0601）

（1）核算对象

休憩服务的核算对象主要包括旅游观光价值和日常休憩价值两部分。其中旅游观光价值主要针对外地到厦门的游客，日常休憩价值主要针对厦门市本地居民。

（2）基础数据

休憩服务基础数据如下：①厦门市旅游观光收入，主要包括交通费、景区门票、购物费用、食宿费用、娱乐项目费等；②厦门市房屋总价值。

（3）关键参数

在休憩服务功能评估中，评估过程的关键参数包括房价对日常休憩价值的贡献率。

（4）评估模型

休憩服务价值评估模型如下：

$$G_t = V_s + V_d$$

式中，G_t 为休憩服务总价值（元/a）；V_s 为旅游观光价值（元/a），主要包括交通费、景区门票、购物费用、食宿费用、娱乐项目费等费用（元/a）；V_d 为日常休憩价值（元/a）。

其中，旅游观光价值核算公式为

$$V_s = (CC + CS) \times R$$

式中，CC 为消费者支出（元）；CS 为消费者剩余（元）；R 为贡献率（%），其中，陆地生态系统对旅游观光服务的贡献率为 33.57%，海洋生态系统对旅游观光服务的贡献率为 66.43%。

消费者支出（CC）的计算公式为

$$CC = TC + SC$$

式中，TC 为时间成本（元）；SC 为直接花费（元），用旅游收入代替。

时间成本（TC）的计算公式如下：

$$TC = PS \times TCP$$

式中，PS 为旅游人数；TCP 为平均每人的时间成本，取值为 26.94 元/人。

消费者剩余（CS）的计算公式为

$$CS = PS \times CSP$$

式中，CSP 为平均每人的消费者剩余，取值为 96.84 元/人。

日常休憩价值的核算公式为

$$V_d = \frac{F \times S}{60}$$

式中，F 为厦门市房屋总价值（元）；S 为房价贡献率，其中，绿地景观对房价的贡献率为 1.52%，海洋景观对房价的贡献率为 4.93%。

厦门市房屋总价值的计算公式为

$$F = P \times A \times M$$

式中，P 为城镇人口（人）；A 为城镇居民人均住房建筑面积（m²）；M 为房屋成交均价，2015 年均价为 20 534 元/m²。

9.3　主要服务编码表

在构建统计核算模型的基础上，本研究还针对厦门市土地利用类型、厦门市干净水源控制单元及各服务功能关键参数制定了相关的编码表，以期为生态系统价值业务化提供一定基础。具体编码见表 9-15～表 9-17。

表 9-15　厦门市土地利用类型及编码

一级类	编码	二级类	编码	三级类	编码
森林	1	阔叶林	11	常绿阔叶林	111
		针叶林	12	常绿针叶林	121
		针阔混交林	13	针阔混交林	131
		稀疏林	14	稀疏林	141
灌木	2	灌木林地	21	灌木林地	211
草地	3	草地	31	其他草地	311
湿地	4	滩涂	41	内陆滩涂	411
				沿海滩涂	412

一级类	编码	二级类	编码	三级类	编码
湿地	4	水域及水利设施用地	42	河流水面	421
				湖泊水面	422
				水库水面	423
				坑塘水面	424
				沟渠	425
				水工建筑用地	426
农田	5	耕地	51	水田	511
				旱地	512
				水浇地	513
		园地	52	乔木园地	521
				灌木园地	522
				其他园地	523
城镇	6	居住地	61	城市	611
				建制镇	612
				村庄	613
		城市绿地	62	乔木绿地	621
				灌木绿地	622
				草本绿地	623
		采矿用地	63	采矿用地	632
		交通运输用地	64	铁路用地	641
				公路用地	642
				农村道路	643
				机场用地	644
				港口码头用地	645
				管道运输用地	646
其他用地	7	其他土地	71	设施农用地	711
				沙地	712
				裸地	713

表 9-16 厦门市干净水源服务功能评估水体和控制单元编码

行政区	流域名称	控制单元名称	控制单元编号	断面类别
集美区	后溪	许溪上庄鱼鳞闸	JH1	河流
		后溪水闸（碧溪大桥下）	JH2	河流
	石兜—坂头水库	石兜—坂头水库	JS1	湖库
	杏林湾水库	杏林湾水库	JX1	湖库

续表

行政区	流域名称	控制单元名称	控制单元编号	断面类别
同安区	东西溪	五显桥	TD2	河流
		南门桥	TD3	河流
		隘头潭	TD4	河流
		新西桥	TD5	河流
		营前桥	TD6	河流
		西溪大桥	TD7	河流
		石浔水闸	TD8	河流
		南环桥（石浔支流）	TD9	河流
	官浔溪	下塘边桥	TG1	河流
		石蛇宫	TG2	河流
		娃哈哈桓枫门口	TG3	河流
		官浔桥	TG4	河流
	汀溪水库	汀溪水库	TT1	湖库
翔安区	东西溪	后田洋	TD1	河流
	九溪	赵岗界头桥（内田溪）	XJ1	河流
		赵岗栏水坝（内田溪）	XJ2	河流
		溪边后（莲溪）	XJ3	河流
		朱坑水闸（内田溪）	XJ4	河流
		桂林滚水闸（内田溪）	XJ5	河流
		西林（原九溪）	XJ6	河流

表 9-17　各生态系统服务关键参数

服务功能编号	服务功能	关键参数	解释
0102	干净水源	C_0	地表水 III 类标准限值
		L_r	污染当量值
		P	污染物当量处理成本
		P_{ws}	单位水资源价格
0103	清新空气	M_0	全因死亡率
		C_0	PM$_{2.5}$ 年基准浓度，取值 35 μg/m³
0104	清洁海洋	q_0	海水 II 类标准限值
		k	污染物响应系数

服务功能编号	服务功能	关键参数	解释
0201	空气负离子供给	Q	各生态系统类型提供的空气负离子浓度
		Q_0	基准浓度，取值为 600 个/cm³
		L	负离子寿命，取值 1 min
0202	温度调节	ΔT	生态系统的降温幅度
		ρ_c	空气的容积比，取值 1256J/（m³·℃）
0203	生态系统固碳	C	单位面积固碳量
		HI	农产品收获指数
		C_w	农产品含水量
		C_c	农产品含碳系数
0204	海洋固碳服务	α	近岸海域碳与叶绿素 a 的比值
		CHL	厦门年均叶绿素 a 浓度值
		d	近岸海域真光层高度
		Ra 大型藻类	厦门市近岸海域大型藻类含碳量
		Ra 软体组织	厦门市近岸海域滤食性贝类软体组织含碳量
		β	滤食性贝类贝壳所占比例
		Ra 贝壳	厦门市近岸海域滤食性贝类的贝壳含碳量
0301	径流调节	a	系数
		b	系数
0302	洪水调蓄	a	系数
0303	雨洪减排	b	系数
0401	土壤保持	a	系数
		b	系数
		c	系数
		d	系数
0501	物种保育	r_m	物种更新率
		A_i	特有等级指数
		B_j	濒危等级指数
		C_k	国家保护等级指数
		τ	单个物种的能值转换率
		W	权重
		q_0	近岸海域 COD 基准浓度，取值为 3mg/L
		K	各行政区的污染物响应系数
0601	旅游休憩	TCP	平均每人的时间成本，取值为 26.94 元/人
		CSP	平均每人的消费者剩余，取值为 96.84 元/人
		R	陆地和海洋对旅游观光的贡献率
		S	陆地和海洋对房价贡献率

9

厦门市生态系统价值统计核算模型

217

综合发展指数构建及评估

生态文明建设作为中华民族永续发展的千年大计，是我国进入社会主义新时代之后，破解社会主要矛盾的重要举措，是建设美丽中国、创造良好生产生活环境、维护全球生态安全的必由之路。生态系统价值核算是在绿水青山和金山银山之间架起桥梁的关键。人类社会的发展需要经济生产和生态系统，目前人类经济生产以 GDP 形式纳入国民经济核算体系，而生态系统价值并未纳入该核算体系，这正是造成生态资源环境问题的关键原因之一。本研究拟构建能够反映经济生产和生态系统的区域综合发展指数，该指数拟以各行政区域经济生产和生态系统价值的统计指标作为替代 GDP 的统计指标，具体包括以下三种：①区域综合发展指数；②绿金指数；③绿色发展绩效指数。

10.1 区域综合发展指数

10.1.1 区域综合发展指数评估方法

区域综合发展指数是指综合反映经济发展水平和生态系统价值的指标，该指标英文表述为"gross integrate product"，简写为 GIP。由国内生产总值与生态系统价值之和减去环境资源损失价值计算得出，计算公式为

$$\text{GIP} = \alpha\text{GDP} + \beta\text{GEP} - \gamma\text{En}_{\text{lose}}$$

式中，GDP 为该区县单位面积生产总值；GEP 为该区县单位面积生态系统价值，以当年《厦门市生态系统价值统计公报》结果进行计算；En_{lose} 为该区县单位面积环境资源损失价值，参照《中国绿色国民经济核算研究报告 2004》（公众版）方法进行计算；α、β、γ 为调整系数。

区（市）域综合发展指数计算公式为

$$\text{GIP}_{市} = \frac{\sum_{i=1}^{n}\text{GIP}_{县}}{n}$$

式中，n 为评估区域内所辖区县的数量。

区域综合发展指数（GIP）分为三种水平，分别为总值水平、人均水平和单位面积水平。

1）总值水平：采用各区 2015 年 GDP、GEP 和 En_{lose} 的价值计算（亿元）。

2）人均水平：采用各区 2015 年 GDP、GEP 和 En_{lose} 的价值除以常住人口计算（元/人）。

3）单位面积水平：采用各区 2015 年 GDP、GEP 和 En_{lose} 的价值除以面积计算（元/km^2）。

10.1.2 区域综合发展指数评估结果

10.1.2.1 总值水平

（1）福建省市域区域综合发展指数比较分析

2015 年福州市和泉州市的区域综合发展指数排名分别为第 1 名和第 2 名，其 GDP 已大于其他市，因此，排名不受 GEP 影响，莆田市为最后一名（表 10-1）。

表 10-1 2015 年总值水平下福建省市域区域综合发展指数排名

市域	GDP/亿元	GEP/亿元	区域综合发展指数	区域综合发展指数排名
泉州市	6134.26	2372.58	8307.35	2
福州市	5616.98	3170.17	8639.34	1
厦门市	3466.03	749.83	4103.29	7
漳州市	2767.33	3357.02	6013.10	4
龙岩市	1738.45	3579.02	5244.74	6
三明市	1713.05	3704.47	5311.44	5
莆田市	1655.60	935.19	2554.73	9
宁德市	1487.35	2490.65	3925.29	8
南平市	1339.43	5559.56	6852.77	3

GEP 明显高于 GDP 的市域有龙岩市、南平市、宁德市、三明市和漳州市。其中，南平市 GEP 大于龙岩市、宁德市、三明市和漳州市（图 10-1）。

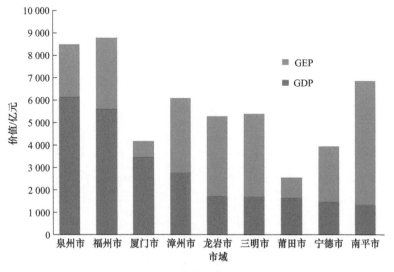

图 10-1 2015 年福建省市域 GDP 与 GEP 对比

（2）福建省县域区域综合发展指数比较分析

2015 年晋江市 GDP 数值远高于其他县域，因此，GDP 和区域综合发展指数排名均为第 1 名（表 10-2）。

表 10-2　2015 年福建省 GDP 前 30 名县域区域综合发展指数排名

县域	GDP/亿元	GEP/亿元	区域综合发展指数	区域综合发展指数排名
晋江市	1620.47	239.69	1807.83	1
鼓楼区	1132.57	39.85	1142.61	4
思明区	1057.66	380.88	1404.19	2
南安市	843.38	319.01	1135.16	5
福清市	783.27	484.23	1246.89	3
湖里区	774.12	44.28	793.26	18
惠安县	749.70	236.23	972.43	9
石狮市	676.28	86.90	741.34	20
龙海市	640.33	323.22	937.81	10
新罗区	637.73	429.49	1040.54	6
长乐市	570.36	231.13	786.48	19
海沧区	511.71	56.78	551.87	40
晋安区	499.75	175.71	662.31	31
集美区	494.11	68.96	547.03	42
丰泽区	480.49	110.65	582.39	38
芗城区	464.18	60.71	506.23	47
闽侯县	438.73	377.67	804.85	17
仓山区	435.02	41.13	464.70	53
安溪县	424.03	472.59	882.93	13
涵江区	401.72	143.35	536.32	43
马尾区	392.40	54.97	437.04	57
翔安区	377.54	82.04	447.31	56
鲤城区	376.55	17.20	381.59	69
台江区	369.64	20.61	380.52	70
福安市	354.86	379.70	721.98	26
连江县	352.45	495.76	838.93	15
泉港区	333.40	80.90	403.53	61
荔城区	330.38	94.93	418.12	58
秀屿区	329.07	183.05	504.95	48
漳浦县	318.76	599.43	905.37	12

GDP 前 30 名县域中，除安溪县、福安市、连江县、漳浦县 GEP 大于 GDP 外，其他均为 GDP 大于 GEP（图 10-2）。

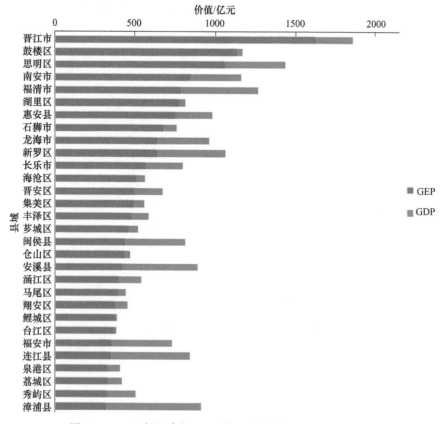

图 10-2　2015 年福建省 GDP 前 30 名县域 GDP 与 GEP 对比

（3）厦门市区域综合发展指数分析结果

2015 年厦门市在福建省市域区域综合发展指数排名中为第 7 名。思明区、湖里区、海沧区、集美区、翔安区、同安区在福建省各县区域综合发展指数排名分别为第 2 名、第 18 名、第 40 名、第 42 名、第 56 名和第 72 名（表 10-3）。

表 10-3　2015 年总值水平下厦门市区域综合发展指数排名

地区	GDP/亿元	GEP/亿元	区域综合发展指数	区域综合发展指数排名
思明区	1057.66	380.88	1404.19	2
湖里区	774.12	44.282	793.26	18
海沧区	511.71	56.78	551.87	40
集美区	494.11	68.96	547.03	42
翔安区	377.54	82.04	447.31	56
同安区	250.89	116.88	359.62	72

10.1.2.2　人均水平

（1）福建省市域区域综合发展指数比较分析

2015 年南平市和三明市的区域综合发展指数排名分别为第 1 名和第 2 名，且其人均 GEP 均大于其他市，因此排名不受人均 GDP 影响；莆田市为最后一名（表 10-4）。

表 10-4　2015 年人均水平下福建省市域区域综合发展指数排名

市域	人均 GDP/（元/人）	人均 GEP/（元/人）	区域综合发展指数	区域综合发展指数排名
厦门市	89 793.52	19 425.58	106 302.90	7
福州市	74 893.07	42 268.95	115 191.21	6
泉州市	72 082.96	27 879.91	97 618.67	8
三明市	67 709.49	146 421.58	209 938.34	2
龙岩市	66 607.28	137 127.07	200 947.91	3
漳州市	57 645.50	69 929.25	125 257.33	5
宁德市	51 824.04	86 782.31	136 769.64	4
莆田市	51 098.77	28 863.80	78 849.68	9
南平市	50 735.98	210 589.24	259 574.50	1

人均 GEP 明显高于人均 GDP 的市域有龙岩市、南平市、宁德市、三明市和漳州市。其中，南平市人均 GEP 大于龙岩市、宁德市、三明市和漳州市（图 10-3）。

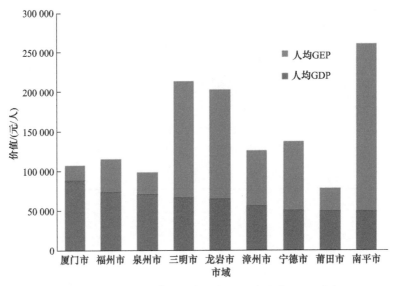

图 10-3　2015 年福建省市域人均 GDP 与人均 GEP 对比

（2）福建省县域人均区域综合发展指数比较分析

2015 年东山县人均 GDP 数值远高于其他县域，因此，人均 GDP 和区域综合发展指数排名均为第 1 名（表 10-5）。

表 10-5　2015 年福建省人均 GDP 前 30 名县域区域综合发展指数

县域	人均 GDP/（元/人）	人均 GEP/（元/人）	区域综合发展指数	区域综合发展指数排名
东山县	535 273.97	837 309.90	1 351 065.15	1
鼓楼区	157 301.39	5 534.17	158 696.18	40
马尾区	156 334.66	21 899.84	174 120.56	34
海沧区	154 129.52	17 103.17	166 227.06	38
梅列区	126 932.96	28 559.93	147 632.92	42
翔安区	112 698.51	24 488.41	133 526.83	49
思明区	106 726.54	38 434.26	141 694.66	46
泉港区	102 584.62	24 892.41	124 164.48	53
石狮市	99 016.11	12 722.84	108 541.62	61
涵江区	92 179.90	32 893.59	123 065.89	54
永安市	89 880.00	126 128.91	210 443.34	23
新罗区	89 317.93	60 152.79	145 734.20	43
龙文区	88 267.38	37 273.66	121 992.57	55
鲤城区	87 164.35	3 980.48	88 330.21	69
罗源县	86 626.79	137 252.53	221 599.74	19
长泰县	85 251.60	95 040.96	176 865.33	33
丰泽区	85 042.48	19 584.05	103 077.01	64
沙县	83 113.04	140 714.03	218 680.53	22
芗城区	80 335.76	10 507.50	87 613.65	71
长乐市	79 770.63	32 325.56	109 997.03	60
台江区	78 646.81	4 385.13	80 962.35	76
晋江市	77 982.19	11 534.56	86 998.64	72
漳平市	77 257.26	212 337.73	286 363.02	10
集美区	76 725.16	10 708.56	84 941.93	75
湖里区	76 343.20	4 367.16	78 230.97	78
惠安县	75 346.73	23 741.31	97 731.23	66
泰宁县	74 089.29	280 000.53	349 502.04	4
城厢区	71 638.15	33 589.28	103 667.21	63
邵武市	70 322.34	199 127.24	267 023.00	11
龙海市	68 646.01	34 650.80	100 537.15	65

人均 GDP 前 30 名县域中，除东山县、永安市、罗源县、长泰县、沙县、漳平市、泰宁县和邵武市人均 GEP 大于人均 GDP 外，其他均为人均 GDP 大于人均 GEP（图 10-4）。

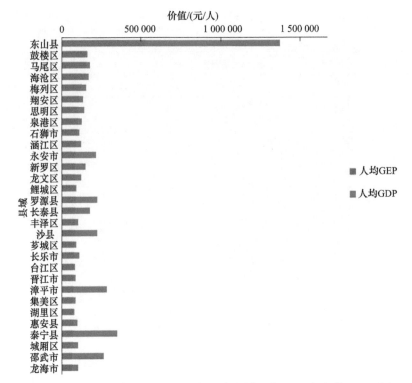

图 10-4　2015 年福建省人均 GDP 前 30 名县域人均 GDP 与人均 GEP 对比

（3）厦门市区域综合发展指数分析结果

2015 年厦门市在福建省市域区域综合发展指数排名中为第 7 名。海沧区、翔安区、思明区、集美区、湖里区、同安区在福建省各县区域综合发展指数排名分别为第 38 名、第 49 名、第 46 名、第 75 名、第 78 名和第 82 名（表 10-6）。

表 10-6　2015 年人均水平下厦门市区域综合发展指数排名

地区	人均 GDP/（元/人）	人均 GEP/（元/人）	区域综合发展指数	区域综合发展指数排名
海沧区	154 129.52	17 103.17	166 227.06	38
翔安区	112 698.51	24 488.41	133 526.83	49
思明区	106 726.54	38 434.26	141 694.66	46
集美区	76 725.16	10 708.56	84 941.93	75
湖里区	76 343.20	4 367.16	78 230.97	78
同安区	46 119.49	21 485.11	66 106.78	82

10.1.2.3　单位面积水平

（1）福建省市域区域综合发展指数比较分析

2015 年厦门市区域综合发展指数排名为第 1 名，其单位面积 GEP 已大于其他市，因此，排名不受单位面积 GDP 影响，三明市为最后一名（表 10-7）。

表 10-7　2015 年单位面积水平下福建省市域区域综合发展指数排名

市域	单位面积 GDP/（元/km²）	单位面积 GEP/（元/km²）	区域综合发展指数	区域综合发展指数排名
厦门市	20 395.97	4 412.38	24 145.96	1
泉州市	5 499.61	2 127.11	7 447.86	2
福州市	4 585.29	2 587.89	7 052.52	3
莆田市	4 368.34	2 467.51	6 740.71	4
漳州市	2 117.80	2 569.09	4 601.75	5
宁德市	1 090.11	1 825.46	2 876.93	6
龙岩市	912.48	1 878.55	2 752.86	7
三明市	742.19	1 604.99	2 301.22	9
南平市	508.57	2 110.93	2 601.95	8

　　单位面积 GEP 明显高于单位面积 GDP 的市域有龙岩市、南平市、宁德市、三明市和漳州市。其中，漳州市单位面积 GEP 大于龙岩市、宁德市、三明市和南平市（图 10-5）。

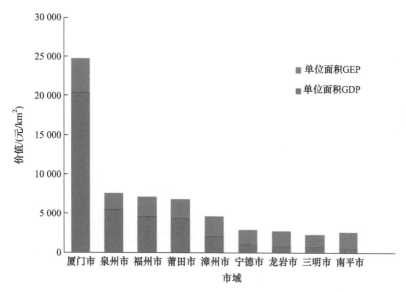

图 10-5　2015 年福建省市域单位面积 GDP 与单位面积 GEP 对比

（2）福建省县域区域综合发展指数比较分析

　　2015 年鼓楼区单位面积 GDP 数值远高于其他县域，因此，单位面积 GDP 和区域综合发展指数排名均为第 1 名（表 10-8）。

生态系统生产价值核算与业务化体系研究——以厦门市为例

表 10-8　2015 年福建省单位面积 GDP 前 30 名县域区域综合发展指数

县域	单位面积 GDP /（元/km²）	单位面积 GEP /（元/km²）	区域综合发展 指数	区域综合发展指数排名
鼓楼区	323 591.43	11 384.57	326 460.71	1
台江区	217 435.29	12 123.60	223 837.10	2
思明区	125 926.90	45 348.67	167 185.87	3
湖里区	104 936.97	6 002.84	107 531.80	4
鲤城区	69 731.48	3 184.38	70 664.17	5
丰泽区	44 489.81	10 245.36	53 924.55	6
石狮市	42 267.50	5 431.06	46 333.71	7
仓山区	29 795.89	2 817.28	31 829.09	8
海沧区	27 443.42	3 045.29	29 597.44	9
晋江市	25 240.97	3 733.46	28 159.37	10
集美区	18 014.15	2 514.24	19 943.35	11
芗城区	17 516.23	2 291.03	19 103.08	12
马尾区	14 217.39	1 991.62	15 834.88	15
龙文区	13 100.00	5 531.88	18 105.25	13
荔城区	12 236.30	3 515.94	15 485.74	17
惠安县	12 053.05	3 797.85	15 633.85	16
泉港区	10 895.42	2 643.80	13 187.40	18
翔安区	9 174.73	1 993.59	10 870.35	21
晋安区	9 053.44	3 183.18	11 998.38	20
秀屿区	8 437.69	4 693.53	12 947.45	19
长乐市	7 834.62	3 174.83	10 803.28	22
梅列区	6 418.36	1 444.13	7 465.05	25
东山县	6 302.42	9 858.65	15 907.70	14
城厢区	5 593.12	2 622.47	8 093.78	24
涵江区	5 110.94	1 823.79	6 823.42	27
龙海市	4 869.43	2 457.97	7 131.64	26
平潭县	4 824.94	4 700.97	9 398.94	23
南安市	4 248.77	1 607.13	5 718.70	31
福清市	4 124.64	2 549.92	6 566.03	29
同安区	3 748.21	1 746.13	5 372.61	32

单位面积 GDP 前 30 名县域中，除东山县单位面积 GEP 大于单位面积 GDP 外，其

他均为单位面积 GDP 大于单位面积 GEP（图 10-6）。

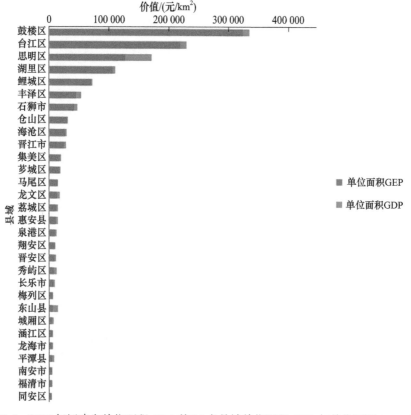

图 10-6　2015 年福建省单位面积 GDP 前 30 名县域单位面积 GDP 与单位面积 GEP 对比

（3）厦门市区域综合发展指数分析结果

2015 年厦门市在福建省市域区域综合发展指数排名中为第 1 名。思明区、湖里区、海沧区、集美区、翔安区、同安区在福建省各县区域综合发展指数排名分别为第 3 名、第 4 名、第 9 名、第 11 名、第 21 名和第 32 名（表 10-9）。

表 10-9　2015 年单位面积水平下厦门市区域综合发展指数排名

地区	单位面积 GDP / （元/km²）	单位面积 GEP / （元/km²）	区域综合发展指数	区域综合发展指数排名
思明区	125 926.90	45 348.67	167 185.87	3
湖里区	104 936.97	6 002.84	107 531.80	4
海沧区	27 443.42	3 045.29	29 597.44	9
集美区	18 014.15	2 514.24	19 943.35	11
翔安区	9 174.73	1 993.59	10 870.35	21
同安区	3 748.21	1 746.13	5 372.61	32

10.2 绿金指数

10.2.1 绿金指数评估方法

绿金指数由生态系统价值与国内生产总值之比计算得出。计算公式为

$$绿金指数 = GEP / GDP$$

式中，GDP 为该区县生产总值；GEP 为该区县生态系统价值，以当年《厦门市生态系统价值统计公报》结果进行计算。

10.2.2 绿金指数评估结果

10.2.2.1 福建省市域绿金指数比较分析

南平市绿金指数为 4.15，且其 GEP 远远大于其他市，因此 2015 年绿金指数排名为第 1 名，三明市次之，厦门市为最后一名（表 10-10）。

表 10-10　2015 年福建省市域绿金指数排名

市域	GDP/亿元	GEP/亿元	绿金指数	绿金指数排名
泉州市	6134.26	2372.58	0.39	8
福州市	5616.98	3170.17	0.56	7
厦门市	3466.03	749.83	0.22	9
漳州市	2767.33	3357.02	1.21	5
龙岩市	1738.45	3579.02	2.06	3
三明市	1713.05	3704.47	2.16	2
莆田市	1655.60	935.19	0.57	6
宁德市	1487.35	2490.65	1.67	4
南平市	1339.43	5559.56	4.15	1

10.2.2.2 福建省县域绿金指数比较分析

福建省 GDP 前 30 名县域中，绿金指数最高的为漳浦县，其值为 1.88，在全省排名中为第 35 名（表 10-11）。

表 10-11　2015 年福建省 GDP 前 30 名县域绿金指数排名

县域	GDP/亿元	GEP/亿元	绿金指数	绿金指数排名
晋江市	1620.47	239.69	0.15	74
鼓楼区	1132.57	39.85	0.04	84
思明区	1057.66	380.88	0.36	65
南安市	843.38	319.01	0.38	64
福清市	783.27	484.23	0.62	57

县域	GDP/亿元	GEP/亿元	绿金指数	绿金指数排名
湖里区	774.12	44.28	0.06	81
惠安县	749.70	236.23	0.32	68
石狮市	676.28	86.90	0.13	78
龙海市	640.33	323.22	0.50	59
新罗区	637.73	429.49	0.67	55
长乐市	570.36	231.13	0.41	63
海沧区	511.71	56.78	0.11	79
晋安区	499.75	175.71	0.35	67
集美区	494.11	68.96	0.14	76
丰泽区	480.49	110.65	0.23	71
芗城区	464.18	60.71	0.13	77
闽侯县	438.73	377.67	0.86	54
仓山区	435.02	41.13	0.09	80
安溪县	424.03	472.59	1.11	49
涵江区	401.72	143.35	0.36	66
马尾区	392.40	54.97	0.14	75
翔安区	377.54	82.04	0.22	73
鲤城区	376.55	17.20	0.05	83
台江区	369.64	20.61	0.06	82
福安市	354.86	379.70	1.07	52
连江县	352.45	495.76	1.41	43
泉港区	333.40	80.90	0.24	70
荔城区	330.38	94.93	0.29	69
秀屿区	329.07	183.05	0.56	58
漳浦县	318.76	599.43	1.88	35

10.2.2.3 厦门市绿金指数分析结果

厦门市在福建省市域绿金指数排名中为第 9 名。思明区、湖里区、海沧区、集美区、翔安区、同安区在福建省各县域绿金指数排名中分别为第 65 名、第 81 名、第 79 名、第 76 名、第 73 名和第 61 名（表 10-12）。

表 10-12　2015 年厦门市绿金指数排名

地区	GDP/亿元	GEP/亿元	绿金指数	绿金指数排名
思明区	1057.66	380.88	0.36	65
湖里区	774.12	44.282	0.06	81
海沧区	511.71	56.78	0.11	79
集美区	494.11	68.96	0.14	76
翔安区	377.54	82.04	0.22	73
同安区	250.89	116.88	0.47	61

10.3　绿色发展绩效指数

依托 2015 年中国工程院启动的"生态文明建设若干战略问题研究"重大咨询项目，从中选取福建省 9 个城市为评估单元，参考课题组构建的生态文明发展水平评估体系，结合福建省自身生态系统价值，评估福建省及其各市绿色发展绩效指数，以期为福建省及其各市的科学发展提供参考依据。

10.3.1　绿色发展绩效指数评估方法

10.3.1.1　指标体系

从领域、指数和指标三个层次构建评价指标体系（表 10-13）。有绿色环境、绿色生产、绿色生活和绿色治理 4 个领域，7 个指数和 17 项指标。

表 10-13　福建省市域绿色发展绩效指数评价指标体系

领域层	指数层	序号	指标层	单位	数据来源
绿色环境	生态状况	1	生境质量指数	%	遥感数据
	环境质量	2	环境空气质量	—	《中国环境统计年鉴 2015》
		3	地表水环境质量	—	各市环境公报
绿色生产	产业结构	4	人均 GDP	元	国家统计局网站
		5	第三产业增加值占 GDP 比例	%	《中国城市统计年鉴 2015》
	产业效率	6	单位建设用地 GDP	元/m²	《中国统计年鉴 2015》
		7	单位 GDP 水污染物排放强度	g/元	《中国环境统计年鉴 2015》
		8	单位 GDP 大气污染物排放强度	g/元	《中国环境统计年鉴 2015》
		9	单位种植面积化肥施用量	t/hm²	《中国环境统计年鉴 2015》

领域层	指数层	序号	指标层	单位	数据来源
绿色生活	城乡协调	10	城镇化率	%	《中国统计年鉴2015》
		11	城镇居民人均可支配收入	元	《中国统计年鉴2015》
		12	城乡居民收入比例	%	《中国统计年鉴2015》
	城镇人居	13	人均公园绿地面积	hm²/万人	《中国环境统计年鉴2015》
		14	建成区绿化覆盖率	%	《中国环境统计年鉴2015》
绿色治理	环境治理	15	城市生活污水处理率	%	《中国环境统计年鉴2015》
		16	城市生活垃圾无害化处理率	%	《中国环境统计年鉴2015》
		17	自然保护区面积占比	%	《中国环境统计年鉴2015》

10.3.1.2 指标体系及数据来源

（1）生境质量指数

生境质量指数是指区域内不同质量生态用地类型的组成情况。计算公式为

$$生态用地质量 = \sum W_i S_i$$

式中，S_i 为第 i 种生态用地的面积；W_i 为第 i 种生态用地的权重。

数据来源：遥感解译数据。

（2）环境空气质量

环境空气质量定量描述空气质量状况的无量纲指数（AQI）。计算公式为

$$AQI = MAX\{IAQI_1, IAQI_2, IAQI_3, \cdots, IAQI_6\}$$

式中，IAQI 为空气质量分指数，获取方法参见《环境空气质量指数（AQI）技术规定（试行）》（HJ 633—2012）；$IAQI_1 \sim IAQI_6$ 分别为 $PM_{2.5}$、PM_{10}、SO_2、NO_2、O_3 和 CO。

数据来源：环境监测数据。

（3）地表水环境质量

地表水环境质量采用城市水质指数（CWQI）。计算公式为

$$CWQI_{城市} = \frac{CWQI_{河流} \times M + CWQI_{湖库} \times N}{(M + N)}$$

式中，$CWQI_{城市}$ 为城市的水质指数；$CWQI_{河流}$ 为河流的水质指数；$CWQI_{湖库}$ 为湖库的水质指数；M 为城市的河流断面数；N 为城市的湖库点位数。

（4）人均GDP

人均GDP是指地区生产总值与这个地区的常住人口（或户籍人口）的比值。

数据来源：统计年鉴。

（5）第三产业增加值占 GDP 比例

第三产业增加值占 GDP 比例是指第三产业增加值占地区生产总值（GDP）的比例。

数据来源：统计年鉴。

（6）单位建设用地 GDP

单位建设用地 GDP 是指地区单位建设用地所产生的地区生产总值。计算公式为

$$单位建设用地\ GDP = GDP/建设用地面积$$

数据来源：统计年鉴，遥感解译数据。

（7）单位 GDP 水污染物排放强度

单位 GDP 水污染物排放强度是指单位 GDP 产生的水污染物排放量。计算公式为

$$WE = (E_{COD} + E_{AN})/GDP$$

式中，WE 为单位 GDP 水污染物排放强度（kg/万元）；E_{COD}、E_{AN} 分别为水中主要污染物——工业化学需氧量和工业氨氮的排放量。

数据来源：统计年鉴，环境监测数据。

（8）单位 GDP 大气污染物排放强度

单位 GDP 大气污染物排放强度是指单位 GDP 产生的大气污染物排放量。计算公式为

$$AE = (E_{SO_2} + E_S + E_{NO})/GDP$$

式中，AE 为单位 GDP 大气污染物排放强度（g/元），E_{SO_2}、E_S 和 E_{NO} 分别为大气的主要污染物二氧化硫、工业烟尘和工业氮氧化物的排放量。

数据来源：统计年鉴，环境监测数据。

（9）单位种植面积化肥施用量

单位种植面积化肥施用量是指单位种植面积化肥施用强度。计算公式为

$$单位种植面积化肥施用量 = 化肥施用量/农作物种植面积$$

数据来源：统计年鉴。

（10）城镇化率

城镇化率是指城镇人口数量占总人口数量的比例。

数据来源：统计年鉴。

（11）城镇居民人均可支配收入

城镇居民人均可支配收入是指城镇居民可用于最终消费支出和储蓄的总和，即可用于自由支配的收入，包括工资性收入、经营性净收入、转移性净收入和财产性净收入。

数据来源：统计年鉴。

（12）城乡居民收入比例

城乡居民收入比例是指城镇居民人均可支配收入与农村居民人均可支配收入的比值。计算公式为

$$城乡居民收入比 = 城镇居民人均可支配收入/农村居民人均可支配收入$$

数据来源：统计年鉴。

（13）人均公园绿地面积

人均公园绿地面积是指公园绿地面积的人均占有量。

数据来源：统计年鉴。

（14）建成区绿化覆盖率

建成区绿化覆盖率是指建成区内绿化覆盖面积与区域面积的比率，包括公共绿地、居住绿地、单位附属绿地、防护绿地、生产绿地、风景林地六类。

数据来源：统计年鉴。

（15）城市生活污水处理率

城市生活污水处理率是指城市生活污水处理量占城市生活污水排放量的比例。

数据来源：统计年鉴。

（16）城市生活垃圾无害化处理率

城市生活垃圾无害化处理率是指城市生活垃圾无害化处理量占城市生活垃圾清运量的比例。

数据来源：统计年鉴。

（17）自然保护区面积占比

自然保护区面积占比是指该地区自然保护区面积占行政区域土地总面积的比例。计算公式为

$$自然保护区面积占比=（自然保护区面积/行政区土地面积）\times100\%$$

数据来源：统计年鉴。

10.3.1.3 确定指标权重

权重反映指标在综合体系中的重要程度，是主客观综合度量的结果。权重既取决于指标本身在决策中的作用和指标价值的可靠程度，也取决于决策者对该指标的重视程度。指标权重的合理性直接影响到评价结果的准确性与置信度。

为充分体现"绿水青山就是金山银山"的理念，反映我国主体功能定位的差异化，突出不同主体功能类型发展特点与要求，体现生态环境质量的核心地位。本研究在征求专家意见的基础上结合层次分析法（AHP）计算得出指标体系权重，并针对各类主体功能区特点分别确定差异化权重系数。

为建立健全符合科学发展观并有利于推进形成主体功能区的绿色发展评价指标体系，在确定指标体系的基础上，参考《全国主体生态功能区划》等，按照不同类型的主体功能定位，根据不同主体功能区的特点分别确定权重。

（1）优化开发区

坚持转变经济发展方式优先的评价原则，强化对经济结构、资源消耗、环境保护、自主创新以及外来人口公共服务覆盖面等指标的评价，弱化对经济增长速度、招商引资、出口等指标的评价。

（2）重点开发区

坚持工业化城镇化水平优先的评价原则，综合评价经济增长、吸纳人口、质量效益、产业结构、资源消耗、环境保护以及外来人口公共服务覆盖面等内容，弱化对投资增长

233

速度等指标的评价，对中西部地区的重点开发区，还要弱化吸引外资、出口等指标的评价。

（3）农产品主产区

坚持农业发展优先的评价原则，强化对农产品保障能力的评价，弱化对工业化城镇化相关经济指标的评价。

（4）重点生态功能区

坚持生态保护优先的评价原则，强化对提供生态产品能力及区域生态环境质量等指标的评价，弱化对工业化城镇化相关经济指标的评价（表 10-14 和表 10-15）。

表 10-14　福建省市域绿色发展绩效指数评价指标体系领域层及指数层权重表

序号	领域层及指数层	优化开发区	重点开发区	农产品主产区	重点生态功能区
	绿色环境	0.40	0.35	0.40	0.40
1	生态状况	0.50			
2	环境质量	0.50			
	绿色生产	0.25	0.25	0.20	0.25
3	产业结构	0.60			
4	产业效率	0.40			
	绿色生活	0.15	0.15	0.20	0.15
5	城乡协调	0.35	0.40	0.45	0.40
6	城镇人居	0.35	0.30	0.30	0.35
	绿色治理	0.20	0.25	0.20	0.20
7	环境治理	1			

表 10-15　福建省市域绿色发展绩效指数评价指标体系指标层权重表

序号	指标层	优化开发区	重点开发区	农产品主产区	重点生态功能区
1	生境质量指数	1	1	1	1
2	环境空气质量	0.50	0.50	0.50	0.50
3	地表水环境质量	0.50	0.50	0.50	0.50
4	人均 GDP	0.50	0.50	0.50	0.50
5	第三产业增加值占 GDP 比例	0.50	0.50	0.50	0.50
6	单位建设用地 GDP	0.30	0.30	0.20	0.20
7	单位 GDP 水污染物排放强度	0.25	0.25	0.20	0.30
8	单位 GDP 大气污染物排放强度	0.25	0.25	0.20	0.30
9	单位种植面积化肥施用量	0.20	0.20	0.40	0.20
10	城镇化率	0.30	0.40	0.30	0.30
11	城镇居民人均可支配收入	0.30	0.30	0.30	0.30

序号	指标层	优化开发区	重点开发区	农产品主产区	重点生态功能区
12	城乡居民收入比例	0.40	0.30	0.40	0.40
13	人均公园绿地面积	0.45	0.45	0.50	0.50
14	建成区绿化覆盖率	0.55	0.55	0.50	0.50
15	城市生活污水处理率	0.35	0.35	0.35	0.35
16	城市生活垃圾无害化处理率	0.35	0.35	0.35	0.35
17	自然保护区面积占比	0.30	0.30	0.30	0.30

10.3.1.4 评估方法

相关的方法有很多，主要有综合指数法、模糊综合评价法、层次分析法、灰色关联度法、熵值法、生态模型方法等。综合指数法将分散指标的信息，通过模型集成，形成关于对象综合特征的信息，帮助人们认知、分析和研究不同类别、不同结构和不同计量单位的指标问题，在应用中必须解决评价标准、权重、量化等问题。本研究对绿色发展的总体状况采用综合加权指数法进行评价。

综合加权指数法：$K = \sum_{i=1}^{n} A_i \cdot W_i$

式中，K 为综合评价指数；W_i 为各指标权重；A_i 为各指标标准化后值；i 为指标个数。

市域绿色发展：$\mathrm{EcoC}_i = \sum_{i=1}^{n} A_i \cdot W_i$

省级绿色发展：$\mathrm{EcoP} = \dfrac{\sum_{i=1}^{m} \mathrm{EcoC}_i}{m}$

式中，m 为该省所辖地级市数量；n 为评估指标数量。

10.3.1.5 评估基准

本研究首次采用双基准渐进法对评价指标赋分，对每个指标分别设定 A、C 两个基准值，其中 A 值为优秀值，即指标通过标准化后可获得 90 分时所对应的数值；C 值为达标或合格值，即指标通过标准化后可获得 60 分时所对应的数值。A 和 C 基准值的确定优先依据国家或部门行业标准、国家相关规划或其他要求、国内外城市的类比值。对于无法找到确切的参考依据的部分指标，采用该指标数据的统计学分布特征的数值作为基准值。其计算公式及原理图（图 10-7）为

$$A_{ij} = \left(X_{ij} - S_{C(X_{ij})} \right) \times \frac{(S_A - S_C)}{\left(S_{A(X_{ij})} - S_{C(X_{ij})} \right)} + S_C$$

式中，A_{ij} 为第 i 年的第 j 个评价指标数据标准化后的值；当 $A_{ij}<0$ 时，A_{ij} 取值为 0；当 $A_{ij}>100$，A_{ij} 取值为 100。X_{ij} 为第 i 年的第 j 个评价指标的原始值；$S_{A(X_{ij})}$ 为第 i 年的第 j

个评价指标标准值 A 值；$S_{C(X_{ij})}$ 为第 i 年的第 j 个评价指标标准值 C 值；S_A 为此评价指标标准值 A 值对应分数（90 分）；S_C 为此评价指标标准值 C 值对应分数（60 分）。

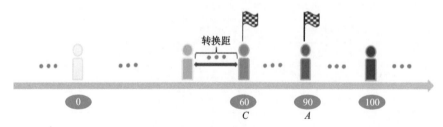

图 10-7　双基准渐进法图示

基准值确定优先依据国家或部门行业标准、国家相关规划或其他要求、国内外城市的类比值。对于没有确切的参考依据的部分指标，采用该指标数据的统计学分布特征的数值作为基准值（表 10-16）。

表 10-16　指标基准确定标准

序号	指标	单位	基准值	选取依据
1	生境质量指数	%	A 值：80 C 值：50	统计学分布特征
2	环境空气质量	—	A 值：50 C 值：100	《环境空气质量标准》（GB 3095—2012）（空气质量为"优"时，AQI 为 0～50；"良好"时，AQI 为 51～100）
3	地表水环境质量	—	A 值：1 C 值：5	《地表水环境质量标准》（GB 3838—2002）（Ⅲ类水浓度标准限值，即城市水质指数 CWQI 值小于 1，划定 A 值；并根据数据统计学分布特征划定 C 值）
4	人均 GDP	元	A 值：60 000 C 值：20 000	根据世界银行划分五类区域及经济体。以小康水平人均 GDP 数值取整划定 C 值；以中高等收入国家人均 GDP 取整划定 A 值
5	第三产业增加值占 GDP 比例	%	A 值：60 C 值：40	以工业化后期第三产业占比划定 C 值；以 2015 年中高等收入国家第三产业占比划定 A 值
6	单位建设用地 GDP	元/m²	A 值：520 C 值：270	统计学分布特征
7	单位 GDP 水污染物排放强度	g/元	A 值：0.015 C 值：0.04	统计学分布特征
8	单位 GDP 大气污染物排放强度	g/元	A 值：0.2 C 值：0.5	统计学分布特征
9	单位种植面积化肥施用量	t/hm²	A 值：0.18 C 值：0.45	参考《到 2020 年化肥使用量零增长行动方案》，以 2015 年中国化肥施用量为 0.466 t/hm² 划定 C 值；以 2015 中高等收入国家 0.175 t/hm² 化肥施用量划定 A 值

序号	指标	单位	基准值	选取依据
10	城镇化率	%	A 值：80 C 值：60	以"十三五"规划中 2020 年目标值（60%）划定 C 值；并参考世界银行 2015 以高收入国家 81.16%城镇化率划定 A 值
11	城镇居民人均 可支配收入	元	A 值：100 000 C 值：18 000	以《全面建设小康社会的基本标准》中关于城镇居民人均可支配收入的规定划定 C 值；以中高等收入国家人均国民收入划定 A 值
12	城乡居民收入比例	%	A 值：1.8 C 值：2.2	统计学分布特征
13	人均公园绿地面积	m²/万人	A 值：13 C 值：7.5	以《城市园林绿化评价标准》（GB/T50563—2010）中 Ⅱ 级标准划定 C 值；以《国家生态文明建设示范县、市指标（试行）》中关于城镇人均公园绿地面积的要求划定 A 值
14	建成区绿化覆盖率	%	A 值：40 C 值：36	以《城市园林绿化评价标准》中的 Ⅰ 级划定 A 值；Ⅱ 级划定 C 值
15	城市生活污水处理率	%	A 值：95 C 值：85	以《国家新型城镇化规划（2014—2020 年）》中 2020 年目标值及《国家生态文明建设示范县、市指标（试行）》中关于城市污水处理率的要求划定 A 值；以"十二五"规划目标值划定 C 值
16	城市生活垃圾无害化 处理率	%	A 值：95 C 值：85	以《国家新型城镇化规划（2014—2020 年）》中 2020 年目标值划定 A 值、C 值
17	自然保护区面积占比	%	A 值：20 C 值：12	以《国家生态文明建设示范县、市指标（试行）》中受保护地区占国土面积比例划定 A 值为 20%；以 2014 年中高等收入国家平均受保护区面积占比划定 C 值为 12%

10.3.1.6 等级划分

绿色发展绩效指数评价等级的划分是为了对生态文明建设不同发展阶段的综合指数的相对大小进行比较，也为了便于城市之间的定量对比，体现绿色环境、绿色生产、绿色生活和绿色治理对绿色发展绩效指数的影响程度。

基于绿色发展绩效指数的计算结果，参考国内外相关研究，采用聚类分析法把中国绿色发展划分为优秀、良好、一般和较差四个等级，等级量度值范围见表 10-17。绿色发展绩效指数得分越高，表明建设效果越好。

表 10-17 绿色发展绩效指数评价等级及其标准化值

等级划分	得分	标准说明
优秀	$K \geqslant 80$	绿色发展整体优秀，各个领域均能位于我国的领先水平，或能够达到世界的先进水平，没有明显的短板或制约因素
良好	$70 < K \leqslant 80$	绿色发展整体良好，各个领域发展较为均衡协调，大部分领域能够反映我国先进水平，但部分领域还存在明显不足和制约因素

续表

等级划分	得分	标准说明
一般	60<K≤70	绿色发展整体达标，各个领域基本能够达到国家相关要求，但发展还不均衡，部分指标还存在较大差距
较差	K≤60	绿色发展指数整体水平还有较大差距，各个领域中存在突出短板或较多制约因素

10.3.2 绿色发展绩效指数评估结果

10.3.2.1 福建省绿色发展

2015 年福建省绿色发展绩效指数平均得分为 77.08，属于良好水平，四个领域中，绿色治理得分最高，为 82.87，绿色生产得分最低，仅为 71.77；7 个指数中，城镇人居指数得分以 96.09 排名第一，产业效率指数得分以 65.99 排名最后；就具体指标而言，建成区绿化覆盖率得分最高，为 99.20；自然保护区面积占比得分最低，为 35.74（表 10-18）。

表 10-18　2015 年福建省绿色发展绩效指数

领域	得分	指数	得分	指标	得分
绿色环境	74.12	生态状况	76.94	生境质量指数	76.94
		环境质量	71.29	环境空气质量	83.34
				地表水环境质量	59.24
绿色生产	71.77	产业结构	75.63	人均 GDP	92.53
				第三产业增加值占 GDP 比例	58.74
		产业效率	65.99	单位建设用地 GDP	70.00
				单位 GDP 水污染物排放强度	62.04
				单位 GDP 大气污染物排放强度	70.93
				单位种植面积化肥施用量	51.27
绿色生活	81.65	城乡协调	67.20	城镇化率	60.96
				城镇居民人均可支配收入	71.24
				城乡居民收入比例	69.31
		城镇人居	96.09	人均公园绿地面积	92.58
				建成区绿化覆盖率	99.20
绿色治理	82.87	环境治理	82.87	城市生活污水处理率	67.03
				城市生活垃圾无害化处理率	98.71
				自然保护区面积占比	35.74

2015 年福建省 9 市绿色发展最高的是厦门市，为 82.06，达到优秀水平，其他市均为良好水平，福州市次之，为 79.57，漳州市得分最低，为 71.78（表 10-19）。

表 10-19   2015 年福建省市域绿色发展绩效指数

市域	得分	排名
福州市	79.57	2
厦门市	82.06	1
莆田市	73.56	8
三明市	76.67	6
泉州市	78.69	4
漳州市	71.78	9
南平市	76.93	5
龙岩市	79.43	3
宁德市	78.01	7

10.3.2.2   厦门市绿色发展绩效指数

2015 年厦门市绿色发展绩效指数平均得分为 82.06，属于优秀水平（得分≥80），在福建省位列第一。

4 个领域中：绿色治理分数最高，为 92.93，属于优秀水平，在福建省位列第一；绿色生产分数次之，为 87.60，属于优秀水平，在福建省位列第一；绿色生活分数再次之，为 87.35，属于优秀水平，在福建省位列第一；绿色环境得分最低，为 68.08，属于一般水平（60<得分≤70），在福建省位列第八。

7 个指数中：环境治理指数得分最高为 92.93，属于优秀水平，在福建省位列第一；产业结构指数得分为 91.78，属于优秀水平，在福建省位列第一；城镇人居指数得分为 91.72，属于优秀水平，在福建省位列第九；城乡协调指数得分为 82.99，属于优秀水平，在福建省位列第一；产业效率指数得分为 81.32，属于优秀水平，在福建省位列第二；环境质量指数得分为 75.23，属于良好水平（70<得分≤80），在福建省位列第三；生境质量指数得分为 60.93，属于一般水平（60<得分≤70），在福建省位列第七。

就具体指标而言，人均 GDP、单位建设用地 GDP、单位 GDP 大气污染物排放强度、城镇化率、建成区绿化覆盖率、城市生活垃圾无害化处理率、环境空气质量、第三产业增加值占 GDP 比例、单位 GDP 水污染物排放强度、城镇居民人均可支配收入、人均公园绿地面积、城市生活污水处理率、自然保护区面积占比 13 项指标为优秀水平，个别指标达到满分 100。生境质量指数和城乡居民收入比例 2 项指标为一般水平。地表水环境质量和单位种植面积化肥施用量 2 项指标为较差水平（得分≤60），其中，单位种植面积化肥施用量指标得分最低，为 30.73（表 10-20）。

表 10-20   2015 年厦门市绿色发展绩效指数

领域	得分	指数	得分	指标	得分
绿色环境	68.08	生态状况	60.93	生境质量指数	60.93
		环境质量	75.23	环境空气质量	91.20
				地表水环境质量	59.25

领域	得分	指数	得分	指标	得分
绿色生产	87.60	产业结构	91.78	人均 GDP	100
				第三产业增加值占 GDP 比例	83.57
		产业效率	81.32	单位建设用地 GDP	100
				单位 GDP 水污染物排放强度	96.70
				单位 GDP 大气污染物排放强度	100
				单位种植面积化肥施用量	30.73
绿色生活	87.35	城乡协调	82.99	城镇化率	100
				城镇居民人均可支配收入	81.09
				城乡居民收入比例	62.20
		城镇人居	91.72	人均公园绿地面积	81.60
				建成区绿化覆盖率	100
绿色治理	92.93	环境治理	92.93	城市生活污水处理率	85.86
				城市生活垃圾无害化处理率	100
				自然保护区面积占比	94.26

10.4　方法对比

区域综合发展指数和绿金指数存在以下问题有待解决。

1）GEP 和 GDP 在核算过程中存在重合部分，导致核算结果不精确。

2）GEP 核算中对生态系统服务功能的定价标准偏低，导致 GEP 核算结果偏低。

3）GEP 和 GDP 受总值、人口数量和地域面积影响，计算结果差异性大。

综上所述，区域综合发展指数和绿金指数方法需要一步改进，相对而言，绿色发展绩效指数具有以下优势。

1）指标体系体现了绿色发展绩效指数的规律和特点，能够适时进行调整和完善，适应国家政策的变化及数据可得性的变化，具有导向性和前瞻性，能够对绿色发展绩效指数具有超前的指导作用。

2）指标体系具有层次性，分别从目标层、领域层、指标层进行分层分级构建，各指标有一定的逻辑关系。

3）考虑到不同区域自然资源禀赋、生态环境条件、经济社会发展等差异较大，指标体系既要体现绿色发展的一般要求，也要反映区域的自然地理条件、经济社会目标差异，能够综合体现不同区域绿色发展的分异特征。

4）指标的选取以状态指标为主，可以进行时间纵向和区域横向之间的比较，所构建的指标体系能够兼顾考核、监测和评价的功能，指标体系能够描述和反映某一时间点绿色发展绩效指数的水平和状况，能够评价和监测某一时期内生态文明建设成效的趋势和速度，能够综合衡量绿色发展绩效指数各领域整体协调程度，以达到横向可比、纵向也可比。

绿色发展绩效指数能够形成科学、客观的评估结果，建议采用绿色发展绩效指数作为反映经济生产和生态系统的区域发展综合指数，并纳入绩效考核体系中。

参 考 文 献

陈静清, 闫慧敏, 王绍强, 等. 2014. 中国陆地生态系统总初级生产力 VPM 遥感模型估算[J]. 第四纪研究, 34（4）: 732-742.

陈仁杰, 陈秉衡, 阚海东. 2010. 我国 113 个城市大气颗粒物污染的健康经济学评价[J]. 中国环境科学, 30（3）: 410-415.

崔向慧, 李海静, 王兵. 2006. 江西大岗山常绿阔叶林生态系统水量平衡的研究[J]. 林业科学, 42（2）: 8-12.

董天, 郑华, 肖燚, 等. 2017. 旅游资源使用价值评估的 ZTCM 和 TCIA 方法比较——以北京奥林匹克森林公园为例[J]. 应用生态学报, 28（8）: 2605-2610.

董雪旺, 张捷, 蔡永寿, 等. 2012. 基于旅行费用法的九寨沟旅游资源游憩价值评估[J]. 低于研究与开发, 31（5）: 78-84.

冯文静, 徐健, 夏雪瑾. 2016. 常用三维海洋数值模型在长江口及邻近海域的应用研究[J]. 上海水务, 32（2）: 3-7.

符素华, 王向亮, 王红叶, 等. 2012. SCS-CN 径流模型中 CN 值确定方法研究[J]. 干旱区地理, 35（3）: 415-421.

福建省统计局. 2016. 福建省统计年鉴[M]. 北京: 中国统计出版社.

付会, 孙英兰, 孙磊. 2007. 灰色关联分析法在海洋环境质量评价中的应用[J]. 海洋湖沼通报, （3）: 127-131.

傅伯杰, 于丹丹, 吕楠. 2017. 中国生物多样性与生态系统服务评估指标体系[J]. 生态学报, （2）: 341-348.

高红杰, 郑利杰, 嵇晓燕, 等. 2017. 典型城市地表水质综合评价方法研究[J]. 中国环境监测, 33（2）: 55-60.

高雪玲, 刘康, 康艳, 等. 2004. 秦岭山地生态系统服务功能价值初步研究[J]. 中国水土保持, （4）: 19-21.

国家林业局. 2008. LY/T 1721—2008 森林生态系统服务功能评估规范[S]. 北京: 中国标准出版社.

国家质量技术监督局. 1998. GB/T 50280-98 城市规划基本术语标准[S]. 北京: 中国建筑工业出版社.

郝芳华, 程红光, 杨胜天. 2006. 非点源污染模型: 理论方法与应用[M]. 北京: 中国环境科学出版社.

何爽, 刘俊, 朱嘉祺. 2013. 基于 SWMM 模型的低影响开发模式雨洪控制利用效果模拟与评估[J]. 水电能源科学, 31（12）: 42-45.

贺宝根, 周乃晟, 高效江, 等. 2001. 农田非点源污染研究中的降雨径流关系——SCS 法的修正[J]. 环境科学研究, 14（3）: 49-51.

贺淑霞, 李叙勇, 莫菲, 等. 2011. 中国东部森林样带典型森林水源涵养功能[J]. 生态学报, 31（12）: 3285-3295.

胡赫. 2008. 基于 CITYgreen 模型的北京市建成区绿地生态效益分析[D]. 北京: 北京林业大学.

胡宏友, 肖亮嫦, 张万旗, 等. 2010. 厦门城市公园景观格局与植物群落结构的相关性[J]. 生态学杂志, 29（11）: 2229-2234.

胡艳琳, 戚仁海, 由文辉, 等. 2005. 城市森林生态系统生态服务功能的评价[J]. 南京林业大学学报（自然科学版）, 29（3）: 111-114.

黄德生, 张世秋. 2013. 京津冀地区控制 $PM_{2.5}$ 污染的健康效益评估[J]. 中国环境科学, 2013, （1）: 166-174.

黄聚聪，赵小锋，唐立娜，等. 2012. 城市化进程中城市热岛景观格局演变的时空特征——以厦门市为例. 生态学报, 32（2）: 0622-0631.

黄溶冰, 赵谦. 2015. 自然资源资产负债表编制与审计的探讨[J]. 审计研究, （1）:37-43,83.

黄向华,王建,曾宏达,等. 2013. 城市空气负离子浓度时空分布及其影响因素综述[J]. 应用生态学报 24（6）: 1761-1768.

黄羊山,王建萍.1995. 生态旅游与生态旅游区[J].地理学与国土研究,（3）:56-60.

季曦, 刘洋轩.2016. 矿产资源资产负债表编制技术框架初探[J]. 中国人口·资源与环境,26(3):100-108.

江忠善, 郑粉莉. 2004. 坡面水蚀预报模型研究[J]. 水土保持学报, 11（1）: 66-69.

蒋洪强, 王金南, 吴文俊. 2014. 我国生态环境资产负债表编制框架研究[J]. 中国环境管理, （6）:1-9.

阚海东, 陈秉衡, 汪宏. 2004. 上海市城区大气颗粒物污染对居民健康危害的经济学评价[J]. 中国卫生经济,（2）:8-11.

蓝锦毅, 廉雪琼, 巫强.2006. 广西近岸海域沉积物环境质量现状与评价[J]. 海洋环境科学, 25(增 1):57-59.

蓝盛芳. 2002. 生态经济系统能值分析 2002.[M]. 北京: 化学工业出版社环境科学与工程出版中心.

郎奎建, 李长胜, 殷有, 等. 2000. 林业生态工程 10 种森林生态效益计量理论和方法[J]. 东北林业大学学报, 28（1）:1-7.

冷平生, 杨晓红, 苏芳, 等.2004. 北京城市园林绿地生态效益经济评价初探[J]. 北京农学院学报,19(4):25-28.

李虹, 冯仲科, 唐秀美, 等. 2016. 区位因素对绿地降低热岛效应的影响[J]. 农业工程学报,32（1）:316-322.

李沛, 辛金元, 潘小川, 等. 2012. 北京市大气颗粒物污染对人群死亡率的影响研究[A]. 北京: 中国气象学会. S7 气候环境变化与人体健康[C]. 中国气象学会.

李胜. 2005. 厦门市城市热岛、径流量和不透水面的遥感信息提取研究[D]. 福州: 福州大学.

李永莉. 2008. 厦门棕榈植物群落空气负离子的评价研究[D]. 福州: 福建农林大学.

梁鸿, 潘晓峰, 余欣繁, 等.2016. 深圳市水生态系统服务功能价值评估[J]. 自然资源学报,31（9）:1474-1487.

林炳青, 陈莹, 陈兴伟. 2013. SWAT 模型水文过程参数区域差异研究[J]. 自然资源学报, 28（11）:1988-1999.

林媚珍. 1999. 广州流溪河国家森林公园生态旅游初探[J]. 生态科学,（3）:71-73.

刘宝元, 史培军.1998. WEPP 水蚀预报流域模型[J]. 水土保持通报,18（5）: 6-12.

刘纪远, 邵全琴, 于秀波, 等. 2016. 中国陆地生态系统综合监测与评估[M]. 北京: 科学出版社.

刘璐璐, 邵全琴, 刘纪远, 等. 2013. 琼江河流域森林生态系统水源涵养能力估算[J]. 生态环境学报, 22（3）: 451-457.

刘瑞玉. 2011. 中国海物种多样性研究进展[J]. 生物多样性, 19（6）: 614-626.

刘晓云, 谢鹏, 刘兆荣, 等. 2010. 珠江三角洲可吸入颗粒物污染急性健康效应的经济损失评价[J]. 北京大学学报（自然科学版），（5）: 829-834.

吕一河, 胡健, 孙飞翔, 等. 2015. 水源涵养与水文调节:和而不同的陆地生态系统水文服务[J]. 生态学报, 35（15）: 5191-5196.

欧阳志云, 朱春全, 杨广斌, 等.2013. 生态系统生产总值核算:概念、核算方法与案例研究[J]. 生态学报,（12）:6747-6761.

彭文静. 2015. 陕西生态旅游区游憩资源价值评估[D]. 陕西: 西北农林科技大学.

秦嘉励, 杨万勤, 张健. 2009. 岷江上游典型生态系统水源涵养量及价值评估[J]. 应用与环境生物学报, 15（4）:453-458.

单晟烨,李佳安,张冬有. 2015. 哈尔滨城市公园湿地环境空气负离子浓度及其生态价值估算[J]. 湿地科学, 13（4）: 478 -482.

石洪华, 王晓丽, 郑伟, 等. 2014. 海洋生态系统固碳能力估算方法研究进展[J]. 生态学报，（1）:12-22.

司婷婷, 罗艳菊, 赵志忠, 等. 2014. 吊罗山热带雨林空气负离子浓度与气象要素的关系[J]. 资源科学, 36（4）:788-792.

孙才志, 韩建, 高扬. 2012. 基于 AHP-NRCA 模糊的环渤海地区海洋功能评价[J]. 经济地理, 32（10）:95-101.

孙作雷, 李亚男, 俞洁, 等. 2015. 浙江省 6 大重点水库生态服务功能价值评估[J]. 浙江大学学报（理学版）, 42（3）:353-358.

王斌, 杨艳刚, 张彪, 等. 2010. 常州市水生态系统服务功能分析及其价值评价[C]// 中国林业青年学术年会:72-76.

王兵, 宋庆丰. 2012. 物种多样性保育价值评估方法[J].北京林业大学学报, 34（2）:155-160.

王兵, 杨锋伟, 郭浩, 等. 2008. 中华人民共和国林业行业标准《森林生态系统服务功能评估规范》（LY/T1721-2008）[S]. 北京: 中国标准出版社.

王欢, 韩霜, 邓红兵, 等. 2006. 香溪河河流生态系统服务功能评价[J]. 生态学报, 26（9）:2971-2978.

王继梅,冀志江,隋同波,等. 2004. 空气负离子与温湿度的关系[J]. 环境科学研究, 17（2）:68-70.

王薇. 2014. 空气负离子浓度分布特征及其与环境因子的关系[J]. 生态环境学报, 23（6）:979-984.

王耀萱,兰思仁,洪志猛. 2014. 基于 CITYgreen 模型的厦门城市森林生态效益研究[J].河南科技学院学报（自然科学版）,42（2）:20-23.

王业耀, 汪太明, 香宝. 2011. SCS 模型中城市地区土壤 AMC 确定方法的改进及应用研究[J]. 水文, 31（4）:23-26.

王玉芹. 2011. 厦门城市森林生态系统服务功能及价值评价[D]. 福州: 福建农林大学.

吴丹, 邵全琴, 刘纪远. 2012. 江西泰和县森林生态系统水源涵养功能评估. 地理科学进展, 31（3）: 330-336.

吴志萍,王成,许积年,等.2007. 六种城市绿地内夏季空气负离子与颗粒物[J]. 清华大学学报（自然科学版）, 47（12）:2153-2157.

伍海兵, 方海兰. 2015. 绿地土壤入渗及其对城市生态安全的重要性[J]. 生态学杂志, 34（3）: 894-900.

厦门市统计局. 2012. 厦门市特区年鉴 2011[M]. 北京: 中国统计出版社.

厦门市统计局. 2017. 厦门市特区年鉴 2016[M]. 北京: 中国统计出版社.

肖寒, 欧阳志云, 赵景柱, 等. 2000. 森林生态系统服务功能及其生态经济价值评估初探——以海南岛尖峰岭热带森林为例[J]. 应用生态学报, 11（4）:481-484.

肖序, 王玉, 周志方. 2015. 自然资源资产负债表编制框架研究[J]. 会计之友, 31（19）:25-28.

谢高地, 张彩霞, 张雷明, 等. 2015. 基于单位面积价值当量因子的生态系统服务价值化方法改进[J]. 自然资源学报, 30（8）:1243-1254.

谢光辉, 韩东倩, 王晓玉, 等. 2011a. 中国禾谷类大田作物收获指数和秸秆系数[J]. 中国农业大学学报, 16（1）: 1-8.

谢光辉, 王晓玉, 韩东倩, 等. 2011b. 中国非禾谷类大田作物收获指数和秸秆系数[J]. 中国农业大学学报,16（1）: 9-17.

谢元博, 陈娟, 李巍. 2014. 雾霾重污染期间北京居民对高浓度 $PM_{2.5}$ 持续暴露的健康风险及其损害价值评估[J]. 环境科学, （1）:1-8.

闫秀婧,汪浩然,张冬有. 2015. 天水市麦积区大气总悬浮颗粒物与绿地分布的关系研究[J].环境污染与防治,37（6）:1-4, 13.

杨桂华,王跃华. 2000. 生态旅游保护性开发新思路[J].经济地理, （1）:88-92.

杨晗熠. 2008. 基于修正 AHP–模糊综合评判的港口功能评价方法研究[D]. 青岛: 中国海洋大学.

杨士弘. 1994. 城市绿化树木的降温增湿效应研究[J]. 地理研究, 13（4）: 74-80.

杨一夫. 2016. 厦门市海绵城市试点区翔城国际 LID 工程效果模拟与评估[J].厦门科技,（6）: 44-48.

叶延琼, 章家恩, 陈丽丽, 等. 2013. 广州市水生态系统服务价值[J]. 生态学杂志, 32（5）: 1303-1310.

殷永文, 程金平, 段玉森, 等. 2011. 某市霾污染因子 $PM_{2.5}$ 引起居民健康危害的经济学评价[J]. 环境与健康杂志,（3）:250-252.

尹海伟, 徐建刚, 孔繁华. 2009. 上海城市绿地宜人性对房价的影响[J]. 生态学报, 29（8）: 4492-4499.

於方. 2009. 中国环境经济核算技术指南[M]. 北京:中国环境科学出版社.

于冰沁, 车生泉,严巍,等. 2017. 上海城市现状绿地雨洪调蓄能力评估研究[J].中国园林,33（3）: 62-66.

袁艺, 史培军. 2001. 土地利用对流域降雨-径流关系的影响——scs 模型在深圳市的应用[J]. 北京师范大学学报（自然科学版）, 2（1）: 131-136.

张彪, 高吉喜, 谢高地, 等. 2012. 北京城市绿地的蒸腾降温功能及其经济价值评估[J]. 生态学报, 2012, 32（24）: 7698-7705.

张彪, 李文华, 谢高地, 等. 2009. 森林生态系统的水源涵养功能及其计量方法[J]. 生态学杂志, 28（3）:529-534.

张凤金, 陈龙清, 陈恒彬. 2015. 厦门植物园空气负离子与 $PM_{2.5}$ 浓度分布特征[J]. 江西农业学报, 27（2）:37-40.

张凤金.2015. 厦门市中心区公园植被、水体和广场空气负离子浓度研究[J]. 林业调查规划,40（4）:19-22.

张海龙, 辛晓洲, 李丽, 等. 中国-东盟 5 km 分辨率光合有效辐射数据集（2013）[DB]. 全球变化科学研究数据出版系统, DOI:10.3974/geodb.2015.02.05.V1.

张洪江, 孙艳红, 程云, 等. 2006. 重庆缙云山不同植被类型对地表径流系数的影响[J]. 水土保持学报, 2006, 20（6）:11-13.

张丽, 范建友. 2016. 珠江三角洲水生态调节功能分析及其价值评价[J]. 生态科学, 35（6）: 62-66.

张陆平. 2011. 基于 CITYgreen 模型的上海市城区绿地生态效益研究[D].南京：南京林业大学.

张绪良, 徐宗军, 张朝晖, 等. 2011. 青岛市城市绿地生态系统的环境净化服务价值[J]. 生态学报, 31（9）:2576-2584.

张茵,蔡运龙. 2004. 基于分区的多目的地 TCM 模型及其在游憩资源价值评估中的应用——以九寨沟自然保护区为例[J].自然资源学报,（5）:651-661.

赵传燕, 冯兆东, 刘勇. 2003. 干旱区森林水源涵养生态服务功能研究进展[J]. 山地学报, 21（2）: 157-161.

赵同谦, 欧阳志云, 王效科, 等. 2003. 中国陆地地表水生态系统服务功能及其生态经济价值评价[J]. 自然资源学报, 18（4）:443-452.

《中国电力年鉴》编委会. 2016. 中国电力年鉴[M]. 北京: 中国电力出版社.

中国统计局. 2011. 中国统计年鉴 2011[M]. 北京: 中国统计出版社.

中国统计局. 2016. 中国统计年鉴 2016[M]. 北京: 中国统计出版社.

中国物价年鉴编辑部. 2016. 中国物价年鉴[M]. 中国物价年鉴编辑部.

中华人民共和国住房和城乡建设部.2014. 海绵城市建设技术指南——低影响开发雨水系统构建（试行）[S]. 北京:中国建筑工业出版社.

周伏建, 陈明华, 林福兴, 等. 1995. 福建省降雨侵蚀力指标 R 值[J]. 水土保持学报, 9（1）: 13-18.

朱先进, 王秋凤, 郑涵, 等. 2014. 2001~2010 年中国陆地生态系统农林产品利用的碳消耗的时空变异研究. 第四纪研究, 34（4）: 762-768.

Arnold J G, Srinivasan R, Muttiah R S, et al. 1998. Large areahydrologic modeling and assessment Part I: Model development.Journal of the AmericanWater Resources Association, 34（1）: 73-89.

Bartelmus P. 2007. SEEA-2003: Accounting for sustainable development[J]. Ecological Economics, 61(4):613-616.

Beck P S A, Atzberger C, Høgda K A, et al. 2006. Improved monitoring of vegetation dynamics at very high latitudes: A new method using MODIS NDVI[J]. Remote Sensing of Environment, 100: 321-334.

Ciriacy-Wantrup S V . 1947. Capital returns from soil-conservation practices[J]. American Journal of Agricultural Economics, 29（3）:1181-1202.

Clawson M , Knetsch J L . 1966. Economics of outdoor recreation [J]. Southern Economic Journal, 33（104）:559-593.

Costanza R, D'Agre R, Groot R, et al. 1997. The value of the world's ecosystem services and natural capital[J]. Nature, 387:253-260.

Daily G C, Söderqvist T, Aniyar S, et al. 2000. The Value of Nature and the Nature of Value[J]. Science, 289（5478）:395-396.

Daniell W, Camp J, Horstman S. 1991. Trial of a negative ion generator device in remediating problems related to indoor air quality[J]. Journal of Occupational Medicine Official Publication of the Industrial Medical Association, 33（6）:681.

Davis R K. 1963. The Value of Outdoor Recreation:An Economic Study of the Maine Woods. Cambridge : Harvard University.

De Roo A, Wesseling C G, Ritsma C G. 1996. LISEM: A single- event, physical based hydrological and soils erosion model for drainage basin, I: theory, input and output [J]. Hydrological Processes, 10: 1107-1117.

Descheemaeker K, Nyssen J, Poesen J, et al. 2006. Runoff on slopes with restoring vegetation: A case study from the Tigray highlands, Ethiopia[J]. Journal of Hydrology, 331（1）:219-241.

Dimoudi A, Nikolopoulou M. 2003. Vegetation in the urban environment: microclimatic analysis and benefits[J]. Energy and Buildings, 35（1）: 69-76.

Ellison W D. 1947. Soil erosion studies [J]. Agricultural Engineering, 28（4）: 145 - 146.

Estoque R C, Murayama Y, Myint S W. 2017. Effects of landscape composition and pattern on land surface temperature: An urban heat island study in the megacities of Southeast Asia[J]. Science of The Total Environment, 577: 349-359.

Gao Y, Yu G, Li S, et al. 2015. A remote sensing model to estimate ecosystem respiration in Northern China and the Tibetan Plateau. Ecological Modelling, 304: 34-43.

Giridharan R, Lau S S Y, Ganesan S, et al. 2008. Lowering the outdoor temperature in high-rise high-density residential developments of coastal Hong Kong: The vegetation influence[J]. Building and Environment, 43（10）: 1583-1595.

Glavan M, Pintar M, Volk M. 2013. Land use change in a 200 - year period and its effect on blue and green water flow in two Slovenian Mediterranean catchments—lessons for the future[J]. Hydrological Processes, 27（26）:3964-3980.

Huete A, Didan K, Miura T, et al. 2002. Overview of the radiometric and biophysical performance of the MODIS vegetation indices. Remote Sensing of Environment, 83: 195-213.

Kosenko E A, Kammsky Y G, Stavrovekaya I G, et al. 1997. The stimulatory effect of negative air ions and hydrogen peroxide on the activity of superoxide dismutase[J]. Febs Letters, 410:309-312.

Liu K , Su H B, Li X K, et al. 2016. Quantifying Spatial-Temporal Pattern of Urban Heat Island in Beijing: An Improved Assessment Using Land Surface Temperature （LST） Time Series Observations From LANDSAT, MODIS, and Chinese New Satellite GaoFen-1[J]. IEEE Journal of Selected Topics in Applied Earth Observations and Remote Sensing, 9（5）: 2028-2042.

Luzio M, Srinivasan R, Arnold J G. 2002. Integration of watershed tools and SWAT model into BASINS[J]. Journal of American Water Resource Association, 38（4）: 1127-1141.

Mackey C W, Lee X, Smith R B. 2012. Remotely sensing the cooling effects of city scale efforts to reduce urban heat island[J]. Building and Environment, 49: 348-358.

Millennium Ecosystem Assessment. 2005. Ecosystems and Human Well-being: Synthesis[M]. Washington: Island Press.

Mitchell R C , Carson R T . 1989. Using Surveys to Value Public Goods:The Coutingent Valuation Method[M]. Washington :Washington source of the Future.

Morgan R. 1994. The European Soil Erosion Model: an update on its structure and research base//Rickson R. Conserving Soil Resources: European perspectives [M]. Cambridge: CAB International : 286-299.

Odum H T.1996.　Environmental Accounting: Emergy and Environmental Decision Making [M]. New York: John Wiley and Sons.

Oliveira S, Andrade H, Vaz T. 2011. The cooling effect of green spaces as a contribution to the mitigation of urban heat: A case study in Lisbon[J]. Building and Environment, 46（11）: 2186-2194.

Pearce D , Moran D . 2001. Economic Value of Biodiversity, Overview[J]. Encyclopedia of Biodiversity, 32（3）:291-304.

Reiter R. 1985. Frequency distribution of positive and negative small ions concentrations , based on many years recording at two mountain stations located at 740 and 1780 m ASL[J]. International Journal of Biometeorology. 1985,29（3）: 223-225.

Rodelio F, Subade. 2007. Mechanisms to capture economic values of marine biodiversity: The case of Tubbataha Reefs UNESCO World Heritage Site, Philippines[J]. Marine Policy,31（2）:135-142.

Seenprachawong U . 2003. Economic valuation of coral reefs at Phi Phi Islands, Thailand[J]. International Journal of Global Environmental Issues, 3（1）:104-114.

TEEB. 2010. The Economics of Ecosystems and Biodiversity Ecological and Economic Foundations. London and Washington;Edited by Pushpam Kumar. Earthscan.

Williams J R, Jones C A, Dyke P T. 1984. Modeling approach to determining the relationship between erosion and soil Productivity [J]. Transactions of the American Society of Agricultural Engineers, 27（1）:129-144.

Williams J R, Laseur W V. 1976. Water yield model using SCS curve numbers[J]. Journal of the Hydraulics Division, 102（9）:1241-1253.

Wischmeier W, Smith D. 1965. Predicting rainfall- erosion losses from cropland east of the Rocky mountains [C]//USDA Agriculture Handbook: 282.

Xiao X, Hollinger D, Aber J, et al. 2004. Satellite-based modeling of gross primary production in an evergreen needleleaf forest[J]. Remote Sensing of Environment, 89: 519-534.

Xu H Q, Lin D F, Tang F . 2013. The impact of impervious surface development on land surface temperature in a subtropical city: Xiamen, China[J]. International Journal of Climatology, 33（8）: 1873-1883.

Yan X J, Wang H R, Hou Z Y, et al. 2015. Spatial analysis of the ecological effects of negative air ions in urban vegetated areas: a case study in Maiji, China[J]. Urban Forestry & Urban Greening, 14（3）: 636-645.

Yin G, Li A, Jin H, et al. 2017. Derivation of temporally continuous LAI reference maps through combining the LAINet observation system with CACAO[J]. Agricultural and Forest Meteorology, 233: 209-221.

Zhang B , Xie G D , Guo J X, et al. 2014. The cooling effect of urban green spaces as a contribution to energy-saving and emission-reduction: A case study in Beijing, China[J]. Building and Environment, 76: 37-43.

Zhang Y J, Murray A T, Turner B L. 2017. Optimizing green space locations to reduce daytime and nighttime urban heat island effects in Phoenix, Arizona[J]. Landscape and Urban Planning, 165: 162-171.

参考文献